요즘 유대인의
단단 육아

자립적인 아이로 키우는 부모의 말

요즘 유대인의
단단 육아

에이나트 나단 지음 | 이경아 옮김

윌북

돌아가신 어머니 미리암께 이 책을 바칩니다.
어머니의 말씀과 미소, 손길을 다시 누릴 수 있기를
마음 깊이 바라지 않는 날이 단 하루도 없습니다.

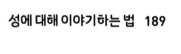

부모 되기,
그 진짜 이야기

우리는 어떻게 부모가 되었나? 지금은 어떤 부모이고, 앞으로 어떤 부모가 될까? 부모 되기의 이야기는 매일 매 순간 다시 쓰인다. 이는 사랑에 빠지는 이야기이자 사랑 자체에 관한 이야기다. 의사소통과 에고에 관한 이야기이자 두려움과 어려움에 관한 이야기다. 또한 우리가 이미 잊은 오래된 고통과 시간이 흐르며 만들어지는 새로운 고통에 관한 이야기이기도 하다. 용기와 겸손, 결함, 조화와 부조화에 관한 이야기이고, 무엇보다 여러 명의 화자가 다양한 관점에서 들려주는 하나의 이야기다.

이 책에서 나는 여러 부모들과 수천 번씩 해온 면담, 내 개인적인 육아 경험, 그간 쌓은 직업적인 지식을 바탕으로 부모 되기에 대한 복잡한 이야기를 나의 관점에서 쓰려 한다. 내 삶의 이야기에는 우리 아이들에게 배운 교훈이 녹아 있다. 오늘날 부모 되기에 대해 이야기를 할 때 빼놓을 수 없을 그 교훈들을 이 책에서 소개하려 한다.

아이는 부모용 양육 매뉴얼을 가지고 세상에 태어나지 않는다. 아기를 돌보려면 '이틀에 한 번 밥을 먹여야지'라든가 '내킬 때만 기저귀를 갈아줘야지'라는 선택지는 꿈도 꿀 수 없다. 아이를 키우려면 먹이고 씻기는 수준에서만이 아니라 감정적 수준에서도 아이가 뭘 원하는지를 제대로 이해해야 한다. 그래야 아이를 완전한 인간으로 키우기 위한 부모 되기의 여정을 시작할 수 있다. 그래서 우리는 육아서 코너 앞에서 종종 어찌할 바를 모르는 채로 아이가 밤새 한 번도 안 깨도록 재울 수 있다고, 선행학습반에서 두각을 나타내게끔 할 수 있다고, 부모가 해준 모든 일에 감사한다는 카드와 함께 매주 꽃을 보내는 아이를 키울 수 있다고 장담하는 새로운 양육법을 맹신한다. 내면에서 들리는 통찰력은 무시하면서, 놀이터의 다른 부모에게, 또는 불안한 자기 마음에 지나친 관심을 기울이기도 한다. 아이를 키우는 재미를 느끼지 못하는 채로 분투하고, 지치고, 분노에 휩싸이곤 한다. 특히 뭘 해도 충분치 않다고 느끼면서 늘 죄책감에 시달린다.

부모가 마주치는 가장 중요한 시험대는 무엇일까. 부모는 여러 상황을 기계적으로 해석하는 틀을 다양하게 확장해야 한다. 그리고 아이가 보여준 행동에 즉각적으로 반응하지 않도록 신중해야 한다. "쟤는 우리를 미치게 만들려고 매일 아침 일어나." "아이가 나를 시험하고 있어." "애가 남을 조종하려고 들어." "일부러 저러는 걸 거야." "말리지 않으면 애들이 서로를 죽일 거야." 우리는 상황을 자기 관점에서 이런 식으로 표현한다. 이렇게 생각을 내뱉고서 반응을 보인다. 아이가 켜놓은 불을 끄고, 아이가 짜증 나게 하면 짜증을 내고, 아이가 귀엽거나 말을 잘 들으면 예뻐한다. 그러다 어느 순간 우리가 아이에게, 아이의 행동에 매여 있다는 사실을 깨닫는다. 통제력을 행사하는 쪽은 우리가 아니다. 사실 많은 일들이 우리 통제 밖에 있다. 하지만 가정에서의 관계라면, 통제할 수 있다.

나는 가족이라는 환경을 통제할 수 있다고 생각한다. 나는 관계를 개선할 수 있다고 생각한다. 나는 부모의 통찰력과 선한 의지를 믿는다. 우리 이야기에 행복한 순간을 더하고 상황을 개선하려면 평소와 다르게 생각하거나 해석하는 것만으로 충분할 때도 있다.

이 글을 읽은 당신이 자기 이야기를 더 잘 이해하기를 바란다. 부모 되기에 대해 이야기를 할 때 가장 중요한 주제는 양육법이나 아이를 잘 키우는 요령 같은 게 아니다. 권위나 규칙, 경계도 별 상관이 없다. 부모 되기에 관해 논할 때는 무엇보다 관계에 대해 이야기해야 한다. 부모와 자식은 평등한 관계가 아니라 평등의 가치가 존재하는 관계를 맺어야 한다. 우리가 수행할 역할의 본질(그렇다, 역할이다)을 규명하고, 아이가 입을 꾹 다물고 있을 때도 우리에게 무슨 말을 전하는지 알아차리고, 정말로 필요한 것이 무엇인지 알아야만 하는 관계 말이다. 부모와 자식이라고 해서 다른 관계보다 더 힘들 것이라거나, 어디까지 용인할 수 있는지 선을 더 많이 그어야 한다는 뜻은 아니다. 이 관계는 무엇보다 부모와 자식 사이에 형성된 관계라는 관점에서 상황을 관찰하면서 맺어나가야 한다. 그 바탕에 우리가 부모로서 아이의 마음속에서 얼마나 중요한 자리를 차지하는 존재인지에 대한 이해가 깔려 있어야 한다. 동시에 아이에게 키워주고 싶은 생존

기술과 자존감도 고려해야 한다. 이 관계는 성장하고, 실패하고, 성인이 되고, 배우고, 불화하면서 살아남아야 한다. 아이에게 바깥세상이라는 정글에서 마주치는 도전(역경, 대인관계, 정체성 형성, 인생 과제)에 맞서기 위해 필요한 것을 제공해야 한다. 궁극적으로 기댈 수 있는 좋은 관계가 있을 때 우리는 더 튼튼해진다.

부모 되기는 번지점프와 같다. 번지점프는 무섭지만 재미있다. 당신을 하늘로 날리고 땅으로 내던진다. 용기 내어 몸을 던지면 하늘과 땅 사이에 떠 있는 당신의 얼굴을 바람이 사정없이 때릴 것이다. 하지만 바로 그 순간 그 무엇과도 비교할 수 없는 환희와 즐거움이 찾아온다. 공중에 떠 있을 때는 생명줄에 묶여 있다는 사실만 기억하면 된다. 아이는 당신이 믿고 훌쩍 뛰어내리게 하는 최고의 닻이다. 너무나 큰 용기가 필요한 부모라는 역할을 우리가 포기하지 않도록 하는 장본인이 바로 우리 아이다. 이 마법 같은 순간이 가능한 건 오로지 아이 덕이다. 그러니 마음을 단단히 먹고 숨을 가슴 가득 들이마시라. 이제 시작이다.

아이는 고요와
어울리지 않는다

그날 우리는 분만실로 향했다. 쌍둥이 임신 39주째인 우리 부부는
서로에 대한 사랑과 흥분을 주체할 수 없었다. 그도 그럴 것이 몇 시
간 후면 새로운 가족으로 다시 태어날 예정이었기 때문이다. 지난 몇
달간 우리는 할 일을 전부 해치웠다. 아기용품을 몽땅 주문하고, 미
혼들로 북적대는 도심지 샌드위치바 위층 원룸 아파트에서 나와 주
민들이 유아차를 밀며 산책을 하는 조용한 동네로 집도 옮겼다.

내가 홀로 검사실로 들어간 동안 유발은 밖에서 기다렸다. 남자아
이가 둘이나 들어 있다 보니 항상 처음에는 맥박을 찾기 힘들었다.
그래도 나는 두 아이가 내 몸속에 자리하고 있다는 사실을 의심치 않
았다. 우리 셋은 몇 달 동안 함께 지냈으니까. 오른쪽 아기는 매우 활
동적이었고, 왼쪽 아기는 더 얌전했지만 거기 분명히 있었다. 나는
간호사에게 아이들 위치를 말해준 후 왼쪽 아이부터 먼저 확인하라
고 일렀다. "그 아이 맥박부터 먼저 찾아보세요. 걔가 좀 더 참을성이

있어요." 나는 이렇게 농담을 했다. "딴 애는 좀 성격이 다르고요."

간호사가 몇 분 동안이나 맥박을 찾지 못하는 모습을 보며 저 사람은 이제 막 간호학교를 졸업했나 보다 생각한 기억이 난다.

"환자분, 혼자 오셨나요? 아니면 보호자와 함께 오셨나요?" 곧 우리 우주가 붕괴되리라는 사실을 먼저 알아버린 그는 이렇게 묻더니 유발을 데리러 나갔다.

유발이 수심에 찬 표정으로 들어왔다. 뒤이어 간호사가 의사를 데리고 들어왔다. 두 사람은 무척 조심스러운 태도로, 태아의 맥박을 찾기 위해 초음파 검사를 해봐야겠다고 했다. 검사를 받는 동안 유발은 늘 그랬듯 내 손을 꼭 잡았다. 의사가 모니터를 보더니 탐침을 내려놓고, 내 안의 생명이 세상을 떠났다고 말했다.

그건 두 번째 임신이었다. 첫 번째 임신은 22주로 끝났다. 우리는 세상이 끝나버린 것 같은 슬픔에 잠식당했고, 너무나 강력한 상실감을 경험했다. 첫 딸과 이별한 지 4개월 후 모니터에 뜬 두 개의 맥박을 본 순간, 신께서 보상을 해주시는 것 같았다. 내 자궁을 위로하기 위해 찾아온 두 생명에서 시적 정의를 느꼈다. 두 아이를 얻을지니, 한 아이는 상실에 대한 보상이며 다른 한 아이는 형제가 될 것이다. 어쨌든 만사에 좀 더 큰 차원의 계획이 있는 법이라고 우리는 생각했다. 임신은 쉽지 않았다. 첫 번째 임신이 끝나버렸던 22주째에 무사히 양수 검사를 끝낸 후에야 비로소 해냈다는 기분을 만끽했다. 아기들은 무시무시한 유전적 결함 없이 태어나리라. 만사형통이었다.

어느 순간부터 쉴 때면 침대에 눕게 되었다. 작은 몸이 불어난 체중을 감당하지 못했기 때문이다. 팔을 죽 뻗으면 손가락 끝에 배꼽이 만져졌다. 지구인의 경험 같지 않은 이 시기가 끝나면 원래 입던 청바지로 돌아가리라고 강박적으로 생각했다. 산부인과 의사가 조산 위험에서 벗어나는 시기라고 가르쳐준 임신 36주 차가 되기만 기다렸다. 나는 명실상부 장기요양 용사였다. 최대한 안정하며 임신이 지속되도록 조심했다. 임신으로 나를 더 잘 보살피게 되었다. 그런데 저 하늘 위 누군가가 나를 지켜보던 중 깜박 잠이 들어버린 모양이었다.

사산(still birth, 영어 단어 still은 형용사로 쓰이면 '고요한', '정지한' 등의 뜻이다)이라는 말은 그 출산 과정이 무엇을 결여했는지 보여준다. 이 분만에는 아기의 울음소리도, 움직임도 없다. 22주까지는 태아에 문제가 있을 경우 낙태를 할 수 있다. 문제가 그 이후에 발생하면 대개 태아를 분만해야 한다. 사산도 분만실에 들어가 유도분만과 진통을 겪고 이루어진다는 점에서 여느 출산과 다를 바 없다. 때로 태아는 자궁에서 사망한다. 어떤 결함이나 경부 제대가 원인일 수 있다. 우리가 그랬듯, 대부분의 경우 무엇이 잘못되었는지는 아무도 모른다.

이런 일을 어떻게 이해하고 받아들여야 할까? 사실 이해하고 받아들여지지 않는다. 한 시간 반 동안 나는 내가 낼 수 있으리라 상상도 못한 소리로 비명을 지르고 울부짖었다. 하도 울어서 눈꺼풀이 팅팅 붓고 나서야 비로소 '눈물이 다 말라붙었다'는 표현의 참뜻을 이해했다. 그러다, 가장 어려운 부분이 남아 있다는 사실을 깨달았다. 나는 출산을 끝내야 했다. 그리고 그전에 양가에 이 사실을 알려야 했다. 언제나 보살피고 사랑해주시는 내 아버지와 유발의 부모님께 전화를 드려야 했다. 시부모님은 오래전부터 '쌍둥이 경보 발령 상태'였다. 아버지는 연락을 받은 지 30분도 못 돼 도착하셨다. 30분 후 유발의 부모님도 오셨다. 그때까지 나는 아버지가 우시는 모습을 거의 본 적이 없었다. 우시는 걸 보는 게 가장 가슴 아팠다.

양가 부모님은 분만실 밖에서 대기해야 했다. 그 탓에 곧 조부모가 된다며 흥분한 보호자들과 함께 자궁이 다 열렸다거나, 엄마가 너무 용감하다거나, 아기가 탈 없이 잘 태어났다는 이야기를 계속 들어야 했다. 아버지가 안아주셨을 때는 "미안해요, 아빠"라는 말밖에 나오지 않았다. 내가 드린 실망감, 그들이 겪고 있을 고통과 애통함을 생각하면 죄송했다. 손주를 안으리라는 간단한 기대마저 무너뜨렸다는 사실 때문에 죄송할 따름이었다.

나는 이분들의 고통을 줄이기 위해서라도 내가 더 강해져야 함을, 좌절을 딛고 얼른 일어서야 함을 깨달았다. 나 자신을 위해서도, 유발을 위해서도, 부모님들을 위해서도 말이다. 그 순간 음울한 유머가 분만실을 찾아왔다. 정확히 내가 뭐라고 했는지 기억은 없지만 우리는 많이 웃었다. 웃고 울었다. 그리고 바로 그곳, 히스테리에 찌든 웃음소리와 고통스러운 흐느낌 한가운데서 나는 우리가 괜찮을 것이라는 사실을 깨닫기 시작했다. 강인한 나는 나 자신은 물론 내가 가장 사랑하는 사람들을 위해 내면으로 눈을 돌려 기쁨 몇 조각을 반드시 찾아내리라고 말이다. 나는 괜찮을 것이다. 그러므로 그들도 괜찮을 것이다.

18시간 후 나는 힘을 주어 첫 번째 아들을 밀어냈다. 나는 원래 오른쪽 아기가 먼저 나올 거라고 확신했다. 배 속에서 그 아이는 늘 첫째처럼 굴었으니까. 형제에게 순서를 양보한 게 틀림없었다. 몇 분후 오른쪽 아기도 나왔다. 의료진은 내게 두 아이를 안고 작별인사와마지막 입맞춤을 하라고 했다. 간호사 하나가 아기들이, 내 사랑하는 두 아기가 얼마나 예쁜지 말해주었다. 제대로 작별인사를 하는 것이 애도 과정에서 얼마나 중요한지도 알려주었다. 하지만 나는 아이들을 보았다가는 미쳐버릴 것만 같았다. 분만실에서 그 애들을 품에안았다가는 내가 붙잡으려 하는 작은 생명 조각이 절대 내 것이 되지않으리라는 걸 마음 깊이 알 수 있었다. '어떤 엄마가 제 아이들에게작별인사도 하지 않으려 할까?' 의료진이 봉합을 하는데 문득 그런생각이 들었다. 온몸이 아프고 의식이 흐릿한 와중에도 내가 나를 구해야만 한다는 인식만은 또렷했다. 아기들을 봐서는 안 된다고 생각했다. 그랬다가는 성경 속 롯의 아내처럼 소금 기둥으로 변해버릴 테니 말이다. 살아남기 위해 나는 죽은 아이들을 두고 떠나는 어머니가되기로 했다. 1999년 3월 7일, 6호 분만실에서 나는 삶을 택했다.

그해, 이스라엘 보건부는 모유를 제어하는 약물의 사용을 금지했다. 집에서 샤워기를 틀어놓고 서 있으면 온몸이 쑤시고 봉합한 부분이 아픈데 가슴에서 모유가 뚝뚝 떨어졌다. 끔찍한 샤워였다. 집에돌아가면 먼저 샤워부터 하고 싶은 마음이 간절했다. 하지만 뚝뚝 흐르는 모유가 젖 먹을 아기가 없다는 사실을 상기시키는 잔인한 순간이 오리라고는 아무도 경고해주지 않았다. 나는 샤워 부스 바닥에 앉아 쏟아지는 물을 뒤집어쓰며 모유와 눈물을 줄줄 흘렸다. 분만은 넘겼지만 남은 삶은 여전히 내 앞에 있었다.

"축하합니다!" 식료품 가게 주인과 미용실 주인, 마음씨 좋은 옆집 부인, 우리 삶에 무슨 일이 일어났는지 몰랐던 착한 사람들이 모두 축하해주었다. 이런 당연한 인사치례를 받아주지 않으면 그분들이 괜히 거북할까 봐 마음이 불편했다. 외출을 할 때면 거울을 보며 몸단장을 잘 했다. 하지만 완벽하게 멀쩡한 겉모습과 달리 속은 부서지고 박살이 나 있었다. 지나가는 사람을 보면 저들도 나처럼 속이 갈기갈기 찢어져 있을까 생각하곤 했다. 모든 것이 거짓이었다. 옷이며 미소, 화장, 특별한 걸음걸이로 위장을 한 것에 불과했다. 마음이 무너진 사람은 그 사실을 알리는 작은 표식을 달고 다니면 어떨까. 그러면 사람들이 좀 더 조심해서 대하지 않을까? 동정하지는 않되 좀 더 많이 웃어주고, 작은 위로를 건넬 수 있지 않을까?

집에서 몸조리한 지 2주가 지나니 그제서야 몇 가지 사실이 또렷이 보였다. 인생은 짧다. 나와 유발은 행복을 선택했다. 그리고 서로를 향한 사랑에 의지했다. 얼마 후 우리는 뉴욕으로 떠났다. 아주 먼 곳이라, 우리를 동정하는 표정을 짓는 친절한 사람들에게서도 멀리 떨어질 수 있기 때문이었다. 그곳에 가면 스스로 연민하기를 그만두고 어쩌면 무엇보다 중요한 사실을 서로에게 일깨워줄 수 있을 것 같았다. 우리는 이 상황을 헤쳐나갈 수 있다. 둘이라면 우리는 행복해질 것이다. 매일 행복해지기를 선택할 것이다.

3주 동안 우리는 돈과 사랑을 쓰며 뉴욕 곳곳을 돌아다녔다. 효과가 있었다. 1년 후 3월 9일, 에얄이 3.26킬로그램으로 이 세상에 태어났다. 심장이 콩콩 뛰고 가냘프게 우는 아이를 처음으로 품에 안았을 때 나는 두 아이에게도 작별을 고했다. 그 아이들을 가슴에 묻었다. 태어난 아이와의 첫 만남에 흥분해 울고 다른 아이들과 헤어지는 슬픔에 울었다. 내가 얻은 것을 위해 울었고 잃은 것에 대해 울었다. 무엇보다 아이가 우니까 같이 울었다. 분만실에서 듣는 아기의 울음소리가 얼마나 달콤하던지.

사산을 '고요한 탄생'(still birth)이라고 하는데, 결코 상황을 정확하게 묘사하는 명칭이 아니다. 신생아의 울음소리가 들리지 않을 때 그 침묵은 결코 고요하지 않으며 천둥처럼 고막을 때린다. 이미 죽어버린 꿈과 텅 빈 품 안, 결코 일어나지 않을 만남의 기회를 애도하는 어머니의 영혼에는 결코 '고요'가 들어설 자리가 없다. 내게 왜 이런 일이 일어났는지 모른다. 하지만 그 결과 내게 무슨 변화가 있었는지는 잘 안다. 그리고 그 변화가 남편과 나의 관계에 새로운 동맹을 만들어내고 새로운 사랑을 일구었다는 사실을 안다. 스물여덟 살 커플이 삶에서 받을 수 있는 너무나 커다란 충격을 이겨낸 사랑 말이다.

그때 우리가 삶을 얻었고, 균형감각을 배웠고, 신념과 의지를 깨달았음을 이제는 안다. 우리가 겪은 비극이 우리를 지금과 같은 부모로 키웠다는 것도, 내 안에서 죽은 세 아이가 없었다면 되지 않았을 모습의 어머니를 내 다섯 아이에게 만들어주었다는 사실도 안다. 그 세 아이 덕분에 어머니로 매일 부딪히는 어려움을 처리할 수 있었으며 인생이 '일상적' 시험대를 마련해놓아도 고마움을 느낀다는 사실 또한 안다. 나는 아기 울음소리에, 아이들 울음소리에, 사람들 울음소리에 진심으로 감사할 수 있는 축복을 받았다. 왜냐하면 아기가 울지 않는 곳에 다녀왔기 때문이다.

그 경험은 내 안에서 다른 곳으로, 내 역할에 만족하도록 일깨워주는 중요한 곳으로 옮아갔다. 내가 결국 만나지 못한 그리운 아이들이 있는 멀고 고통스러운 곳이자, 그와 동시에 완성된 공간이기도 하다. 때때로 쌍둥이 유아차를 밀고 가는 사람을 볼 때면 나는 산산조각 난 내 꿈이 떠오른다. 그럴 때면 내 안에 있는 나를 꼭 안아준다. 집으로 돌아오면 고막이 터지도록 음악을 틀어놓고 아이들과 부엌에서 춤을 춘다. 아이와 고요는 어울리지 않기 때문이다.

아이는
부모의 명함이 아니다

　　　　　별무늬 잠옷을 입은 아들이 천사처럼 평화로운 표
정으로 침대에 웅크리고 누워 행복한 꿈에 폭 잠겨 있다. 마침내 사
방이 조용하다. 잠들어 있을 때 아이는 너무 사랑스럽다. 단 1초 동안
이지만 내가 훌륭한 어머니인 것 같다. 나는 아이에게, 아이의 요구
에 전적으로 공감하고 마음은 온기와 연민으로 가득하다.

　아이는 기쁨 그 자체다. 마음으로는 그 사실을 한 치도 의심하지 않
는다. 하지만 아이가 눈을 뜨는 순간 시작되는 현실과 환상의 차이에
대해서도 의심하지 않는다. 온갖 것에 대해 지치지도 않고 계속 떠드
는 아이의 말을 듣고 있으면 지긋지긋해서 죽어버리고 싶다. 아이는
특히 공공장소나 내가 정말 중요하게 생각하는 사람들 앞에서 나를
무안하게 만든다. 어디서나 기회만 생기면 싸운다. 끊임없이 먹고 쉴
새 없이 청솟거리와 빨랫감 무더기를 만든다. 그나마 이건 만사가 정
말 평안할 때의 이야기다(늘 그렇기만 했으면). 아이가 아프거나, 걱정

거리가 있거나, 학교에서 교우관계에 이런저런 문제가 있거나, 취해서 귀가하지 않을 때 말이다.

그렇다면 이번에는 나를 한번 살펴보자. 나는 어떤 엄마일까? 대체로 '부족한' 엄마다. 나는 참을성이 부족하고, 흥미가 부족하고, 놀이터에서 아이와 함께 보내는 시간이 부족하다. 아이 몸을 깔끔하게 보살피는 처치도 부족하고, 숙제를 도와주는 노력도 부족하다. 한 번에 오만 가지 문제를 해결하는 능력도 부족하다. 지긋지긋해하고, 좌절하고, 툴툴거리고, 지치고, 쩔쩔매고, 화를 내고, 속수무책이 되곤 하는 엄마다.

그런데 여기 새 소식이 들려온다. '아이는 부모의 명함이 아니다.' 부모에게 이보다 이해하기 어려운 말이 또 있을까.

아이는 우리가 이 세상에 만들어 내놓은 가장 위대하고 중요한 창조물이다. 우리는 아이에게 거의 모든 것을 가르친다. 말하고, 먹고, 올바르게 행동하고, 권위를 받아들이는 법 등을 말이다. 그러므로 우리가 아이를 자기 명함이라고 착각하는 것도 어느 정도 이해가 간다. 하지만 그런 생각에 매몰되면 아이가 일을 그르치거나 우릴 무안하게 하거나 실망시킬 때마다 상처를 입는다. 상처를 입으면 우리 관심은 우리 자신에 집중된다. 그러면 부모로서 의무를 자유롭게 다할 수 없다.

아이 키우기는 최고의 심리치료다. 물론 이 사실을 잘 알고 이해하는 사람만이 효과를 본다. 아이는 고통스럽고 스릴 넘치는 어린 시절로 우리를 데리고 간다. 아이는 언제나 우리 맹점을 가장 먼저 알아본다. 무엇보다 아이는 우리가 완벽한 적이 없고 앞으로도 그러하리라는 사실을 마주 보게 하는 깊은 거울이다. 우리는 평소 꿈꿔온 대로 결혼식을 계획하거나 집을 꾸밀 수 있다. 하지만 아이는 우리의 환상을 이뤄주는 대신 매일의 교훈을, 삶이 줄 수 있는 최고의 교훈을 알려준다. 에고는 잘 싸서 문밖에 내어두고, 선한 의도를 품은 채 수없이 실수하는 인간으로 존재하는 자신을 무조건적으로 받아들인 뒤 타인을(아이를) 무조건적으로 받아들이라는 교훈이다.

그러므로 가끔 스스로가 '부족'하다고 느낀다면 좋은 부모라서 느끼는 감정임을 명심하라. 좋은 부모가 되려면 자신이 좋은 부모가 되기에 부족하다는 사실을 인정해야 한다. 계획된 경로를 바꾸어야 할 때, 또는 자신이 완벽하지 않음을 인정할 수밖에 없는 좌절이나 불완전을 경험할 때 우리는 비로소 좋은 부모가 될 수 있다. 온전하지만 완벽하지 않아도 되는 관계를 맺을 줄 알고, 아이에게 무엇이 필요한지 알지만 반드시 그 필요를 만족시켜주지는 않는 부모를 아이는 본보기로 보고 자라야 한다. 그러다 보면 완벽하기를 바라지만 완벽하지 않은 부모와, 불완전함을 계속 경험하며 성장하는 아이 사이에 제3의 존재(관계)가 성장한다. 벌을 주고 모든 걸 다 알아서 쉽게 처리하는 교육자 겸 권위자의 역할을 내려놓을 때에야 우리는 아이와 함께 동일한 가치(동일한 권리가 아니다, 두 가지를 혼동해서는 안 된다)를 경험할 수 있다.

아이는 우리에게 행복이나 자랑스러운 기분을 느끼게 해주려고 태어난 게 아니다. 우리에게 만족감을 주려고 태어난 것도 아니다. 아이가 우리 삶에 가져온 혼돈을 이겨내고, 아이에게 충분히 좋은 부모가 되는 것을 목표로 삼아야 한다. 우리 목표는 완벽한 부모도 아니고, 슬픔에 젖어 있거나 걱정에만 빠져 있는 부모가 아니다. 정도껏 좌절하더라도 충분히 재미를 즐기고, 아이에게만 아니라 가끔은 자신의 욕구에도 귀 기울이고 주목하는 부모가 되어야 한다. 무엇보다 각자 환상 속에서 그렸던 그림과 꼭 맞아떨어지지 않더라도 아이 곁에 기꺼이 있어주는 부모가 되어야 한다.

자신이 완벽하지는 않지만 점점 나아지고 있다는 사실을 받아들일 때 우리는 비로소 아이에 대한 걱정을 차츰 줄여가는 법을 배울 수 있다. 그래야 아이가 (완벽하지 않아도) 계속 배우고, 쓰러져도 다시 일어나고, 착하면서도 심술궂고, 행복하면서도 불만이 있는 존재라는 사실을 인정할 수 있으며, 아이가 우리에게 평생 부모라는 역할의 무게를 짊어지게 하는 때로는 성가신 작은 인간이라는 사실도 인정할 수 있다.

걱정할 때
놓치는 것들

    예전 집에서 살 때 찍은 사진을 간직한 낡은 앨범을 휙휙 넘겼다. 그 집에서 나는 세 어린이의 어머니였고, 큰애가 당시 다섯 살이었다. 젊은 엄마였던 나와 지금의 나 사이에는 10년 넘는 시간이 가로지르고 있다. 이제 와서 그 사진들을 넘겨 보니 어느새 과거의 나를 향한 슬픔의 눈물이 가득 차오른다. 너무나 젊고, 피곤에 절어 있고, 마법 같은 순간의 아름다움을 알아보지 못하는 나. 행복을 실감하지 못한 채 산더미 같은 빨랫감과 장난감 더미에 짓눌려 하루하루를 살아내는 나. 무엇보다, 늘 불안해하는 나. 과거의 내가 그 사진들 속에서 아이들의 엄마로 사는 외로움을 품고 물끄러미 나를 바라본다.

    그 시절의 우리 가족을 본다면 아무도 이게 무슨 소리인지 이해 못할 것이다. 그러니까 이런 현실 말이다. 나는 표면 아래 매일같이 종일 도사린 유독한 불안에 잠식당해 있었다. 불안은 횡격막과 목구멍

사이 공간에 자리를 잡고 속삭였다. 아이가 혼자 놀고 있네. 그냥 내버려둘까? 아니면 같이 놀아줘야 할까? 아이가 잠이 들었네. 지금 낮잠 시간이 아닌데, 깨워야 하나? 뭐가 문제지? 왜 원하는 것을 손으로 가리키지 않을까? 또래 아이들은 이미 검지손가락을 잘 쓰던데. 억지로 시키지는 않더라도 이번 주부터 내가 검지로 물건을 가리켜봐야겠어. 그래, 이번 주에 내가 자꾸 하면 아이도 따라 배울 거야. 맙소사, 왜 이 수유법이 통하지 않지? 아이가 고작 5분 정도 젖을 빨다 곯아떨어지니까 집에 오는 사람마다 "또 젖 먹여?"라고 농담을 해서 지겨워 죽겠어. 이제부터 바로바로 젖을 물리지 말고 애가 기다리게 해야겠어. 그래, 내 친구도 그렇게 했는데 별거 아니랬어. "애가 기다리게 해, 최소 두 시간 정도. 그동안 좀 안아주고 놀게 해." 친구가 이렇게 말했어. 그런데 20분이 지나니까 젖이 다시 나오네. 불안해. 왜 저 아이는 TV를 저렇게 많이 볼까? 너는 그걸 몰라서 묻니? 네가 형편없는 엄마라서 그렇잖아, 그게 이유야. 음, 정리정돈을 하고 빨래를 좀 해야 할 텐데. 아이들이 매일 꼭 갓 세탁한 잠옷을 입어야 하나? 다른 집 아이들은 그렇게 깔끔하고 단정해 보일 수가 없는데. 왜 아이가 자꾸 넘어질까? 의사에게 데려가 진료를 받아야 할까?

이렇게 불안을 부추기는 상념들이 내 머리를 헤집고 다니는 동안에도 나는 아이들과 놀아주고, 몇 번인지 기억도 안 날 만큼 머리를 묶어주고, 만들어놓은 수프를 데우고, 노래도 불러주었다. 좋은 동요를 떠올리려고 머리를 쥐어짜도 아무것도 떠오르지 않았다. 또다시 수프는 이내 쓰레기통으로 들어갔다. 아들이 마침 배가 고프지 않거나, 딸이 그 수프를 좋아하지 않거나, 뭔가가 잘못되었기 때문이다.

막 에얄을 낳은 뒤 나는 양육 상담을 공부하기로 마음을 먹었다. 직업으로 삼겠다는 생각이 아니라 저런 불안에 찌든 내 자신을 치유하고 싶었다. 좋은 육아법을 제대로 활용하면 좋은 어머니가 될 수 있을 것 같았다. 공부로 알게 된 내용은 다 납득이 되었고 여러모로 생각도 많이 하는 계기가 되었다. 그렇지만 죄책감이 덜어지거나 일상이 개선되지는 않았다. 여전히 '훌륭한 아이들과 좋은 엄마'라는 연극에서 공연하는 배우가 된 느낌으로 살았다. 내 연기를 보러 오거나 막이 내릴 때 환호를 보내주는 사람이라곤 아무도 없는 연극이었다. 하지만 시간이 흐르면서 나는 점차 직업적 정체성을 완성했고 꿈을 갖게 되었다. 미래에 언젠가는 나 같은 어머니를 돕고 싶다는 꿈이었다. 다른 어머니의 불안을 덜어주고 엄마 역할이 자신과 맞지 않는다는 느낌을 조금이라도 줄여줄 말을 건네고 싶었다. 그러려면 우선 나부터 도와야 했다.

나를 돕기 위한 첫걸음은 비교적 간단했다. 불안과 싸우는 대신 다른 일을 하기로 결심했다. 즐거움을 느끼는 데 몰두하기로 한 것이다. 1000분의 1초에도 지나지 않는 찰나에 스쳐가는 아주 작은 즐거움들 말이다. 아이들이 자는 모습 지켜보기, 우스운 표정을 지으며 이거 정말 웃기다고 생각하기. 마음 내키는 대로 노래를 부르고, 멜로디를 엉터리로 흥얼거리거나 가사가 기억나지 않으면 마음대로 지어내기도 했다. 장난스럽게 욕설을 툭 던지기도 하고 장난감 정리하라고 할 때 진지하게 험한 말을 하기도 했다. "엄마는 너희를 사랑해. 하지만 저 빌어먹을 기찻길 장난감은 지옥에나 떨어져라." 그러다 보니 아이들이 '난장판'을 벌일 때 내가 먼저 흥을 보는 데서 해방감마저 느껴졌다. 가령 아들이 "눈이다, 눈!"이라 외치며 코티지치즈를 사방으로 던지고 노는데 마침 집을 찾아온 이웃이 그 모습을 보고 어쩔 줄 몰라 할 때 말이다. 부모상담학교에서는 이에 대해 가르쳐주지 않았지만 그 재미있는 순간이 일상으로 녹아들면서 내 불안과 정면으로 맞섰다. 즐거움 대 불안, 1 대 0.

불안은 감정을 호도한다. 우리는 누군가를 걱정하면서 그게 그 사람을 위한 걱정이라고 생각한다. 하지만 걱정을 할 때 걱정 대상인 아이나 상황은 한쪽으로 밀려난다. 대신 우리 관심은 자신에 집중된다. 타당한 걱정, 그러니까 우리가 경계를 늦추지 않게 하는 걱정은 대체로 아이를 안전하게 지켜야 할 때의 행동에 드러난다. 해로운 불안은 우리를 초조하게 만들고, 행복을 느끼는 능력을 앗아가고, 생동감 넘치는 현재를 황량한 색으로 물들인다. 이런 종류의 불안으로는 아무것도 성취할 수 없다. 다만 어머니로서 도덕적인 우월감만 느낄 수 있을 뿐이다. 좋은 어머니는 늘 아이를 걱정한다고 하지 않는가. 오랜 세월 우리 문화는 그런 식으로 가르쳐왔다.

지난 20년 동안 가장 일반적으로, 지나치게 많이 거론된 양육방식은 '헬리콥터 양육'이다. 이 양육법의 기치 아래에는 자식 잘되라는 마음으로 무장한 부모가 한가득 있다. 이 부모의 목표는 이렇다. "지금부터 언제나 너를 보호할 거고 길에 놓인 장애물을 모두 제거해줄 거야. 어떤 과정이든 지름길을 알려줄게. 다치지 않도록 뭘 하든 전부 감독할 거야. 넌 때때로 나쁘고 해로운 결정을 내릴 거야. 하지만 걱정 마. 상황을 되돌리고, 타격을 약화하고, 안전하게 목적지까지 안내해줄게. 아무 문제 없어."

좋게 들리는가? 이런 태도는 특히 거짓된 통제감을 느끼게 한다는 점이 문제다. 정작 아이를 키우는 우리에겐 계속해서 통제력을 상실해가는 과정에 적응해야 한다는 지난한 과제가 있다. 시간, 잠, 이루고 싶었던 꿈, 아이의 인격, 아이의 장래 그 무엇도 마음대로 할 수 없다. 바로 그게 무엇보다 중요한 사실이다. 우리가 헬리콥터 부모로서 느끼는 통제감은 오히려 아이가 배우고 발전하는 데 걸림돌이 된다. 불안이 생명력을 얻으면 불안에 휩쓸리게 되고 그 상태에서 취한 행동은 아이에게 반드시 옳을 수만은 없기 때문이다. 걱정이라는 미명 하에 우리는 아이에게서 실패의 경험을 빼앗고, 숙제를 대신 해주고, 더 좋은 선생님이 있는 어린이집으로 옮겨주고, 한창 기는 법을 배우는 아이 손에 닿지 않는 장난감을 가까운 곳으로 옮겨주고, 아직 어눌한 아이의 말을 대신 해주고, 입을 꼭 다물고 있으려는 아이에게 굳이 뭘 먹이려고 한다.

걱정은 결코 행동으로 이어지지 않는다. 걱정은 그저 고통스럽고 불필요한 존재 상태다. 우리가 아이에게 도시락을 싸주고, 병원에 데려가고, 제시간에 데리러 가는 건 아이에게 '관심 갖고 신경 쓰는 행위'다. '관심'과 '걱정'을 혼동하지 말라. 우리는 진짜 부모가 되기 위한 모든 것에 '관심을 갖고 신경을 써야' 한다. 반면 걱정은 아이의 일을 대신 해주거나 장애물을 제거해주게 한다. 걱정은 부모의 자부심을 키워주는 방향으로 아이를 불필요하게 밀어붙일 것이다. 그러니 제발 '걱정'을 손에서 놓으라.

아이는 넘어질 때 땅바닥에 호되게 부딪히게 내버려두는 부모가 필요하다. 친구에게 상처를 입어도, 딸랑이를 향해 열심히 기어가 손을 뻗어도, 도시락을 깜박해서 쫄쫄 굶더라도 내버려두는 부모가 필요하다. 보답받지 못할 사랑을 해도 그러려니 하고, 연기력이 뛰어난 우리 아이가 학교 연극에서 단역을 맡았대도 내버려두는 부모가 필요하다. 인생에서 겪는 소소한 실패를 경험하도록 내버려두는 부모가 꼭 필요하다. 그런 부모는 아이가 교훈을 얻고 난관을 헤쳐나갈 것이라 믿는다. 상황이 힘들거나 녹록지 않아도 아이는 자신에게 무엇이 최선인지 알게 된다. 이 사실을 이해하면 아이를 믿을 수 있다.

아이는 이런 메시지를 행동으로 보여주는 부모가 필요하다. "너는 네 자신에 대해 가장 잘 아는 전문가야. 나는 너를 도와주고 너에 대해 너한테 배우기 위해서 여기에 있는 거야." 부모라면, 타인을 통제할 능력이나 권리가 없다는 사실을 마음 깊이 이해하고서 설령 실천하기 쉽지 않더라도 아이들을 통제하려 들지 않아야 한다. 더 이상 아이의 머리 위에서 맴돌지 말고, 아이가 스스로 책임을 지고서 지쳤거나 배가 고프다는 사실을 인정할 기회를, (그 친구가 못됐다고 부모가 정해주는 것이 아니라) 친구에게 상처 입었다고 스스로 느낄 기회를 줘야 한다. 무슨 일이든 스스로 해낼 수 있다고 깨달을 기회를 마련해줘야 한다.

청소년기에는 부모의 태도가 더욱더 중요해진다. 십대에게는 이런 모범을 보여야 한다. '설령 내가 불안해도 어머니/아버지는 침착하다.' 아이는 자기가 불안감을 느끼는 어떤 상황에서든('나는 별로 예쁘지 않아' '나는 못 해낼 거야' '여자친구가 절대 용서해주지 않을 거야' '내가 뭘 좋아하는지 나도 모르겠어') 우리가 침착하고, 이해심 있고, 주의 깊고, 상황을 다른 각도에서 봐주기를 원한다. 당신의 십대 아이는 어려움을 무시하지 않는 부모가 필요하다. 모든 게 다 잘될 거라고 확신하는 눈빛으로, 어려움에 당황하지 않고 찬찬히 살필 줄 아는 눈빛으로 봐줄 부모가 필요하다. 걱정에 물들지 않은 눈빛으로 말이다.

반면에 십대 자녀가 침착하게 구는 상황들이 있다. 경각심을 갖고 아이 행동에 간섭해야 할 때는 바로 이때다. "별일 아니에요, 엄마. 파티에 가면 다들 술은 조금씩 마신다고요." "대학 동기들과 파티에 갈 거예요, 걱정 마세요. 별일 없을 거예요." "남자친구에게 야한 사진 한 장 보낸 걸로 뭘 그렇게 유난이세요?" 이럴 때 우리는 '관심을 갖고 신경을 써야' 한다. 부모로서 관심을 갖고, 신경을 쓰고, 중요한 교훈을 들려주고, 행동의 경계를 정해주고, 행동으로 진심을 보이고, 무엇보다 늘 신경을 쓰고 관심을 갖고서 아이를 주시해야 한다.

그러니 이제 불안을 다시 정의하자. 미래에 연연하는 부분('우리 딸은 친구를 한 명도 못 사귈 거야'), 과거에 연연하는 부분('모유를 먹였더라면' '분유를 먹였다면' '어린이집에 일 년 더 보냈다면'), 우리가 통제할 수 없는 부분('우리 딸이 마음을 많이 다칠 거야'), 아이의 근사한 개성에 속하는 부분('우리 아들은 어린이집 파티에 한 번도 참여하지 않았어')을 모두 지워버리라.

사진 속 과거의 에이나트에게 이렇게 말해주고 싶다. "모든 게 다 잘될 거야. 네가 뭘 하거나 안 했다고 힘든 상황이 변하진 않아. 오히려 미간에 잡힌 주름 두 개와 인상을 펴. 다시는 잠들 수 없을 것 같다는 좌절에 찬 확신을 버려. 무슨 문제든 다 해결하고 아이에게 지름길을 찾아주겠다는 욕망도 버려. 그러면 훨씬 더 좋아질 거야. 아이가 태어나기도 전부터 그린 완벽하고 환상적인 그림은 아이들이 선사하는 즐거움을 놓치면서까지 추구할 가치가 없어. 아이들이 얼마나 아름다운지 봐. 지금 바로 이곳에 있는 아이에게 집중해."

아이의 목소리에
귀 기울이는 법

부모는 아이가 슬플 때 스스로 왜 슬픈지, 힘들 때 왜 힘든지 아는 아이로 자랐으면 한다. 자신에게 최선인 선택을 하고, 자신이 어떤 사람인지 이해하며 단점을 받아들이고, 자신을 더 강하게 하고 자존감을 키우는 방식으로 해결책을 찾아낼 줄 알았으면 한다. 부모는 아이가 그렇게 크기를 바란다. 이 모든 것이 아이에게 귀를 기울이는 데서 시작한다. 아이가 그날 학교에서 있었던 일이나 좋아하는 TV 드라마의 지난 에피소드에 대해 끝도 없이 떠드는 이야기를 말하는 게 아니다. 힘들거나 괴로운 심정, 불쾌한 경험을 털어놓기로 아이가 마음을 먹었을 때, 그때가 바로 우리가 관심을 기울여야 할 때다.

귀를 기울이라니 말은 쉽지만 결코 쉬운 일이 아니다. 특히 나랑 결혼한 남자처럼 목적 지향적이고 실용적인 사람에게는 더욱 그렇다. "애들 말을 들어보라니 무슨 뜻이야? 그런다고 무슨 소용이 있어?"

남편이 되묻는다. "첫 문장만 들어도 무슨 일인지 다 알겠더라. 이제 애한테 문제 해결법을 알려줄 거니까 말리지 마. 아예 강조사항을 콕 집어줄 거니까, 어떤 선택을 하면 되는지 알 수 있을 거야. 애가 아침에 깨워달라고 하면 모닝콜 기능을 이용하면 돼. 아이들이 말할 때마다 세상이 가만히 서서 기다려주지 않는다고."

그가 계속 말한다. "심리 어쩌고저쩌고 하는 소리를 듣고 있으면 애가 인생에서 힘든 일을 겪을 때마다 잠시 멈춰서 내면을 들여다보고 질문을 하고 생각을 해야 할 것 같지? 헛소리 그만하라고 해!" 고개를 옆으로 살짝 기울이더니, 짜증 난 심리학자가 다 안다는 듯이 굴 때처럼 과장된 표정을 짓는다.

나는 남편의 주장에 넘어가지 않는다. 어쨌든 나는 귀를 기울이는 법을 안다. 그래서 그를 보며 말한다. "여보, 나는 당신한테 아이들 말에 귀를 기울이라고 부탁한 게 아니야. 당신은 아이들을 아침에 깨워주고, 중요한 사항을 강조해주고, 인생을 잘 버티며 살라고 말해줘. 내가 귀를 기울일 테니까. 그래도 괜찮아. 자, 말해봐. 뭐가 당신 마음에 안 드는 거야?"

"애들이 갑자기 '엄마와 단둘이 이야기'를 하고 싶어 하잖아." 남편이 아이들 흉내까지 낸다. "대체 뭐가 문제야? 그런 태도가 아이들을 나약하게 만든다는 거 모르겠어? 왜 아빠와는 단둘이 이야기를 하고 싶어 하지 않는 거야?"

"이유가 뭐라고 생각해?" 내가 묻는다.

"당신과 있으면 VIP 대접을 받으니까. 당신과 이야기하면 이해받으니까. 당신은 아이를 격려하고, 질문을 던지고, 아이 생각에 열광해주니까! 하지만 현실은 그렇지 않아, 모르겠어?"

"그래서 당신은 왜 화가 난 거야? 내가 아이들에게 진짜 삶을 준비시켜주지 않아서? 아니면 아이들이 당신과 '단둘이 이야기'하고 싶어 하지 않아서?"

"둘 다야, 알겠어? 사내 녀석들이 제일 걱정이야. 당신은 아들들을 그렇게 예민하게 키우는 게 옳다고 생각해? 대체 왜 그러는 거야?"

남편의 이야기를 듣고 있으면 남편이 자신에 대해 털어놓는 수많은 사실들이 귀에 들어온다. 남편의 고통과 걱정이 들린다. 남성호르몬이 넘쳐나도 그가 여전히 좋은 아버지라는 사실이 들린다. 나는 남편이 하려는 말을 알아듣고 이해한다. 게다가 그를 오래 알아왔기에 우리 사이에는 단순히 '내가 옳고 남편은 둔감한 남자'라는 결론으로 끝나지 않는 대화도 있다는 걸 안다. 어떤 대화는 결국 내가 이런 말로 끝내곤 한다. "무슨 말인지 알 것 같아." 마치 내가 아이들의 말과 행동, 몸짓언어를 통해 그들에게 귀 기울이는 법을 알게 된 것처럼 말이다.

그렇다면, 어떻게 아이에게 귀 기울이는 법을 가르칠까? 우리는 아이가 태어난 날부터 지금까지 아이에게 아주 주의 깊게 귀를 기울였다. 아이의 말과 행동, 몸짓언어에 귀를 기울였다.

울음에 귀 기울이기

이 세상에 막 합류한 작은 아기는 오로지 울음으로만 소통할 수 있다. 아기는 울음으로 온 세상에 신호를 보낸다. 그러면 세상이 그 소리에 반응을 한다. 우주에 신호를 보냈더니 우주가 내 요청을 들어주더라, 그 사실에 얼마나 안도감이 들까. 그래서 아기는 지금 제 허기진 배를 우주에 알릴 수 있다고 믿고, 우주가 제 요청에 응답하리라 믿는다. 당신이 저 먼 우주로 신호를 보내면 우주가 당신 요청을 살펴보고 어떻게 만족시킬지 알아내려고 즉시 행동에 나선다고 상상해보라. 기분 좋지 않나? 인간이 막 태어났을 때는 발달이 덜 된 발성기관으로 원초적인 형태의 의사소통 외에 할 수 있는 일이 별로 없다. 저편에서 귀를 기울이는 사람이 있다면 우리는 훌륭하게 첫걸음을 뗄 수 있을 것이다.

아기가 보내는 신호나 표시와 상관없이 정해진 간격에 맞춰 분유나 모유를 주는 것과, 아기가 울면 젖을 주는 것 사이에는 현격한 차이가 있다. 주의 깊은 양육자는 아기가 울기도 전에 뭔가를 주거나 아기가 무엇이 필요한지 미리부터 예측하지 않는다. 주의 깊은 양육자는 아기에게 귀를 기울인 후 이런 메시지를 들려준다. '이제부터 우리 함께 네가 필요한 게 뭔지 알아보자. 우리가 그 문제를 풀 때까지 나는 쉬지 않을 거야. 배가 고프니? 피곤해? 혹시 배가 아픈 거니? 말해봐. 내가 잘 들을게.'

고통에 귀 기울이기

"공원에서 넘어졌더니 아빠가 달려왔어요. 아빠는 늘 나를 지켜보니까요. 무릎에 상처도 났고 눈물도 막 나오려는데 아빠가 그걸 보고 말했어요. '아무 일도 아니네. 이 정도는 아무것도 아니야, 괜찮아.' 하지만 하나도 괜찮지 않았어요!"

부모로서 귀를 기울여야 하는 내용 중에는 아이가 겪고 느끼는 고통과 좌절, 성공의 부재, 슬픔, 질투를 비롯해 온갖 생리적이고 심리적인 고통도 있다. 그런데 그런 말을 들으면 우리는 본능적으로 이런 말부터 떠오른다. "아무렇지도 않네. 괜찮아." 설령 오늘 학교에서 딸과 아무도 놀아주지 않았어도 괜찮을 테고, 아들이 뚱뚱하다고 놀림을 받았어도 괜찮을 것이다. 딸이 선생님에게 혼이 나거나 넘어져서 무릎에 생채기가 났어도 괜찮을 것이다. 아들이 오늘은 정말 집에 일찍 오고 싶었거나, 누군가 인터넷에 딸에 대해 지독한 말을 써놓았더라도 다 괜찮을 것이다.

우리가 괜찮다고 말하는 이유는 뭘까. 아이에게 생긴 일로 다친 자신의 마음을 괜찮다는 말로 치유해야 하기 때문이다. 적어도 그런 상처를 우리가 치유해줄 수 있다고 스스로 다짐해야 하기 때문이다. 그래서 우리는 "그런 건 아무것도 아니야"라거나 "호들갑 떨지 마"라거나 "잔에 물이 반이나 찼네, 하고 긍정적으로 생각해보자"라고 말한다.

하지만 무슨 일은 '정말로' 일어났고 항상 일어나고 있다. 모든 일이 다 괜찮은 건 아니다. 아무 일도 아니었다고 하면 당신은 아이와 삶 사이에 형성된 신뢰의 통로를 가로막는 셈이다. 아이와 함께 울라는 말이 아니다. 그래봤자 아이에게 아무런 도움도 되지 않는다. 우선 뭔가가 일어났다는 사실부터 인정하라. 허둥대지 말라. 자신만 생각하지 말라. 아이를 너무 호들갑스럽게 걱정하지 말라. 대신 아이의 무릎이나 심장에 난 생채기를 똑바로 보라. 그것으로 충분하다.

─────────── **조언 대신 그저 들어주기**

"오늘 학교에서 여자애들이 나랑 안 놀 거랬어요. 엄마한테 이야기했더니 엄마가 그랬어요. '그래봤자 걔들만 손해야. 너는 다른 애랑 놀아.'"

"오늘 학교에서 데이비드가 밀어서 넘어졌어요. 그래서 아빠한테 말했는데 아빠가 묻는 거예요. '그래? 너도 한 방 먹였어?'"

"엄마한테 도저히 학교를 못 가겠다고 했어요. 공부를 안 해서 오늘 볼 시험 준비를 못 했거든요. 그랬더니 엄마가 이렇게 말했어요. '이제 복습을 꼭 해야 한다는 사실을 마침내 깨달았겠구나.'"

결론부터 말하자. 우리는 아이에게 꼭 전하고 싶은 가르침이나 교훈이 많다. 하지만 아이에게 귀를 기울일 기회가 나타났을 때, 다시 말해 아이가 일이 잘 풀리지 않은 경험(유치원에서 겪은 실패와 좌절)을 우리에게 들려주려고 찾아왔을 때 듣고 싶은 말은 결코 그런 가르침이나 교훈이 아니다.

내가 친구에게 전화를 걸어 그날 아침 남편과 싸운 이야기를 들려 주었다고 하자. 그러자 친구가 결혼과 제약의 중요성에 대해 일장연 설을 하더니 내가 어떻게 행동했어야 했는지 잔소리를 늘어놓는다. 나는 아마도 마음이 상한 채 대화를 끝낼 것이다. 왜일까? 그 친구가 내 말을 제대로 듣지 않았고, 나를 이해해주지 않았고, 내가 느낀 고 통을 알아봐주지 않았다고 느꼈기 때문이다. 아이의 이야기를 듣다 보면 아이가 자기 일을 다 털어놓자마자 얼른 가버리려고 할 때가 종 종 있다. 우리는 그 순간에 꼭 해주고 싶은 말이 있는데 정작 아이는 귀담아 들을 마음이나 의지가 없어 보이는 경우도 드물지 않다. 아이 는 이야기를 다 하고 나면 속상한 일을 다 털어놓았다는 사실에 안도 감을 느낀다. 아이 입장에서는 그 일에 대해 이야기를 하고 또 할 필 요가 없다.

우리는 아이에게 조언을 한답시고 해당 문제에 대한 해결책을 알 려준다. 그건 아이에게 그 문제의 해결책은 한 가지라고 말하는 셈이 다. 그런데 해결책이 하나일 리도 없고, 그건 내 해결책일 뿐 아이에 게도 해결책이리라는 보장도 없다. 예를 들어 우리는 이렇게 말한다. "누가 너를 때리면 너도 같이 때려!" 그런데 (그런 성격이 아니라서) 되 받아치지 못하는 아이에게 그런 조언을 하면 또 다른 문제가 발생한 다. 이제 아이는 누군가에게 맞거나 밀쳐진 데서 오는 스트레스에 더 해서 새로운 문제(자기가 부모의 기대에 부응하지 못한다는 깨달음)를 처 리해야 한다.

만약 아이에게 꼭 조언을 해주고 싶다면 어떤 해결책이 있다고 생각하는지 먼저 물어보라. 그러면 당신은 깜짝 놀랄 것이다. 아이는 일단 문제 상황에서 빠져나오면 창의적인 해결책을 마구 생각해낼 수 있기 때문이다. 무엇보다 그 해결책이 아이에게도 더 잘 맞는다. 조언을 해주기로 마음을 먹었다면 아이에게 먼저 그 조언을 듣고 싶은지 물어보라. 그런 후에 다양한 해결책이 있다고 알려준 후 몇 가지를 구체적으로 들려주라.

─────── 귀 기울이되 과잉공감 피하기

"소풍 간 동안 슬프고 외로웠다고 말했더니 엄마가 눈물을 글썽거렸어요. 흘러내리지는 않았지만 눈물이 눈에 가득해서는 꾹 참는 것 같았어요. 나 때문에 엄마가 속이 상했어요."

당신이 귀를 기울일 때 아이가 들려주는 이야기는 아이의 이야기다. 소풍에서 외로웠던 사람은 당신이 아니다. 괴롭힘을 당하고 험담을 들은 당사자도 아니다. 그것은 아이의 이야기다. 구체적이고, 소소하고, 복잡하고, 까다롭기도 한 이야기 말이다. 하지만 어떤 내용이건 아이의 이야기다. 당신 부모님이 당신이 아닌 것처럼. 아이에게 과잉공감을 할 때마다 당신은 아이에게 짐을 지우는 셈이다. 심하면 아이가 더 이상 당신에게는 이야기를 털어놓지 않으려 할 수도 있다. 아이를 불쌍하게 느끼면 그 아이도 자신을 불쌍하게 여기는 법을 배울지 모른다. 당신이 불안해하고 과잉보호를 하면 아이는 세상이 자신에게 너무 위험한 곳이라고 생각할 수도 있다. 그렇다면 어떻게 해야 할까? 옆집 아들(평소에 아주 귀여워하는 사랑스러운 아이)의 이야기를 듣는 중이라고 생각하라. 그냥 들으라. 너무 깊이 빠져들지 말고.

─────── 주의 깊게 귀 기울이기

어느 나이대의 아이든 자신의 감정을 완벽하게 표현할 수 있다면 아마 이렇게 말할 것이다.

내가 뭔가를 말하고 싶어 할 땐 가끔 내 곁에 있어주기만 하면 돼요. 종종거리며 일상을 뒤쫓는 발걸음을 멈추고, 지금 무슨 일을 하건 손에서 내려놓고 그냥 들어요. 내 말을 정확히 들어주세요. 나를 진정으로 이해해주세요. 내가 경험한 것을 보고 냄새 맡고 느껴주세요. 비난이나 비판은 하지 마세요. 슬기로운 말도 필요 없어요. 대신 간간이 질문을 해서 어떤 일이 일어났고 어떤 기분이 되었는지 내가 파악할 수 있게 도와주세요. 그러면 나는 그 순간 우리가 가깝다고 느낄 거예요. 자신을 이해할 수 있을 거예요. 관심을 받고서 똑바로 정신을 차리고, 난장판을 수습할 수 있을 거예요. 무엇보다 내가 중요하고 귀한 존재이며 부모에게 의지해도 된다는 느낌을 받았다는 사실을 고마워할 거예요. 내가 내 자신에게 의지할 수 있다는 사실도요. 그러니 가만히 듣고만 있는 게 너무 소극적이지 않나 싶다면 다시 생각해보세요. 그건 부모님이 해주셔야 할 가장 힘든 일이에요. 하지만 내가 자라고, 삶에서 배우고, 내 자신을 믿고, 내 목소리에 귀 기울이기 위해 부모님도 귀를 기울여주셔야 해요. 충분히 들어주신다면, 머지않아 나도 부모님께 귀를 기울일 수 있을 거예요.

때로 우리는 아이가 너무 어려서 잘 모른다고 생각한다. 아이가 틀렸거나 상식을 제대로 활용하지 않는다고 생각한다. 매일 나누는 아주 사소한 대화, 하루를 보내면서 우리 사이에 오고 가는 대화는 선물과도 같다. 어떤 경우보다 바로 그런 대화에서 아이는 우리에 대해, 자신에 대해, 삶에 대해 가장 많이 배운다.

아이가 다가와, 다쳤다면서 긁힌 상처나 빨갛게 피가 배어나온 부분을 보여줄 때 그 고통을 지워서는 안 된다. 그런 일이 반복되지 않도록 어떻게 하라고 시켜서도 안 된다. 균형감각에 대해 이야기할 필요도 없다. 그저 아이가 다쳤다는 이야기를 들려줄 사람으로 나를 선택했다는 사실에 감동하면 된다. 관심을 보이며 차분하게 물어보라. "어쩌다가 이렇게 된 거니?" 아이는 자초지종을 털어놓기를 좋아한다. 그렇게 하다 보면 마음이 평온해지기 때문이다. 아이는 일어난 사건을 되짚으며 자신이 상처를 입은 그 놀랍고 모욕적인 순간에 우리가 그곳에 함께 있었던 것처럼 느낀다.

아이가 어쩌다 그렇게 되었는지 설명을 늘어놓으면 나는 사이사이에 이런 질문을 던진다. "그래서 더 아팠던 거구나?" "잠깐만. 그러니까 서랍이 열려 있었는데 달려가다 그걸 못 보고 부딪혔다는 거니?"
"정확히 이마 어디야?" 그렇게 세부사항을 확인하는 일이 가끔은 아무 의미도 없는 것 같더라도(어차피 나는 무슨 일이 일어났는지 정확히 알고, 분명히 이런 일이 처음도 아니고, 아이도 마침내 그 빌어먹을 서랍을 닫아야 한다는 사실을 배울 것이다!) 그렇게 질문을 하는 동안 아이는 잠시 숨을 돌린다. 그리고 자신의 상황을 빠져나와 외부에서 자신에게 일어난 일을 바라본다. 덕분에 아이는 자기를 제대로 보고 이해해주는 사람이 있다고, 자신을 이해하고 균형을 찾도록 도와주는 사람이 있다고, 안도감을 줄 사람이 있다고 느낀다. 아이가 별로 아프지 않으면 당신이 질문을 해도 다른 일로 관심을 돌릴 것이다. 심지어 질문도 들은 척 만 척 할 것이다. 당신을 존중하지 않기 때문이 아니다. 당신이 잘 들어주었기에 아이가 그 순간을 극복했다는 뜻이다.

아이는 말을 하거나 의사소통을 하게 된 순간부터 무엇이 자신에게 도움이 될지 안다. 그러니 얼른 해결책을 제시하기 전에("이리 와, 내가 안아줄게!" "그 못된 서랍을 한 대 때려주자!" "우리 가서 초콜릿 먹을까?") 먼저 도와줄 일이 있는지 물어보라. 잠시 후 아이가 회복해서 다시 뛰어놀기 시작하면 아이에게 정말 용감하다고 살짝 말하라. 무슨 일이 일어났는지 정확하게 알려주었고, 자신에게 무엇이 필요한지 잘 알고, 통증이나 놀라움이나 모욕감을 잘 이겨냈으니 정말 용감하다고 말이다.

서랍이 아니어도 우리를 아프게 하는 것은 많다. 우리는 친구, 선생님, 형제자매 때문에, 심지어 인생 그 자체 때문에 상처를 입는다. 서랍에 부딪힐 때의 아픔이나 시험 점수가 안 좋을 때 느끼는 아픔, 친구와 함께 놀 계획을 세우는데 아무도 호응해주지 않을 때, 열여섯 살짜리가 눈물을 글썽거리며 단 일 년도 더 학교를 못 다니겠다고 털어놓을 때의 고통은 다 똑같다. 그때 당신은 아이에게 힘이 되어주지 않아도 된다. 당장 그 아이가 행복하게 여기거나 고마워해야 할 일을 조목조목 들어주지 않아도 된다. 작년에 성적이 엉망이었으니까 학교를 더 다니고 싶지 않은 거라고, 올해는 작년과 달라져야 한다고 알려줄 필요도 없다. 당신은 그저 정확한 질문을 하기만 하면 된다. 아이가 자기 내면을 들여다보도록 길잡이가 될 질문 말이다. 잠시 생각을 멈추고 아이에게 정말 힘들겠다고, 이해한다고 말해주라. 달리 해볼 만한 일이 있는지 물어보라. 혹시 당신이 도와줄 일은 없는지 물어보라. 아이를 이해하고 귀를 기울이라. 그리고 기억하라. 아이에게 귀 기울이는 법을 가르쳐주면 아이는 더 좋은 친구, 더 좋은 파트너, 더 좋은 사람이 될 것이다.

아빠의
장점을 받아들이라

        십 년 전만 해도 부모 상담을 받으러 오는 사람은 십중팔구 어머니였다. 한 단계 진화를 거친 후, 남편이 아내를 졸졸 따라와 하품을 참으며 스마트폰에서 좀처럼 눈을 떼지 않는가 하면 기껏해야 가끔 고개를 끄덕이기 시작했다. 그런데 요 몇 년간 공기 중에 '새로운 아빠'의 냄새가 감돌기 시작했다. 아주 조금씩 새롭고 업그레이드된 새로운 남성형이 등장한 것이다. 더 이상 생물학적 기여에만 만족하지 않으며 자식과 진지하고도 열정적으로 관계를 맺으려는 아버지다.

    과거에 아빠는 '아버지'였다. 아버지는 음식을 차려놓지 않으면 부엌에는 얼씬도 하지 않았다. 길에서는 절대 방향을 묻지 않았다. 자기가 최상의 길 찾기 능력을 타고났기 때문이다. 아이가 못된 짓을 하면 늘 "아버지가 집에 오실 때까지 기다려"라는 말이 나왔다. 이 아버지에게 몇십 년 후면 아버지가 '아빠'가 되는데, 그 아빠는 출산 수업을 듣고, 탯줄을 자르고, 기저귀를 갈고, 발레 수업이 끝나기를 기다리고, 저녁으로 먹을 샐러드를 위해 채소를 썰게 될 것이라고 말해준다면 그는 채소 대신 자신을 썰어버릴 것이다.

하지만 오해는 금물이다. '아빠'도 아이가 자신을 우러러보고, 복종하고, 사나이답게 되라는 기대에 부응하고, 앞서 나가고, 맞으면 되갚아주고, 절대 포기하지 않고, 성취하고, 정복하기를(그리고 최대한 징징거리거나 감정을 들먹이지 않기를) 원한다. 하지만(이 '하지만'이 중요한데) 새로운 아빠는 기꺼이 조언을 들을 준비가 되어 있다. 그는 자신과 아이의 복잡한 관계를 기꺼이 이해하고 붙잡고 씨름할 각오가 되어 있다. 무엇보다 곁에 있어주려고 한다. 아이의 교육과 딜레마에도 개입하고 한때는 오롯이 어머니의 영역이었던 일상적인 문제도 함께 해결하려고 한다.

나는 누구보다 먼저 이러한 새로운 아빠들의 출현을 축하하고 다음 단계를 열렬하게 기다리고 있다. 이렇게 말하면 구식이라는 소리를 듣겠지만, 한편으로 나는 과거의 아버지가 훌쩍 나타난다고 해도 놀라지 않는다. 한 번씩 언성을 높이고(즉 아이에게 소리를 지르고), 뜻을 굽히지 않고(무엇보다 어리석은 짓을 고집하고), 특히 곁에 이해심 많은 어머니가 있을 때면 더더욱 가차 없이 선을 그어버리는("애가 너무 울어서 얼굴이 새파랗게 질렸어. 애한테 한번 가봐" 하는) 아버지 말이다. 그러나 아이에게는 함께 결정하고 규칙과 경계를 만드는 부모가 필요하다. 아이는 차이와 다양성, 문제를 해결하는 갖가지 방식도 배워야 한다. 무엇보다 부모가 자신과는 다르게 행동하는 사람을 존중하는

모습을 보여주어야 한다. 그렇다면 남성 모델이 갖는 세 가지 장점을
생각해보자.

─────── 임무 지향

아빠는 임무 지향 성향 때문에 패션 감각이 떨어지거나 세부적인
것들을 놓칠지 모른다. 하지만 아빠에게 옷은 그냥 옷일 뿐이다. 아
빠가 아이의 옷을 입힐 때는 다른 부모나 유치원 선생님의 시선은 신
경 쓰지 않는다. 아빠는 자신이 제일 좋아하는 셔츠를 입히기 위해
은근히 아이를 유도하지 않는다. 아이의 바지와 셔츠가 어울리지 않
아도 안타까워하지 않는다. 아빠가 생각하기에, 사람은 발가벗고 돌
아다닐 수 없으니 옷을 입어야만 한다. 그리고 옷 입히기가 그의 책
임이 되면 옷장에서 선택할 수 있는 수는 50가지가 아니라 오직 일곱
가지뿐이다. 하루에 하나씩 일주일치 말이다.

아빠의 경우 옷을 입을 때는 결연하게 임무를 수행한다는 자세가
된다. 게다가 양쪽(아빠와 아이)은 경기장에서 같은 편이 된다. 한편
우리 엄마들이 어떤 분위기에서 어떤 옷을 입힐지를 놓고 상황을 장
악하려 들면 게임의 이름은 '통제'가 된다. 어느새 엄마는 아이의 반
대편 코트에 서 있게 된다. 마치 테니스 경기를 하듯이 말이다. 아이
가 서브를 넣으면 우리는 되받아치고, 아이가 더 세게 공을 치면 우
리는 또 어떻게든 받아친다. 아이는 포기하지 않으므로 시합은 계속

이어진다. 마침내 나는 패배하거나 지쳐 나가떨어진다. 통제력을 약간 포기한다고 해서 어떻게 되지 않는다. 오히려 아이가 무엇을 입는지, 아이가 어떻게 보이는지, 그 모습에 (내가) 얼마나 창피할지 신경을 끄면 통제력을 조금 포기하는 것만으로도 효과를 볼 것이다.

'아이 옷 입히기' 외에도 이 논리를 적용할 수 있는 일상의 과제는 많다. 아이 데리고 외출하기, 욕조에 들이기, 병원 가기, 아침에 잘 다녀오라고 인사하기 같은 일들 말이다. 이런 일들은 모두 기본적으로 부모가 감정을 갖고 과하게 개입하면 안 된다. 재미가 있건 없건 부모인 이상 제대로 해야 하는 일이다. 나는 당신을 비난하려는 게 아니다. 당신이 그 일을 잘 해내도록 도우려는 것이다.

─────── 걸러내기

남자들은 아이와 한 공간에 있으면서도 다른 일(책 읽기, 통화하기, 이메일 쓰기, 손발톱 정리하기, 배터리 갈기)을 용케 해내는 수준이 탁월하다. 상대해주지 않아도 되는 각종 요구, 징징거리기, 싸움, 도와달라는 소리를 비롯해 배경에서 들리는 온갖 소음을 걸러내는 능력 덕분이다.

자신의 삶을 사는 부모를 보고 자란 아이는 세상이 항상 자신을 중심으로 돌아가지 않는다는 사실을 안다. 부모라고 해도 24시간 아이의 변덕이나 활동, 뭘 해달라는 요구에 신경 쓸 수는 없는 노릇이다. 아빠는 자기 경계를 잘 세운다. 그리고 경계를 세운 순간부터 자신의 일에만 집중한다. 그런 상황이 반복되면 아이는 부모가 개입하지 않아도 자신의 일에 몰두하고, 문제를 해결하고, 싸우는 법을 배운다. 때로는 아무에게도 들키지 않고 쿠키 봉투를 말끔히 비우는 법도 배운다.

당신이 다른 대상에 관심을 집중하는 모습을 아이에게 보여주라. 친구와 이야기를 나누는 모습, 아이가 남긴 음식이 아닌 제대로 된 음식을 정말 맛있게 먹는 모습, (아이가 아닌) 다른 문제에 빠져 해결하려고 애쓰는 모습, 욕실로 들어가 문을 닫는 모습 등. 아이가 당신을 한 명의 인간으로 보는 데 익숙해지면 자기 문제도 생각보다 더 쉽게 해결할 수 있다는 사실을 깨달을 것이다. 다른 사람을 배려하고, (당신이 즐겁게 해주지 않아도) 지루함을 견디고, 좌절을 좀 더 쉽게 해소하는 방법을 깨칠 것이다. 그리고 아이의 기억 속에 각인되는 모습에서 언제나 당신은 (자신을 위해 얼마간 시간을 보냈기 때문에 가슴속에, 꾹꾹 눌러놓은 울화를 터뜨리는 일 없이) 아이가 필요하면 늘 곁에 있으며 아이와 놀아주거나 함께 아이스크림을 사 먹으러 가거나 같이 이야기를 지어내고 있다. 그 점이 가장 좋은 부분이다.

───────── 용기

우리 아버지는 군인이셨다. 키가 크고 힘도 셌다. 게다가 사다리와 각종 연장이 있어서 못 고치는 물건이 없으셨다. 아버지는 절대 눈물을 보이지 않았다. 게다가 화가 나면 정말 무서웠기 때문에 우리는 아버지의 화를 돋우지 않으려고 무진 애를 썼다. 아버지는 내가 마음을 다쳤는지, 왜 화가 났는지, 뭐가 어려운지 물어봐주지 않았다. 아버지의 어조가 딱딱해지면 나는 얼른 하던 일을 끝내려고 서둘렀다. 일주일에 한 번, 토요일 아침 10시가 되면 나는 아버지의 잠자리로 파고들어가 아버지의 가슴에 머리를 대고 꼭 안겼다.

아버지는 나를 '용감이'라고 부르셨다. 내가 용감해서가 아니었다. 아버지가 "용감이, 힘내! 포기하지 마!" 하실 때마다 나는 내게 포기라는 선택지가 없다는 사실을 알았다. 자전거를 타다 넘어져 무릎이 깨어져도, 수영장에서 물을 꿀꺽꿀꺽 삼켜도, 산수 시험에서 연속으로 다섯 번이나 실수를 해도 나는 용감이였다. 그러므로 심호흡을 하고 발을 내딛으며 계속 밀고 나갔다. 용기란 두려움을 모르거나 절망하지 않는 게 아니라, 두려움과 절망감을 느껴도 개의치 않고 밀어붙이는 정신이라는 뜻이기 때문이다.

아버지가 아이를 하늘 높이 던져 올리는 모습을 생각해보라. 한순간이지만 자그마한 몸이 공중을 날고 아이의 표정은 살짝 바뀐다. 겁을 먹은 것이다. 그러나 다음 순간 아이는 아빠의 품속에 안겨 있다.

나는 공중에 떠 있는 아이를 차마 볼 수가 없다. 그 모습에 뱃속이 뒤틀리는 것 같다. 아이가 수영이나 다이빙을 배우는 도중에 물을 삼키기라도 할라 치면 내 머릿속은 당장 아이를 물에서 끌어내 커다란 타월로 몸을 감싸주고 소독약 냄새 나는 물이 뚝뚝 떨어지는 몸에 입을 맞추고 싶은 생각뿐이다. 나는 아이가 보조바퀴 없는 자전거는 못

타겠다고 해도 상관이 없다. 소풍을 가다가 집이 그립고 목이 메어 금방이라도 친구들 앞에서 엉엉 울 것 같아 집에 가고 싶다고 하면 이해할 수 있다. 하지만 그 순간 나는 이 사실을 떠올린다. 아이는 용기가 무엇인지 알아야 한다고. 아이에게는 자기를 불쌍하게 바라보지 않는 사람이 필요하다고. 그래야 아이도 자신을 불쌍하게 바라보지 않을 테니까.

아이는 찰나의 순간 공포에 휩싸인 채 하늘에 붕 떠 있다가 다시 누군가의 품에 안겨야 한다.

한 침대 쓰기

내가 태어난 직후, 아버지와 나는 서른 밤을 나란히 누워서 잤다. 엄마가 건강이 안 좋고 너무 기운이 없어서 밤에는 나를 돌보실 수 없었다. 그래서 나와 아버지는 엄마랑 다른 방에서 잤다. 요람에 누운 내가 깨서 보챌 때마다 아버지는 나를 품에 안고 벌떡 일어나 분유를 데우고 딱 맞는 온도가 되면 내 입에 젖병을 물려주셨다. 그럴 때면 나는 흰 남성용 속옷과 아버지의 체온이 더해진 무성한 가슴 털에 폭 안겼다. 마음을 어루만지는 아버지의 심장소리와 포근함은 사랑과 안전감이라는 감정적 기억이 되었다.

서너 살 아니면 너덧 살이었을까. 무서운 꿈을 꾸거나, 무서운 생각이 들거나, 그저 이상한 소리에 놀라 한밤중에 부모님 침실로 달려갈 때 발바닥에 닿던 차가운 바닥의 감촉을 지금도 기억한다. 아버지와 어머니 사이로 파고들면 진정제를 먹은 것처럼 순식간에 마음이 편안해졌다. 항상 등은 엄마를 향했고 얼굴과 코, 볼은 아버지를 향했다. 몸이 기억했다. 지금도 하늘이 나를 힘껏 짓누르듯 눈앞이 깜깜해지는 암울한 날, 흰 속옷을 입은 아버지의 품에 꼭 안기면 모든 게 괜찮아질 것만 같은 기분이 들곤 한다.

우리는 아홉 달 동안 몸 안에서 아기를 키운다. 아기가 세상에 나오면 곧바로 엄마 몸 위에 올려 피부의 감촉을 느끼게 하고 심장 뛰는 소리로 마음을 가라앉혀준다. 그런데 그 아기를 집으로 데려가면 화려하지만 창살 달린 생기 없는 침대에 뉘어버린다. 아기가 밤에 깨면 달려가 배를 채워주고 안아주고는 다시 침대에 눕힌다. 그러면서 부모의 손길 대신 매트리스의 감촉에, 친숙하고 소중한 부모의 체취 대신 청결한 이부자리의 냄새에 익숙해지기를 바란다. 잠시 자연을 돌아보라. 집으로 들어와 살며 카푸치노를 마시기 전에 우리가 속했던 그곳. 자연에서는 어떤 동물도 제 새끼를 멀리 떨어뜨려두고 자신이 자는 동안 새끼가 홀로 잠들기를 기대하지 않는다.

이 세상에 갓 태어난 아기가 이 세상에서 느끼는 행복감은 그 아기를 위험으로부터 지키고 보호하는 존재에 전적으로 달려 있다. 언제나 위험으로부터 지켜주는 부모가 근처에 있다는 느낌이나 친숙한 숨결, 체취와 경쟁할 만한 것은 아무것도 없다. 아기를 해외여행 간 관광객이라고 상상해보라. 이 관광객은 그 나라의 언어는 고사하고 소음이나 빛조차 이해하지 못한다. 자신의 몸이 받는 느낌마저 두려워한다. 기댈 수 있는 유일한 존재는 공항에서 배정받은 관광 가이드뿐이다. 그 가이드가 관광객을 나쁜 존재들로부터 지켜줄 것이다. 관광객이 익히 아는 체취도 풍길 것이다. 그 가이드의 손길이라면 관광

객은 기꺼이 받아들일 것이다. 그리고 그 손길에서 사랑과 안정감을 느낄 것이다. 그 가이드는 부모다.

가이드인 우리는 갑자기 자그마한 관광객에게 묶여서 매일같이 쉴 틈 없이 육체와 감정 양쪽으로 서비스를 제공해야 한다. 부모라면 아기를 키우고 온갖 수발을 들어주다 지쳐서 나가떨어져 보았을 것이다. 수면부족은 신생아를 돌보는 부모가 가장 흔히 겪는 고충이다. 피곤하기는 또 어찌나 피곤한지 달라이 라마와 같은 경지에 오른 부모조차 평정심을 잃곤 한다. 수면이 부족한 부모는 우울증과 불안증에 걸리기 쉬우며 사소한 일에도 쉽게 좌절감을 느낀다. 그래서 일상생활을 수행할 수 있는 능력이 세상 그 어떤 음주측정 테스트도 통과하지 못할 정도로 취한 사람과 비슷할 정도다.

어떤 아기는 수월하게 재울 수 있다. 혹여 밤중에 잠이 깨더라도 혼자서 다시 잠드니 굳이 달래주지 않아도 된다. 이런 아기는 잠에서 깨도 악을 쓰며 울지 않고 뭐가 필요한지 명확하게 표시한다. 그러면 부모는 사이사이 쉴 수 있다. 하지만 통 잠들지 못하고, 목욕시킨 후 애정을 담아 보들보들하고 사랑스러운 별무늬 잠옷을 입혀도 기대와 달리 잠옷을 보들보들하게 느끼지 않는 아기는 어떻게 해야 할까? 쉽게 잠들지 못하는 아기, 옆에서 지켜보지 않으면 잠을 자지 않는 아기, 밤새 일곱 번이나 분유를 먹여야 하는 아기는? 애초에 이 아기가 잠에서 깬 건 배고픔 때문이 아니다. 뭔가가 결여되었다는 느낌이나 편치 않은 느낌, 새로 난 젖니, 척척한 기저귀, 느닷없이 찾아온 경련 때문이다. 이런 것들을 자연적으로 치유할 수 있는 방법은 단

하나, 손길뿐이다.

아기를 돌볼 때 우리는 아기와 꾸준히 대화를 한다. 아기가 울면 우리는 무엇으로 아기의 기분을 좋게 해줄 수 있을지 살핀다. 때로는 젖이나 우유병을 물려주면 된다. 안아주거나 목덜미를 토닥여주면 될 때도 있다. 공갈젖꼭지와 입맞춤으로 충분할 때도 있다. 아기가 엄마 배 속에서 지내던 시절부터 몸이 기억하는 대로 품에 안고 살살 얼러주어야 할 때도 있다. 그런데, 수많은 아기가 부모의 침대로 데려가면 진정이 된다. 셔츠를 벗고 아기와 나란히 눕거나 아기를 몸 위에(당신이 잘 때 몸을 많이 뒤척이지 않거나 쉽게 깨지 않을 경우) 올리고 나면 아기는 그 외에 다른 것은 아무것도 필요하지 않을 것이다.

이런 방식으로 '손길이 고픈 아기'를 보살피다 보면 문제는 일사천리로 해결된다. 일단 아기를 부부의 잠자리로 데려오기 시작하면 결국에는 밤새 놀랍도록 잠을 달콤히 푹 잔다. 이 잠은 습관이 되어 부모는 극도로 힘든 부모 노동으로부터, 아기는 작고 무기력한 생명체로 존재해야 하는 극도로 힘든 노동으로부터 모두 쉴 수 있다. 이것이 가능한 이유는 의사의 경고와 전문가의 주의사항에 가려 우리가 보지 못한 지점에 자연의 본성이 자리 잡고 있기 때문이다. 어린 새끼를 돌보는 야생의 본성 말이다.

습관은 바꿀 수 있다. 그대로 있다가는 더 많은 대가를 지불해야 할 때 습관은 바뀐다. 받아볼 만한 수면상담과 젖떼기 상담이 요즘은 많이 있다. 아이와 부모의 욕구를 세심하게 돌보아주는 훌륭한 지침도 많이 나와 있다. 그러므로 주위에서 "일곱 살이나 된 아이가 부모와 함께 자는 건 싫잖아"라거나 "수학여행을 가면 아이가 힘들어할걸" 같은 말을 하더라도 신경 쓰지 말라. 아이가 말을 배우면 따로 자라고 훨씬 더 쉽게 설득할 수 있다는 사실만 기억하라. 아이에게 밤의 의미를 설명하고, 잠들 준비를 시키고, 아이의 두려움에 귀 기울이고, 어떻게 하면 아이가 더 편해질지 고민하고, 아이가 조금씩 나아질 때마다 응원해주고, 아이가 자기 방 침대에서 처음 혼자 잔 날을 축하해줄 날이 오리라는 점만 기억하라. 두 살 반이 되어서야 그날이 온다고 해도 괜찮다. 부모와 더 많이 분리되어 있고, 독립적이고, 할 수 있는 일이 많아질수록 아이는 더 쉽게 자신을 믿고 견딜 수 있다. 눈을 감아도 자신이 위험에 처한 게 아니라는 사실을 더 쉽게 떠올릴 수 있다. 아이에게는 아이 자신이 있기 때문이다. 꼭 생후 몇 달째에 맞춰 분리불안을 느끼게 해야만 하는 것은 아니다.

나는 지금 이 자리에서 육아나 생활방식을 따져보려는 게 아니다. 태어나자마자 아기가 밤새 잠을 푹 잔다면 누구라도 기쁠 것이다(행운을 빈다). 다만 그건 노력을 해서 되는 게 아니다. 그렇다면 무엇을 해야 할까? 아이는 저마다의 자질과 감성, 조절 체계와 특정한 리듬, 어려움, 두려움, 생각, 개성을 갖고 태어난다. 좋은 부모란 유아차에 얌전히 앉아 있고, 밤새 푹 자고, 차 시동을 거는 순간 곯아떨어지는 아이의 부모일까? 아니다.

아기방에 아기 침대를 놓고 사는 것과 일곱 살이 될 때까지 부모와 함께 자는 것 사이에는 살펴볼 만한 선택지가 몇 가지 있다. "나흘 밤 내내 소리를 지르고 지옥 같은 시간을 보냈지만 그 후론 애가 혼자 잘 잤어요" 하는 이웃의 말을 무시하되 죄책감 없이 확인해볼 만한 가치가 있는 선택들 말이다. 그렇다면 그 과정에서 어떤 점에 유의해야 할까? 항상 아기에게 관심을 갖고, 아기가 밤새 불안을 느끼지 않아야 한다는 사실을 명심하라. 손길이 병과 통증을 치유할 수 있음을 명심하라. 육아는 힘든 일이며, 아기는 훈육의 대상이 아니라는 사실을 마음 깊이 이해하라. 나를 믿으라. 십대 자녀가 밤에 부모의 침대로 들어오는 일은 없을 테니까. 어차피 아이는 순식간에 십대가 되니 지금은 잠시 심호흡을 하고 인내심을 가져볼 만하다.

아기는 밤이면 야생 짐승의 새끼가 된다. 그러니 아기가 낑낑거리면 그 소리에 귀를 기울이고 말없이 이 존재를 위해 완전하고 안전한 세상이 되어주라.

삶의 작별인사들

　　어머니를 여의었을 때 나는 이미 성인이었다. 내게는 두 아이와 남편과 일궈가는 삶이 있었다. 중한 병이 그렇듯이 이별은 여러 단계에 걸쳐 이루어졌다. 먼저 병이 우리에게 마음의 준비를 시킨다. 그러고도 몇 년 동안 죽음이 허공을 어른거리고 모두가 여전히 근처에 있는 순간도 그리움의 향기가 퍼져나간다.

　　어머니와 딸로 함께 보내는 마지막 순간인 장례식을 마치고 집으로 돌아가며 나는 어머니가 어린이집으로, 학교로, 버스 정류장으로 나를 데리러 오셨던 순간을 어떻게든 떠올리려고 했다. 그러나 아무리 애를 써도 기억이 나지 않았다. 자동차 창문으로 스쳐지나가는 전선을 물끄러미 보고 있자니 어디로 가는지, 언제 도착하는지도 모른 채 뒷좌석에 앉아 스쳐지나가는 전신주만 세던 어린 시절로 되돌아간 것 같았다.

　　시간이 흘러 어머니와 다시 만나리라는 사실을 굳게 믿게 되었다.

하지만 그 해후는 내 안에서 일어날 것이다. 내가 어머니의 몸에서 아홉 달을 지냈듯이 이제 내 속에서 어머니를 만날 것이다. 하지만 어머니를 찾는 여정의 끝에 가서 만나는 대상은 새 생명이 아니라 그리움일 터였다. 어머니 안에 있는 딸 대신, 딸 안에 깃든 어머니.

아이의 삶은 수많은 작은 이별들로 얼기설기 엮여 있다. 좋은 이별, 힘을 주는 이별, 힘든 이별까지. 사람은 작별을 할 때마다 아주 조금씩 죽어간다는 말이 있는 데는 다 이유가 있다. 다른 아이에게 빼앗긴 인형과의 이별. 아침에 어린이집에 가면서 하는 이별. 잠자리에 들 시간이 되면 하는 밤 인사. 엄마가 이제 가야 할 시간이라고 해서 친구에게 건네는 작별인사. 양육권 없는 아빠와 보낸 하루가 끝나 아빠에게 건네는 작별인사. 동생이 태어나기 전까지 부모님의 유일한 자식이던 나와의 이별. 젖니와 이별하기. "엄마, 저 나무가 얼마나 슬퍼하는지 보세요." 언젠가 맏이가 평생 처음으로 가을이라는 계절을 스스로 인식했을 때 내게 이렇게 말했다. "나뭇잎들이 나무를 다 떠나고 있어요. 기다리면 새 잎이 난다는 걸 나무가 알까요?"

그런데 우리는 이런 작별을 할 때 아이에게 뭐라고 대답하는가? "그만 울어." "오늘은 제대로 '빠이빠이' 하겠다고 약속해." "네가 울면 엄마는 정말 너무 슬프단 말이야." 설령 이런 말을 하지 않더라도 우리가 느낀 실망감과 아이가 겪는 어려움에 대한 초조함을 무언으로 전달한다. 그러므로 이 상황에 대해 좀 더 알아보자.

1. 아이는 울음을 그칠 수도 없고 그쳐서도 안 된다. 원래 작별인사를

할 때는 그런 법이다.

2. 아이는 '오늘은 제대로 작별인사를 하겠다'고 약속을 할 수도 없고 해서도 안 된다. 아이는 늘 부모의 기대에 부응하고 약속을 잘 지키고 싶어 한다. 그래서 그렇게 되게 해달라고 기도한다. 하지만 결국 그러지 못하고 마음먹은 대로 되지 않으면 자신이 약속을 깼다며 더 큰 상처를 입는다.

3. 부모가 아이 때문에 슬퍼졌다고 말하면 아이는 자신의 슬픔만 아니라 자기 때문에 부모가 느낀 슬픔까지도 감당해야 한다. 세 살 아이가 짊어지기에 너무 무거운 짐 아닌가?

아이에게 이런 메시지를 전해야 한다. "이별은 엄마와 아빠에게도 슬픈 일이야. 울어도 돼. 우리는 네가 이 슬픔을 잘 이겨내리라 믿어. 게다가 언젠가 슬픔이 사라지는 즐거운 시간이 찾아올 거야. 점심이나 오후에 우리는 다시 만날 거야." 이런 상황이 늘 유쾌하지는 않을 것이다. 때로는 당신도 마음이 많이 아플 것이다. 하지만 부모는 아이를 '힘들게' 하려고 이별하는 게 아니다. 이별은 그저 삶의 일부일 뿐이다.

아이는 대개 펑펑 울거나 떼를 쓰거나 우리를 바쁘게 만들거나 계속 버티면 이별을 피할 수 있다고 생각한다. 이런 억측은 아이의 마음에 짐만 지우는 잘못된 생각일 뿐이다. 그런데 엉터리 꼼수를 가르친 장본인이 바로 우리 부모다. 생각해보라, 아침에 부모가 이제 가야 한다고 하면 아이는 헤어지기 힘들어하며 울음을 터뜨린다. 아이가 갈수록 심하게 울며 매달릴 때 우리가 어떻게 달래는가. "좋아, 그럼 같이 그림 한 장만 그리자. 그거 다 하면 정말 가야 해." 그걸 다 하면 아이가 아까보다 더 심하게 울며불며 매달리지만 이제는 정말 가야 할 때가 되었으므로 더 이상 머무를 수가 없다. 아이 입장에서는 울면 이별을 유예할 수 있다는 계약을 부모가 깬 셈이다. 밤이 되면 이렇게 말했다. "잘 자, 지금은 다들 자야 할 시간이야." 아이가 물을 한 번 더 마시고 싶다고 해서 물을 가져다준다. 그러면 아이가 울며 무섭다고 한다. 그래서 5분 더 같이 있어준다. 이번에는 아이가 울면서 꼭 해야 할 말이 있다거나 배가 아프다거나 화장실에 가야 한다거나 이상한 소리를 들었다고 한다. 그러면 그제야 역정을 내며 이렇게 말한다. "그만해! 이제 됐어. 너 때문에 미칠 것 같아!"

부모와 떨어지는 일이 얼마나 힘든지 보여주느라 바빴던 아이는 감정을 단숨에 말끔히 정리할 수 없다. 아이는 잠시 떨어져 있는 것뿐이라는 사실을 떠올리지 못한다. 내일 아침에 해가 떠오르면 다시 만날 수 있다는 사실을 기억하지 못한다. 나는 아이에게 행동의 경계를 정할 때 아이가 좋아하거나 만족하리라 바라지 않는다. 아이에게 그 경계를 설명하고 미리 준비를 시키지만 아이에게 그만 울라고 하지 않는다. 왜냐하면 매번 작별인사를 할 때마다 나도 마음으로 조금씩은 울기 때문이다. 애써 아이를 바라보며 아이가 슬퍼한다는 사실을 이해하고, 아이가 슬픔을 극복할 때마다 용기를 북돋운다. 나는 이런 식으로 더 강해지고 인생의 크고 작은 이별을 이겨내라고 가르친다.

아이는 어른인 부모에게는 만사가 단순하고 확고부동하리라 느낀다. 그래서 작별할 때 생기는 어려움을 잘 이겨내지 못하면 엄청난 외로움을 느낀다. 아이에게 말을 걸라. 아이가 힘들어할 때를 피해 그 전이나 후에 말을 걸어 마음을 알리라. 나 역시 헤어지는 것이 힘들다고, 일을 하다가도 문득 아이가 생각나 그립다고 말이다. 아이에게 조언을 구하라. "같이 사진을 찍어볼까? 내 팔꿈치에 뽀뽀를 해줘. 그러면 내 팔꿈치를 볼 때마다 네 생각이 나겠지? 이렇게 자꾸 말해 봐야겠다. '우리는 곧 다시 만날 거야.' 그리고 출근을 할 때 폴짝폴짝 뛰어보는 것도 좋겠지? 폴짝폴짝 뛰면 슬프다가도 기분이 좋아지니까." 아이에게도 원한다면 똑같이 해볼 수 있다고 말해주라. 그러면 아이는 기분이 으쓱해질 것이다. 그도 그럴 것이 당신이 충고를 구했고, 그게 당연하기 때문이다. 슬픔을 느끼는 사람이 자신만이 아니라는 걸 깨달을 것이기 때문이다.

며칠 동안 집을 비울 일이 생기면 하루에 한 번씩 전화를 하겠다고 미리 약속하라. 그보다 더 많이 전화를 하면 아이가 너무 그리워져 힘들 것이라고 말하라(이렇게 말해두면 아이가 잘 있는지 2분마다 전화를 거는 일이 고역이라는 말을 하지 않아도 된다). 그리고 언제 전화를 걸면 가장 좋을지 아이와 상의하라(너무 늦게 전화를 걸면 아이가 피곤해서 오히려 전화를 성가셔할 것이다). 나이가 더 어린 아이에게는 카운트다운 달력을 준비해두면 시간이 어떻게 흐르는지 더 잘 이해할 것이다. 보고 싶을 때마다 그림을 그려보라고 해도 좋다. 그러면 슬픔이라는 감정을 수동적인 경험이 아니라 적극적인 활동으로 바꿀 수 있다. 나중에는 잘 기다려줬다는 뜻으로 선물을 준비하는 것도 잊지 말라.

아이가 어린이집에 가면서 비행기 장난감을 가져가거나 똑같은 이야기를 몇 번이나 들려달라고 조르는 데는 이유가 있다. 그러한 물건이나 행위는 '집'의 일부를 몸에 지니고 있다는 느낌을 준다. 그 물건이 가방 깊숙이 들어 있거나 주머니에 있더라도 상관없다. 마치 자신과 엄마 아빠 사이를 잇는 다리가 불쑥 생겨난 것처럼 말이다. 그때부터 어린이집은 더 이상 '집 아닌 곳'이 아니다. 집의 조각을 하나 가지고 있는 어린이집이 된다. 이 조각이 아이에게 힘을 주고, 아이는 그 조각에 의지한다.

아이가 자라고 우리도 부모의 역할을 제대로 해내서 크고 작은 불안에 연습이 되면 아이는 부모와 떨어져 있어도, 이별로 마음이 아파도 자신이 부모와 함께 있다는 사실을 깨달을 것이다. 자기 마음속에 부모가 있다는 사실을 말이다. 우리가 아이의 마음속에 있을 때 아이는 우리와 함께 있다. 그러니 아이가 울어도 당황하지 말라. 아이의 슬픔을 지워버리려 하지 말라. 얼른 달려가 예전에 죽은 것과 똑 닮은 햄스터를 사주거나 고장 난 장난감을 대신 할 새 장난감을 사주지 말라.

우리 어머니는 키도 작고 몹시 말라 체구가 자그마한 분이었다. 수의에 감싸여 안치된 어머니를 보았을 때 나는 이렇게 위대한 여성이 어떻게 이렇게 자그마할 수 있는지 의아할 정도였다. 어머니는 모든 것에 감동받을 줄 아셨다. 사람과 말, 음악, 추억 등에 말이다. 어머니는 우실 때마다 코가 빨개졌다. 그런데 우실 일이 아주 많았다. 그도 그럴 것이 라디오에서 듣는 노래나 친구의 몸짓으로도 눈물을 흘리셨기 때문이다. 어머니의 눈물샘은 활짝 열려 있었다. 어머니의 손은 아름다웠다. 우리가 명절 노래를 함께 부를 때면 어머니는 손톱으로 어디든 톡톡 두드리며 박자를 맞추셨다. 친구들과 진솔한 대화를 즐겨 나누셨다. 하루에 한 번 거실 창문을 열어놓고 담배 한 대를 피우셨다. 그럴 때면 나를 옆에 앉히고 그날 내게 일어난 재미있었던 일들을 모두 들려달라고 하셨다.

내 셋째 딸은 어머니의 손을 닮았고 둘째 아들은 어머니의 빨간 코를 물려받았으며 나는 어머니처럼 사람들과 나누는 즐거운 대화나 라디오에서 흘러나오는 노래에 감동할 줄 안다. 그리고 아이를 옆에 앉히고 그날 하루 아이에게 있었던 재미난 일을 모두 듣는 시간을 이 세상에서 제일 좋아한다. 내가 어머니와 나눈 수많은 작별인사를 기억하지 못하는 이유는 아마 어머니가 내 마음이 아프지 않게 작별인사를 잘 하셨기 때문이고, 마지막 인사는 그중에서도 가장 어렵기 때문일 것이다.

분노를 통해
성장하는 아이

아침 6시 15분, 딸과 나는 차를 타고 있다. 나는 마흔네 살이다. 딸은 4월이면 열 살이 된다. 넓은 주차장이 아이와 부모, 버스, 배낭, 침낭 등으로 북적거린다. 딸은 엄마 생일에 자신이 집을 비워도 괜찮을지 마음을 정하지 못해 사흘 일정의 캠프를 두고 고민을 했다. 나는 내 생일에 내 딸이 행복하다면 나도 행복할 것이라고 말했다. 그리고 곧장 GPS를 켜고 캠핑장까지 차로 얼마나 걸리는지 확인해보았다. 어차피 아이는 첫째 날을 보내고 해가 지고 나면 득달같이 전화로 데리러 오라고 할 게 분명했다. 아이가 사흘 꼬박 집을 떠나서 버틸 수 있을 리 없었다.

차에서 내려 딸의 가방을 들어주었다. 아이는 곧장 잘나갈 것 같은 아이들이 모인 곳을 찾았고 발걸음을 재촉했다. 나는 아이에게서 이제 헤어질 때라고 전하는 기색이 느껴질 때까지 함께 갔다. 아이를 안아주었다. 하지만 아이는 나를 마주 안아주지 않았다. 나는 아이에게 정말 사랑한다고 말해주고 차로 걸어갔다. 차 앞에 다다라서야 몸을 돌려 아이의 시선을 찾았다. 아이는 그 잘나가 보이는 애들과 함께 있었다. 나는 눈물이 앞을 가려 차로 돌아가는 길이 제대로 보이지 않을 정도였다. 차 문을 닫자마자 엉엉 목 놓아 울었다. 열 살이라는 나이와 스카우트 제복, 늘어선 버스를 보는 순간 감정이 훅 치솟았다. 나도 내가 이렇게까지 감정을 놓아버릴 줄은 생각지 못했다.

방금 전까지만 해도 일과 회의, 이런저런 볼일 때문에 아이를 두고 떠나는 사람은 나였고 엉엉 울고, 화를 내고, 발을 동동 구르는 사람은 딸아이였는데 어떻게 된 걸까? 아이가 "어어엄마아아!"라고 소리를 치면 나는 경계를 정했다. 나는 확고한 쪽이었다. 떠나는 쪽 말이다. 아이는 매달리는 쪽이었다. 울고불고 하는 쪽. 그런데 어느새 인생의 회전문을 돌아 나와보니 딸의 마음은 너무나 명백하고 독립적이며 자기 인생을 살려고 발을 내딛는데, 나는 눈물을 글썽거리고 발을 쿵쿵 구르며 뒤에 남겨지고 말았다. 게다가 못 견디게 홀가분하게 작별인사를 했다는 사실에 살짝 화까지 났다.

분리는 출생, 즉 어머니와 태아 사이에 이루어지는 첫 번째 분리부터 시작하는 복잡다단한 과정이다. 이 과정은 부모가 떠나고 자식이 남으며 끝이 난다. 아이는 우리가 없어도 멋지고 충만한 삶을 영위할 것이고 그러면서도 여전히 우리의 목소리를 품에 안고 살아가야 한다. 그렇게 되도록 돕는 것이 부모의 최종 목적이다. 우리는 아이가 처음으로 어린이집에, 학교에, 캠프에, 군대에, 저녁 데이트에, 결혼식에, 해외여행에 가는 날 배웅하며 차 안에서 운다. 아이는 우리를 조금 그리워하다, 즐거운 시간을 보낸다.

시작은 꽤 단순하다. 우리는 아이의 욕구를 돌봐주고 그러면 아이는 우리에게 애착을 느낀다. 힘들지만 과정 자체는 매우 명료하다. 그런데 아이가 두 살 정도 되면 변화의 바람이 불기 시작한다. 아이가 소비자이고 부모가 공급자인 최초의 계약과 달리 이제 아이는 가끔 다른 것이 필요하고 부모는 그것을 줄 수 없다. 새로운 현실이 마찰을 일으킨다. 그리고 이런 힘든 상황에서 아이는 성장한다.

우리가 한계를 설정하고 막 걸음을 뗀 아이가 그 한계를 시험하면서 최초의 분리가 또렷해진다. 우리는 자신의 인내가 끝나는 지점을 표시해 경계를 세운다. 그러면 아이는 어느 지점에서 시작해야 하는지 깨닫는다. 가령 아이스크림이 먹고 싶다는 아이에게 안 된다고 하면 어떻게 될까. 아이는 자신의 독립된 운영 체계에 따라 화를 내거나, 실망하거나, 좌절한다. 외부 운영 체계가 재빨리 반응을 보이면 아이는 저항한다. 울고, 바닥에 드러눕고, 때리고, 치사하다고 소리친다. 바로 이 시점에 우리는 흔한 실수를 한다. 아이의 행동에 우리도 화가 나서 그만하라고 나무라거나, 방으로 가라고 하거나, 아이에게 져서 원하는 아이스크림을 손에 쥐여준다. 지치고 속수무책이 된 우리는 그 사랑스럽고 자그마한(10분 전만 해도 깔깔거리며 신나게 놀거나, 말을 잘 듣거나, 기껏해야 그저 고집을 부려야 할 것 같아서 고집을 부리다가 결국 말을 듣던) 꼬맹이가 어떻게 이렇게 골이 잔뜩 나서 꺅꺅 소리를 질러대는 작은 괴물로 변했는지 영문을 알 수가 없다.

그렇다면 이 사실을 잘 생각해보라. 반항과 분노, 떼쓰기는 모두 발달상의 성취다. 아이가 여기 당신 앞에 서 있다. 아이는 당신이 정한 경계와 마주쳤고 그것이 마음에 들지 않는다. 독립된 존재이며 독립된 욕구가 있기 때문이다. 그러므로 그 시점에는 그 경험을 앗기 위해 당신이 무슨 짓을 하건 아이의 성장을 망친다. 아이는 지금 새로운 기술을 익히는 중이다. 두 발로 걷거나 스스로 옷 입는 법을 배우듯 말이다. 우리는 이 과정의 끝에서, 아이가 좌절을 겪으면 그 좌절감을 해소하는 법을 배우기 바랄 뿐이다. 계산된 결론에 도달하고, 항상 낙관적이고, 무엇보다 원치 않는 현실을 남 탓으로 돌리거나 너무 개인적으로 받아들이지 않는 법을 배우기 바란다. 그러나 이런 것은 하루 만에 되지 않는다.

——————— 아이의 좌절을 이해하라

아이는 왜 울거나, 속상해하거나, 따지거나, 징징거리거나, 발을 구르고 소리를 질러댈까? 모르긴 몰라도 아이가 당신의 하루를 망치겠다는 마음을 품고 아침에 눈을 떴기 때문은 아니다. 아이가 좌절을 할 때는 구체적인 이유가 있다. 그리고 그 이유는 당신이 아니라 경계에 있다. 아이가 부모의 권위를 인정하지 않으려는 것이 아니다. 아이는 그저 좌절을 겪고 있을 뿐이다. 게다가 지금까지 모든 장애물을 제거해줬던 당신이 더 이상 그런 도움을 주지 않으려 한다. 그럴 때 아이에게 이렇게 말하라. "네가 화가 났다는/실망했다는/슬프다는/샘이 났다는 걸 이해해." 그리고 이런 말은 짧게 끝내라. 각각의 상황에서 느끼는 구체적인 감정에 이름을 붙여 말해줘야 한다. 그러면 아이가 지금 느끼는 감정이 무엇인지 알게 되었기에 다음에는 소리부터 지르는 대신 그 감정을 말로 설명할 수 있다. 이런 말을 할 때는 선생님처럼 훈계조로("네가 화난 거 잘 알아. 하지만 우리가 해줄 수 있는 일은 없단다.") 해서는 안 된다

대신 아이에게 정말로 이해하는 감정을 건네라. '하지만' 같은 말은 치우고 간단하게 말하라. "와, 지금 정말정말 화가 많이 났구나." "짜증 난다, 그치?" 그리고 행동으로 진심을 보이라.

─────── '예스'라고 말하라

뭔가를 금지할 때는 합당한 설명을 들려주고 대신 무엇을 할 수 있는지 말해주라. "지금 아이스크림은 안 돼. 하지만 수박은 먹을 수 있어." 아이가 받아들일 만한 제안만 할 필요는 없다. 하지만 일단 제안을 하면 아이는 자신이 존중받는다고 느낄 것이다. 그러면 아이에게 낙천적인 태도의 씨앗을 심을 수 있다. 까다롭고 복잡한 상황에 처했을 때조차 답을 찾고, 사방에 '노'밖에 없는 것 같아도 언제든 다른 선택을 할 수 있으며 어딘가엔 '예스'가 있을 거라고 확신하는 태도 말이다. 이윽고 감정이 서서히 가라앉고 불안 수준이 내려가면 아이는 자기 앞에 놓인 긍정적인 해결책들 가운데 하나를 고를 것이다.

울 때 말고 극복할 때 호들갑을 떨라

아이가 울 때는 포옹이나 입맞춤 등 위안을 주는 여러 형태의 행위를 제안하라. 아이에게 그중에서 고르게 하라. 감정을 가라앉히고 포옹이든 뭐든 당신이 제안한 것을 받아들이려고 다가오면 그 길에 레드 카펫이 깔린 것처럼 기를 살려주라. 골칫거리를 극복하고, 유연성을 보이고, 감정을 정리하고 훌훌 털어버리는 일은 쉽게 할 수 있는 일이 아니라고 말하라. 아이가 막 얻은 새로운 능력을 뭐라고 부를지 알려주어야 한다. 그런 능력을 얻었다는 건 아이가 더 성장하고 강해지고 있다는 뜻이라고 말해줘야 한다. 아이가 감정을 가라앉히고 소리를 그치면 진심으로 감탄하며 이런 상황을 '자기 감정을 다스리는 법을 아는 사람이 되었다'고 표현한다고 말하라. 아이가 다른 방식으로 항복하길 택해서 40분 동안 울고, 소리 지르고, 반항을 한 후에야 만족하고 행복해한다면 이렇게 말해주라. "네가 기분을 바꾸는 걸 보니 정말 좋아. 먹고 싶은 아이스크림을 못 먹어도 기분이 좋아지는 방법을 아는구나."

이런 반응을 보여줄 때마다 무엇보다 중요한 부모의 의무를 다할 토대가 닦여간다. 그러니까 부모라면 아이가 행동을 개선하고, 극복하고, 자제하고, 협력하고, 옳은 선택을 하고, 만족감을 표시하고, 새로운 현실을 만들 때마다 감탄하며 격려해줘야 한다. 아이가 울거나, 소리치거나, 바닥으로 몸을 던지며 떼를 쓰면 그 아이의 좌절감과 분노를 이해해주고 맘껏 하도록 내버려두라. 대신 감정적으로 개입해서는 안 된다. 같이 화를 내거나, 벌을 주거나, 모자에서 토끼와 사탕을 꺼내주지도 말아야 한다. 그건 아이의 몫이기 때문이다. 아이는 독립된 자신만의 여정을 서서히 걷기 시작했다. 그러니 우리도 그 점에 당황해서는 안 된다. 아이가 화를 낼 때 그것은 우리의 뜻을 '거스르려는' 것이 아니라 자신을 '위하는' 행동이라는 사실을 명심하라.

아이가 화를 낼 때 부모도 화를 내거나, 벌을 주거나, 네가 그런 행동을 해서 슬프다고 하면 우리는 아이가 학습할 기회를 오염하게 된다. 아이를 독립적인 존재로 인정하지 않는 셈이며, 그러다가는 아이와의 관계를 늘 그런 식으로 마무리 짓고 말 것이다. 이런 소소한 수업들은 떼를 쓰기 시작하는 두 살부터 시작해서, 어린이집까지 혼자 걸어가겠다고 고집을 피우는 세 살, 생일 파티에 우리 없이 있겠다는 다섯 살, 숙제를 하지 않아 알림장에 선생님의 지적이 적혀 있는 일곱 살, 캠프 여행을 떠나 온갖 어려움을 극복하고 사흘 내내 꼬박 머무르는 기염을 토하는 열 살까지 쉬지 않고 죽 이어진다.

아이와
이야기하는 법

엄마가 내게 실망하셨을 때, 내 말을 너무 진지하게 받아들이셨을 때, 청소년 시절의 나 때문에 마음이 상하셨을 때 짓던 표정을 나는 아주 잘 알았다. 어머니의 그 표정은 우리 사이의 충돌을 몽땅 날려버렸고 그 자리에는 아무것도 남지 않았다. 내가 선을 넘는 순간 남은 것은 그 표정뿐이었다. 충격을 받고, 화가 나서 나를 거부하는 표정. 그리고 상처 받은 표정.

그 표정은 지금 중요한 것은 우리가 한 언쟁도, 내 욕구도, 심지어 내가 느끼는 감정도 아니라 어머니 자신이라고 말했다. 그러면 나는 어머니에게 네 발로 기어가서라도, 화를 이기지 못하고 마구 퍼부었던 끔찍한 말들에 대해 보상하고 어머니가 나를 다시 사랑할 수 있도록 노력했다. 하지만 내가 온몸으로 사과하고 애원해 용서를 받는다고 해도 어머니의 표정이 우리에게, 우리 두 사람에게 남긴 흉터는 사라지지 않는다. 우리의 관계에 상처를 입힌 표정.

아이를 키우면서 정말 보람을 느끼기 힘든 일 중 하나가 바로 독소 정화기, 다시 말해 모든 배설물을 흡수하는 스펀지가 되어야 한다는 사실이다. 아이가 몇 살이건 이 사실은 변함이 없다. 서른다섯 살이 된 성인이어도 엄마가 앞에 있다면 오직 엄마의 귀에만 들리도록 유독물을 뿜어낼 것이기 때문이다. 그 유독물은 좌절감일 수도 있고 해결되지 않은 문제, 유독 힘든 하루, 다른 날이면 용감하고 자신만만하게 다룰 수 있었을 감정적 쓰레기일 수도 있다. 당신 앞에도 어머니를 데려다 놓으면 어린아이가 스르르 나타난다.

양육을 하다 보면 아이에게 어떤 스펀지가 될 것인지 끊임없이 결정을 내려야 한다. 부드럽고 딱딱한 스펀지 종류 사이에서 여간해서 콕 집어내기 힘든 올바른 균형을 찾아가야 한다. 그렇다면 도대체 어떻게 해야 아이가 좌절감을 우리에게 발산하도록 유도하는 한편으로 아이가 마구 퍼부은 유독성 물질을 뒤집어쓰고도 당황하지 않고 의연한 태도로 아이를 배려할 수 있을까? 네 살 아들은 우리가 초코 푸딩을 하나 더 못 먹게 했다고 "치사해!"라고 소리친다. 일곱 살 딸은 주말에 친구 집에 자고 오고 싶다는 말을 들어주지 않으면 "엄마 미워!" 하고 고함을 지른다. 아들이 열세 살이 되어서 헬멧 없이는 자전거를 못 타게 하자 자신이 생각해낼 수 있는 가장 끔찍한 말을 부모에게 퍼붓는다. 열일곱 살이 된 딸은 술잔이 즐비하고 남자애들이 바글거리는 밤샘 파티에 못 가게 했다고 엄마는 아무것도 모르고 엄마 딸이라 유감이라고 고래고래 소리친다. 이런 말을 들으면서 어떻게 무너지지 않고 다 받아줄 수 있을까? 어떻게 하면 아이가 나를 미워하는 게 아니라는 사실을 늘 기억하면서도 부정적인 감정을 무사히 배출하게 이끌 수 있을까?

바로 이것이 부모가 드잡이해야 할 가장 힘든 과제 중 하나다. 왜냐하면 우리는 각자의 자아와 감정을 일단 옆으로 치워놓아야 하는 동시에, 아이의 감정을 자꾸 개인적으로 받아들이면 아이에게 아무것도 가르칠 수 없다는 사실을 잊지 말아야 하기 때문이다. 사실 아무리 뛰어난 스펀지도 흡수한 것을 한 번씩 짜낼 양동이가 근처에 있어야 한다. 우리가 당연히 아이에게 모욕을 당해야만 하는 것도 아니다. 하지만 우리는 아이와 커플 관계도 아니고, 아이의 친구도 아니다. 가족을 구성하는 기본 토대에는 평등이라는 가치가 자리를 잡고 있지만, 결국 우리는 아이와 동등하지 않다. 우리는 의무를 수행 중이다. 우리는 부모고 아이는 자식이다.

원치 않은 현실에 마주쳤을 때 아이의 불안은 고조된다. 아이는 세상이 자신의 즉각적인 욕구를 들어주기 위해 만들어지지 않았다는 안타까운 사실을 정면으로 마주해야 한다. 아이는 외로움과 분노를 느끼고 예의는 모조리 무시하고 분노에 차 험악한 말을 마구 쏟아낸다. 그 말이 우리 부모를 향해 쏟아지지만 실은 막대한 좌절감을 배출하려는 행동일 뿐이다. 그리고 우리 부모는 그 엄청난 좌절감을 받아 흡수해야 한다. 우리가 아이의 펀치백이라서가 아니다. 부모라면 무엇보다 아이가 규칙을 정면으로 치받을 때, 그 상황을 개인적으로 받아들이지 말라고, (위험하거나, 건전하지 않거나, 우리 가치관에 배치되므로) 원래 그런 것이라고 가르쳐야 하기 때문이다.

이것은 우리와 아이 사이의 문제가 아니다. 우리가 스펀지를 자처하는 것은 오히려 아이가 느끼는 좌절감에 공감하고, 이미 세워놓은 경계를 수정하지 않고도 아이의 고통을 받아들여 불안 수준을 낮추고 그 감정을 극복하도록 돕기 위해서다.

그런데 상황에 개인적으로 반응해서는 안 된다고 가르쳐야 할 우리가 그러기는커녕 불쾌하고 모욕적인 말을 듣는 순간 생각하기를 거부하곤 한다. "엄마는 멍청이야!"라는 말을 들으면 이렇게 되묻는다. "너 지금 뭐라고 했어? 엄마보고 뭐라고 했어?" 그 소리를 듣고 거실에서 아빠가 소리친다. "엄마한테 무슨 말버릇이야!" 엄마는 이렇게 덧붙인다. "당장 방에 들어가서 네가 방금 한 말에 대해 잘 생각해봐!" 아니면 이런 논리를 편다. "그런 말을 하다니 엄마는 정말 상처받았어. 너 때문에 엄마는 슬프고 화가 나. 내가 너를 미워하면 너는 어떤 기분일 것 같니?" 상처를 받고 이런 식으로 반응해버리면 상황이 개인적인 감정싸움으로 변질된다. 결국 아이는 이런 경우를 개인적으로 반응해도 되는 상황이라고 학습해버린다. '원치 않은 현실과 마주치면 나는 나 혼자다. 내가 분노에 휩싸여 감정을 부모에게 풀어버리면 부모는 경계에 관련한 모든 문제를 나와의 감정싸움으로 만들어버린다. 내가 감정에 대처하고 극복할 수 있도록 내면으로 시야를 돌려야 한다고 가르치는 대신 경계에 대해 분노를 느끼고 받아들이지 말라고 가르친다. 특히 내가 화를 참지 못하고 좌절감을 쏟아내면 나를 향한 부모의 사랑과 인정이 느닷없이 조건부가 되고 우리 관계는 잠정적인 것으로 변한다고 가르친다.'

아이가 부모더러 멍청이라고 외칠 때 이렇게 해보면 어떨까. "초콜 릿 푸딩을 더 먹지 못하게 해서 엄마한테 화난 거 알아." 그러면 아이 의 불안 수준은 낮아진다. 아이가 심한 말을 했을 때 부모는 개인적 인 감정의 문제로 변질시키는 대신 이렇게 말해야 한다. "나도 네 마 음 알아. 얼마나 짜증이 날지 다 이해해." 물론 아무리 나라도 아이가 바로 기분을 풀거나 "알았어요, 엄마. 오늘은 단 걸 먹을 만큼 먹었네 요"라고 말해주리라 기대하지는 않는다. 하지만 아이가 발산한 독소 가 아니라 그 독소를 생산한 감정적 이유에 반응하면 아이는 적어도 혼자라는 기분에 휩싸여 좌절감을 느끼지는 않는다.

부모가 받는 존경심은 세 살짜리가 한창 떼를 쓰며 내뱉은 말에서 나오는 게 아니다. 그것은 경계를 정하고, 그 경계를 아이가 좋아하 지 않더라도 그러는 것이 부모를 존경하지 않아서라고 오해하지 않 는 데서 나온다. 부모가 아이의 입에서 불쑥 튀어나온 모욕적인 말에 만 반응해 감정적으로 대응하는 건 결국 아이가 현실과 정면으로 마 주했을 때 극복하지 못하게 방해할 뿐이라는 사실을 아는 데서 나온 다. 부모는 아이가 쏟아낸 말 자체나 자기가 받을 존경에만 신경 쓰 지 말고 화가 난 아이에게 이렇게 말해야 한다. "네 마음대로 하지 못 하게 해서 화가 난/실망한/슬픈/샘이 나는/분개한/짜증이 난 걸 알 아." 그러면 아이는 자신이 실제로 느낀 감정을 제대로 파악한다. 당 신의 말이 자신이 막 경험한 상황을 정확하게 묘사하는 표현이라는 사실을 깨달아간다. 부모로서 존경을 받는지 어떤지는 잠시 제쳐두 고 그 순간 아이를 제대로 바라보는 능력에서 부모로서의 진짜 존엄성이 피어난다.

아들이 처음으로 "엄마 미워!"라고 소리친 날을 기억한다. 아이는 세 살 반이었고 어린이집에서 집으로 돌아가던 중이었다. 그때 나는 잠시 다른 생각에 빠져 있었다. 둘이 손을 잡고 오솔길을 걷고 있었는데 아이가 수다스럽게 떠들며 늑장을 부렸고 나는 몹시 더웠다. 아이가 모퉁이 가게에 들르고 싶어 해 나는 지갑을 꺼내려고 가방에 손을 넣었다. 동전을 몇 개 꺼내서 아이에게 먹을 것을 사주고 나는 정신 차려 오후에 끝내야만 하는 일들을 정리해보고 싶었던 것이다. 그런데 지갑이 가방에 없었다. 잊고 나온 것이다.

엄마가 정신이 없어서 지갑을 안 가져왔다고 아이에게 설명을 해보려 했다. 할 수만 있었다면 밤새 네 아기 동생을 보는 바람에 지갑을 깜박했다거나 네 형의 유치원 선생님과 이야기를 나눴는데 그 애가 요즘 유치원에서 문제가 많다고 해서 걱정을 하느라 지갑을 깜빡했다고 했을 것이다. 어쩌면 어린이집으로 들어갈 기운도 없는 내가 한심해서 에어컨 켜놓은 자동차에서 평화와 고요를 몇 분 더 음미하며 기운을 차렸어야 했다고 덧붙였을지도 모른다. 아니면 명절이 다가오니 우리 엄마가 정말 그립다고 했을지도 모른다. 그래서 지갑을 집에 두고 왔다고 말이다.

그때 아이는 전에 한 번도 보이지 않던 태도를 보여주었다. 더 어릴 때만 해도 아이는 금방 눈물을 보였다. 그런데 금발의 여동생이 태어난 후로 아이는 걸핏하면 화를 내고 좀처럼 울지 않았다. 눈물은 한 방울도 흘리지 않겠다는 듯 연신 푸른 눈을 깜박거리던 아이는 눈물로 눈동자를 반짝이며 소리쳤다. "엄마 미워!" 나는 그 순간 아이도 당황했으리라 생각한다. 그런 말을 큰 소리로 입 밖에 낸 건 처음이 었기 때문이다.

나는 몸을 숙여서 아이와 눈높이를 맞춘 후 지갑을 두고 와서 나도 정말 몹시 짜증이 난다고 말했다. 네가 모퉁이 가게에서 뭔가 사고 싶어 한다는 걸 잘 안다고 말했다. 그러니 길가에 잠시 앉아서 두고 온 지갑과 그 지갑 속 동전으로 살 수 있었던 것들에 대해 실컷 화를 내자고 했다. 녹초가 된 엄마와 실망한 아들인 채로 우리는 그곳에 앉았다. 아이는 더 이상 화를 내지 않았고 눈물을 또르르 흘렸다. 그곳, 길가에서 아이와 내가 함께 삶과 마주했을 때 비로소 수많은 존엄성이 생겨났다.

사내아이를 울게 하라

유발은 울지 않는다. 내가 영화를 보며 티슈 한 통을 다 써도 그의 눈시울은 조금도 촉촉해지지 않는다. 나는 진짜 사나이와 결혼했고 진짜 사나이는 울지 않는다. 상사에게 혼이 났다거나 아내가 최근에 별로 관심을 보이지 않는다면서 눈물을 흘리는 남자가 사실 나는 잘 상상되지 않는다.

딸이 눈물을 터뜨리면 유발은 득달같이 달려가 아이를 품에 안고 달래준다. 그런데 아들이 울음을 터뜨리면 그가 자신의(어떻게든 억누르고 오랜 세월 노력하고 노력해서 파묻어버린) 약점을 바라보며 불편함과 근심을 느끼는 것이 느껴진다. 남자든 여자든 어린아이는 똑같이 울음을 터뜨린다는 단순한 사실에 대해 그가 무엇을 어쩌겠는가?

막 태어난 아기는 울음 덕분에 생존에 필요한 것을 얻는다. 그 울음소리는 우리가 아기에 대해 관심을 갖고 마땅한 방향대로 돌볼 수 있도록 안내한다. 아기가 자라면서 감정적 세상이 점점 더 복잡해지면 우는 이유도 다양해진다. 바로 이 무렵부터 부모도 조금 예민해지기 시작한다. 네 살인 아들이 공에 맞거나, 게임에 지거나, 예방주사를 맞아서 아프거나, 친구가 못된 말을 해서 울고 있다고 생각해보자. 우리는 나무라는 표정을 짓거나, 조바심을 치거나, "그만해, 꼬마 신사"라든지 "그런 일에 왜 기집애처럼 징징거리니?" 같은 '훌륭한' 대꾸를 해서 울음의 싹을 제거하려고 한다.

우리는 남자아이에게 울어서는 안 된다는 신호를 보낸다. 우는 건 좋지 않다고 가르친다. 마음이 슬프거나 화가 날 때나 눈물이 차오르려고 할 때마다 꾹 참으라고 신호를 보낸다. 하지만 압력솥의 뚜껑을 닫아놓으면 증기는 어떻게든 빠져나갈 길을 모색하기 마련이다. 그러다 마침내 (공격성이라는 형태의) 길을 찾을 것이다. 다들 사내아이의 경우 그 정도는 괜찮다고 생각하지 않는가? 의자를 던지고, 어린이집에서 친구와 싸우고, 그네를 타려고 기다리는데 누가 새치기를 하려고 하면 밀치기는 해도 적어도 울음을 터뜨리지는 않으니 괜찮다고 말이다.

우리가 사내아이들에게서 빼앗은 것은 울음의 경이로움만이 아니다. 울음으로 촉발되는 감정적 소통 일체를 빼앗아버리고 말았다. 공감하며 귀 기울이는 과정을 앗아버렸다. 사람은 가까운 이와 대화를 나누면서 자신의 나약한 면을 보여줄 수 있고 그럴 만한 가치가 있다는 깨달음까지 전부 말이다. 우리는 아이가 발전하기 위해 감정적 소통이 맡는 매우 중요한 학습 과정을 막아버린 셈이다. 이러한 상황은 결국 아이가 자신을 더 잘 알아갈 기회마저 막아버린다.

눈물이 나면 시야가 부옇게 흐려진다. 그래서 동물은 쉽게 울지 않을 것이다. 그랬다가는 손쉬운 먹잇감이 될 테니 말이다. 하지만 인간의 경우, 이렇게 외부를 향한 시야가 흐릿해지면 내면을, 영혼을 더 잘 볼 수 있다. 게다가 이것이 생존에 더 유리한 기제가 될 수도 있다. 울음은 감정에 공기를 통하게 하고, 기계적으로 작동하는 기능을 일순 멈춘 채 가만히 자신의 목소리에 귀 기울이게 한다.

그러므로 남자들이 감정적으로 아둔하다며 비웃기 전에, 너무 일찍 눈물 대신 분노와 폭력을 알려준 데 대해 책임을 느껴야 할 것이다. 남자들이 자신과 미래의 동반자, 사회 전반을 더 가혹하게 대하도록 부주의하게 만든 데 대해서도 책임감을 느껴야 할 것이다. 그들이 타인 앞에서 자유롭게 감정을 표현하고, 울음을 터뜨리고, 눈물 덕분에 자신과 타인을 잘 이해하게 된다면 세상은 더 나은 곳이 될 것이다.

아들들이 아주 어렸을 때 나는 매년 생일카드에 앞으로 일 년 동안 마음껏 울 수 있기를 빈다고 썼다. 아이들은 그 의미를 결코 이해하지 못했고 남편은 카드의 글귀를 들을 때마다 인상을 썼다. 요즘 그들은 거의 울지 않는다. 하지만 가끔 한 번씩 나는 아이들의 마음속 남성성이라는 경찰이 아이들을 잡아 세운 후 면허증을 보여달라고 하기 직전 잠깐 눈가가 촉촉해진 모습을 본다. 그럴 때면 나는 온 마음을 다해서 지금까지 그 아이들을 위해 빌었던 소원이 사적인 상황에서라도 이루어지기를 바란다. 혼자건, 자신이 선택한 사람과 함께건 말이다. 그리고 잠시 내면의 경찰을 쉬게 해줄 수 있기를 기도 한다. 설령 눈물을 흘린다 해도 사나이는 사나이라는 사실을 이미 알 테니 말이다. 어쩌면 그런 사나이가 진짜 사나이일지도 모른다.

부모의 인내심

딸이 악몽을 꾸다가 깼다. 쏟아지는 빗소리도 아이의 울음소리를 지우지 못했다. "엄마, 누가 꿈에서 엄마를 바꿔치기 했어요." 아이가 울며 말했다. "엄마는 엄마였는데 화를 냈어요. 엄마처럼 생겼지만 우리에게 계속 소리를 질렀어요. 엄마가 정말 무서웠어요. 괴물 엄마였어요."

나는 아이를 꼭 안아주고 물 한잔을 건넸다. 그리고 아이의 말이 얼마나 지당한지, 이런 악몽을 꾼 건 다 이유가 있기 때문이라고 생각했다. 최근 며칠 동안 나는 너무 바빴고, 내 일 때문에 정신이 없어서 어느새 괴물 엄마가 되어 있었다. 해야 할 일이 산더미처럼 쌓여 있을 때면 기쁨이라는 감정에 대해 얼마나 쉽게 잊어버리는지.

우리는 집을 치우고 청소하고, 빨래를 하고, 이메일을 확인하고, 출근을 해야만 한다. 얼마간의 평화와 고요, 배우자와 보낼 시간, 얼른 샤워할 시간 5분도 필요하다. 그런데 아이는 왜 어떻게든 끝내야 하는 일을 방해하는 걸까? 우리가 다른 곳에 있어야 하고 움직여야 하고 예정대로 일정을 진행시켜야 하는 순간, 왜 알아서 신발을 신고 잠자리에 들고 차에서 내리지 않는 걸까? "어서 해, 응?"이나 "왜 지금 그래?" "그만해, 할 만큼 했어!" "내가 지금 당장이라고 했잖아!" "셋까지 센다" "빨리 안 하면 내가…"라는 말을 입에 달고 살다 보면 우리는 자기도 모르게 양미간에 깊은 주름을 잡은 채 늘 뭔가를 밀어붙이고 일을 어떻게든 끝내려고 하는 키 큰 사람이 되어 있다. 어떻게 웃는지 잊어버린 사람. 특별한 이유도 없이 우스꽝스럽게 구는 걸 잊어버린 사람. 재미를 모르는 사람.

가끔 이런 생각이 들 것이다. 아이를 돌보고 옷을 입히는 동안 함께 재미있는 노래를 부르거나 하던 일을 잠시 멈추고 벽에 어른거리는 탁자의 그림자를 보다가는 언제까지고 아이에게 질질 끌려다니지 않을까? 아무런 한계를 정하지 않은 탓에 아이를 언제 멈춰야 하는지 모르는 망나니로 키우고 있는 건 아닐까? 사실 우리는 아이와 한편에 서서 시간에 맞서 싸울 때보다 아이 반대편에 서서 일 분 일 초를 다투며 처리해야 할 일들에 골몰할 때 훨씬 더 많은 에너지와 시간을 낭비한다. 우리가 어느 편에 서든 도착하는 시간은 같겠지만, 아이 편에 선다면 아이의 뜻을 꺾거나 아이에게 끌려갔다는 느낌이 아니라 아이와 함께 시간에 맞서 싸웠다는 느낌이 들 것이다.

부모라면 아이가 싫다고 해도 어쩔 수 없이 신을 신기고 차에 태워야 한다. 그래도 아이에게 사랑한다고, 너는 내 보물이라고 말을 해주면 정시에 어린이집에 도착해야 한다는 사실은 변함이 없더라도 기분은 완전히 달라진다. 아이가 감정을 가라앉히자마자 왜 시간에 맞춰 가야 하는지 잔소리를 하거나 왜 아침마다 이렇게 난리법석을 떨어야 하느냐며 다그치지 말라. 그 대신 분위기를 바꿔서 아이에게 정말 대단한 행동을 했다고 칭찬을 해주라. 하기 싫은데도 용케 하겠다는 마음을 먹고 해냈다고 말이다.

아이가 마음을 가라앉히자 나는 전날 밤 꾼 꿈에 대해서 이야기해주었다. 왜냐하면 정말 재미있었기 때문이다. 이런 대처를 통해 아이에게 삶을 대처하는 방법에 대해 얼마나 많은 것들을 가르쳤는지 생각해보라.

이 상황에서는 당신이 적응하고, 에너지를 투자하고, 누가 누구를 거스르는지 깊이 이해해야 한다. 이런 마음가짐은 저녁을 다 먹고, 씻고, 동화책을 읽고, 잠자리에 드는 일상의 소소한 과제를 할 때만이 아니라 행동의 제약이나 매일 일과가 아이를 괴롭히기 위해 만든 것이 아니라는 사실을 가르치는 데도 적용되어야 한다. 아이는 우리에게 반항하는 대신 셔츠나 동화를 선택하는 과정에서 통제감을 느낀다. 아이는 고생 대신 즐거움을, 좌절 대신 기쁨을 선택하게 될 것이다.

인내심은 타고나는 자질이 아니다. 머리카락이나 눈동자 색깔 같은 것이 아니다. 성급함의 대가는 양쪽이 치러야 하지만 아이가 치러야 하는 대가가 더 크다는 사실을 명심해둘 만하다. 만약 아이가 매일 보는 역할 모델이 효율과 효과를 좇고 좌절하고 화를 내면 아이도 자라서 자신과 타인, 원치 않는 현실에 인내심을 발휘하지 못하는 어른이 될 것이다.

우리의 인내심을 시험하는 가장 고통스러운 시간은 대체로 아침과 밤이다. 이 시간대에 아이는 일상의 과제를 수행하는 데 관심이 전혀 없는데, 반대로 우리는 그것들을 서둘러 끝내려고 발을 동동 구른다. 이렇게 양측의 이익이 충돌하면 아이는 현 상태에 머무르기 위해 갖은 노력을 하는 반면, 우리는 어떻게든 다음 과제로 넘어가려고 애를 쓰는 상황이 벌어진다. 매일 아침 처음부터 끝까지 유쾌한 기분으로 20분도 안 되는 시간 동안 스스로 일어나서, 입고 갈 옷을 재빨리 골라 알아서 입고, 이를 닦고 신을 신는 아이는 없다고 생각해야 한다. 이런 과제를 꾸물거림이나 불평 없이 재빨리 해치우는 아이는 방치된 아이다. 부모가 없거나, 있어도 일과를 지키는 데 관심이 없을 것이다.

아침은 아이에게 스스로 할 일을 하라고 가르치거나 이왕 하는 거 흠 없이 해내라고 하기에 안성맞춤인 시간은 아니다. 양쪽의 이익이 충돌하면 부모인 우리부터 힘을 좀 빼야 한다. 놀이공원이라면 사족을 못 쓰는 아이가 주말에 거기 갈 예정이라면 어떨까. 아이는 혼자서도 옷을 잘 입을 것이다. 내 일상에서는 아이의 울음소리와 불평불만이 종종 아침의 배경음악이다. 그럴 때면 나는 아이의 적이 아니라 같은 편이라는 사실을 다시 한번 마음에 새긴다. 우리가 지겨운 정거장(옷 입기, 신 신기, 이 닦기)을 꽤 빠르게 다 들러서 과제를 다 해치운다면 아이에게 간질이기 놀이를 하거나 주방에서 웃기는 춤 추기를 하게 해주겠다고 약속할 수도 있다. 아이는 잘 하다가도 머리를 백만 번이라도 다시 묶겠다며 고집을 피우기도 한다. 그러면 이렇게 말하라. 네가 못 고르겠다면 내가 골라주겠다고. 이렇게 고르고 나면 다시 바꿀 수 없다고. 마지막 정거장인 '행복의 정거장'에 다 함께 도착해야 하는데, 그곳에 가면 무척 즐거울 거니까.

아이는 우리가 과거에는 알고 있었던 뭔가를 가르쳐주고 상기시켜준다. 아이가 아직 없었을 때 우리는 자주 웃었다. 이십대에는 재미를 즐길 줄 알았다. 열일곱 살이었을 때는 아무것도 없는 탁 트인 공간을 멍하니 바라보는 것도 잘했다. 아홉 살에는 온 세상을 상상했다. 우리도 그때는 이 세상에서 달콤함을 맛보는 즐거움이며, 서로의 품에 쏙 안겨들고, 물에서 수영을 하고, 머리카락 사이로 지나가는 바람을 맞으며 자전거를 타고, 땅바닥에서 나뭇가지를 하나 집어들고 마법 지팡이라고 상상하는 기쁨을 누렸다. 아이는 재미가 무엇인지, 웃음과 호기심, 새로운 발견의 의미가 진정 무엇인지 우리에게 되살려준다.

내가 지겨운 일을 어떻게든 끝내려고 버틸 때조차 아이 눈에는 내가 행복한 엄마로 보인다는 사실을 알면 매일(음, 거의 매일) 미치지 않고 버틸 수 있다. 내가 아이의 적이 아니고, 정시에 출근해야 할 뿐 본질적으로 성질 고약한 여자가 아니라는 사실도 명심할 수 있다. 힘든 상황에서도 행복을 찾아내는 부모는 어떤 운명에서도 행복을 찾아내는 아이를 키울 수 있다. 우리 아이는 순식간에 어른이 될 것이다. 머리를 빗겨주고, 서두르라고 다그치고, 책가방에 도시락을 챙겨주지 않아도 되는 날이 순식간에 찾아온다. 그때가 되면 아이들이 집을 나서며 "다녀오겠습니다" 하는 인사라도 해주면 다행일 것이다. 그러므로 그동안 아이가 자신의 집에서라도 맘껏 행복을 누리게 하라. 그러면 언젠가 힘든 상황이 닥치더라도 자신에게서 행복을 찾아낼 수 있고 어떤 상황에서도 기쁨을 찾아낼 마음자세를 갖출 수 있을 것이다. 어른이 되더라도 어렸을 때 너무나 자연스럽게 기쁨을 찾아냈듯이 기쁨을 찾을 수 있을 것이다.

"어서 사과해,
미안하다고 말해"

어째서 내가 틀렸을 때는 그 사실을 받아들이기 힘들까? 나는 침대에 있다. 내 옆에 나란히 누운 막내딸도 곧 잠에 곯아떨어질 것이다. 대개 이런 순간이면 이튿날 처리할 일들이 머릿속에 불쑥 떠오른다. 로나: 학교에서 명절 행사-흰 셔츠. 리히: 사과와 꿀. 요아브: 문학 교재 살 돈. 쉬라: 빈 우유갑. 에얄: 건강증명서 서명하기. 하지만 오늘 나는 셋째와 요란하게 한바탕 싸움을 한 터라 아이들 생각이 어느새 후회로 이어졌다.

나는 정말로 아이에게 소리를 쳤다. 아이는 짜증을 내며 휴대폰을 찾아다니는 중이었다. 저녁을 먹고 치우는데 식구들을 향해 소리를 지르기 시작했다. 처음에는 그냥 내버려뒀다. 하지만 내게 다가와 언성을 높이며 나를 비난하기 시작했다. 시끄럽고 버릇없고 건방진 소리를 해대자 도저히 참고 들어줄 수 없게 되었다. 그 순간 나는 버럭 화를 냈다.

내 행동에 딸도 나도 모두 놀랐다. 나도 언성을 높이며 험악한 말들을 소리쳤다. 소리 지르면 안 된다고, 지긋지긋하고 지쳤다고도 했다⋯. 정작 아이와는 상관도 없는데 그저 내가 지긋지긋해하는 일들을 소리쳐댔다. 모두에게 버럭버럭 고함을 질러댔으니 지치기도 했다. 딸이 눈물을 왈칵 쏟았다. 나는 냉장고 문을 쾅 닫고 싱크대를 닦으려고 돌아섰다. 우리는 더 이상 서로를 바라보지 않았다. 집은 쥐 죽은 듯 조용했다. 온 가족이, 일곱 가족이 모두 모여 있는데도 말이다. 내 고함 소리 외에는 찍 소리도 나지 않았다. 싱크대 옆에 서 있던 다른 딸이 나를 향해 돌아서며 말했다. "이제 됐어요, 엄마." '엄마'라는 말이 마침내 내 역할을 상기시켜주었다. 결국 소동은 그렇게 막을 내렸다. 나는 마지막으로 막내를 재우러 간다고 소리쳤고 나머지는 침묵을 지켰다. 셋째와는 눈을 마주치지도 않은 채 충격과 상처를 받은 채로 부엌에 내버려두었다.

막내가 잠든 뒤 나는 방에서 나가 다시 '엄마'로 돌아왔다. 쾅쾅 뛰던 심장도 가라앉고 자제력도 되찾았다. 셋째의 방으로 가보니 다음 날 책가방을 다 싸둔 게 보였다. 미안하다고 말하려는 순간 너무나 끔찍하고 지독한 죄책감에 압도되었다. 아이는 의젓해 보이고 어른처럼 말하고 어른처럼 화를 내지만 여전히 내 어린 딸이다. 그런데 나는 자제력을 잃고 미친 듯이 아이에게 소리를 질러댔다. 그것도 모자라 아이가 우는데도 계속 몰아댔다. 그런데 왜, 어떻게 그런 일이 벌어졌는지 이해가 되지 않았다. 너무나 미안했다. 나는 사과를 하고 용서를 구했다.

진심으로 '미안하다'고 할 때 그 말에는 강력한 힘이 깃든다. 이 강력한 단어는 진심을 담아 말하면 아픔을 치유하고, 관계를 봉합하고, 신뢰를 쌓는다. 미안하다는 말 덕분에 우리는 더 가까워지고, 자신의 약한 면을 드러내 더 인간적으로 행동하게 된다. 사과는 누구나 주관적으로 행동한다는 사실을 깨닫게 해준다. 누구나 하나의 세상 혹은 개인적인 논리체로 제 나름의 감성과 고통, 해석을 가지고 있다고 말이다. 한 세상이 다른 세상을 만나면 어떤 이는 상처를 입고, 어떤 이는 제대로 이해받지 못하고, 어떤 이는 고통에 빠진다. 한 사람이 다른 사람에게 '만약'이나 '하지만'이라는 사족 없이 내가 상처를 줬다고 깨끗하게 인정하는 순간에는 엄청난 힘이 있다. 단지 다른 사람에게 상처를 준 행동을 사과하는 말인데도 말이다. 그런데 왜 우리는 이 말을 기계적으로 하도록 가르치는 걸까?

"동생한테 사과해! 우는 거 안 보여?" "아빠께 잘못했다고 해. 그러면 화 안 내실 거야." "착한 어린이는 사과와 감사 인사를 잘 해. 그러니까 어서 미안하다고 해!" "진심으로 한 게 아니잖아. 다시 사과해. 진심으로 해." "친구가 너를 용서해줬는지 물어보자. 너는 이 친구를 용서했니?" 지금까지 우리는 잘못이나 비행이 저질러진 상황에서 사과를 해야 한다는 말을 얼마나 많이 했나? 잘못했으면 사과를 하는 건 기본이다, 아닌가? 그렇다면 이 중요한 문제를 아이의 눈으로 한 번 살펴보자.

1번 사례 : "내가 친구의 공을 빼앗았어. 그래서 친구가 울어. 나는 못된 짓을 했어. 이걸 해결하려면 친구에게 한마디를 해야 해. '미안해.' 그러면 다 괜찮아질 거야. 말하기도 쉬운데다가 이 말 한마디면 내가 한 잘못이 지워지는 거야. 그러니까 5분 후에 또 공을 빼앗고 싶어지면 또 빼앗고 또 미안하다고 하면 돼."

2번 사례 : "나는 다른 사람을 아프게 했어. 이건 나쁜 짓이야. 일을 바로잡으려면 대가를 치러야 해. 우리끼리 살짝 하면 안 되고 사람들 앞에서, 어린이집 친구들 전부 다 있는 데서, 할머니 할아버지나 친구들 앞에서 해야 해. 그 말을 하는 유일한 목적은 나를 창피하게 만드는 거야. 내가 그 말을 했으니까 우리는 이제 공평해. 앞으로 잘 지낼 수 있을 거야."

두 가지 사례는 어떻게 봐도 모두 문제가 있다. 둘 다 다른 사람에게 저지른 비행을 진심으로 인정하지 않고 있다. 나는 내 아이들이 자신의 아픔을 느끼듯 타인의 아픔을 느끼고, 남에게 상처를 주지 않도록 조심하고, 누군가에게 상처 줄 구실과 이념을 가까이하지 않는 사람으로 자라기를 바란다. 하지만 이런 아이로 키우려면 아이에게 수모를 줘서 사과를 하게 하면 안 된다. 아이가 정말로 사과해야 할 때 제대로 하도록 가르쳐야 한다.

지금쯤 권위적인 부모의 대변자들은 내가 말한 태도가 부모의 권위를 유지하는 가정 내의 서열 체계를 뒤흔든다며 반대할 것이다. 그런 관점에서는 부모가 절대 자식에게 사과를 하면 안 된다. 어쩌다 사과를 하더라도 왜 자기가 사과를 하게 되었고 왜 아이에게는 특정한 말이나 행동 방식을 절대 허락해줄 수 없는지 구구절절 설명하지 않으면 성에 차지 않는다. 하지만 나는 아이가 원가족인 최초의 인간관계 속에서 경험하고, 보고, 느끼는 모든 것을 앞으로 살아가면서 맺을 다른 의미 있는 관계에까지 가져가야 한다고 생각한다. 아이는 진실한 사과를 '경험'하면 누군가가 아이에게 사과를 하라고 할 때 그렇게 수모라고 느끼지 않을 것이다. 누군가에게 사과를 받을 때에도 그 사과에 아무 의미가 없다고 치부하지 않을 것이다. 이런 경험으로 아이는 사과가 위선이 아니라 사람과 사람을 더 가깝게 만들어주는 일이라고 깨우칠 것이다. 사과가 나약함이 아니라 강함의 증거라는 사실을 깨우칠 것이다. 진심으로 사과를 하면 양쪽 모두 기분이 더 좋아진다는 사실도 이해하게 될 것이다.

아이에게 진정한 사과를 듣기까지 시간이 꽤 걸릴지도 모른다. 하지만 아이에게 제대로 사과받는 것 자체를 진정한 목적으로 삼을 필요는 없다. 그보다는 에고를 옆으로 밀어두고, 강압이나 비난 없이, 충돌을 다시 불 지피지 않고 홀가분한 마음에서 솟아난 사과를 할 때 어떤 일이 일어나는지 느끼게 해주어야 한다. '내 아이는 이랬으면' 하고 원하고, 기대하고, 꿈꾸는 상이 있다면 우리는 그런 사람이 할 법한 모범적인 행동을 보여주어야 한다. 그것이 부모의 도리다. 다른 방법으로 아이를 가르칠 수 없다.

엄마와
아빠가 싸울 때

토요일 저녁 할아버지 할머니를 뵙고 돌아가는 길이었다. 해 질 녘, 아빠는 운전 중이고 엄마는 조수석에 앉아 있다. 동생 라니와 나는 얌전히 뒷좌석에 앉아 있다. 라디오에서 옛날 노래가 흘러나오는 가운데 라니는 축 늘어진 채 벌써 잠이 들었다. 나도 눈이 스르르 감기려고 한다. 하지만 금방 잠에 빠지지 않도록 버티면서 기다린다. 사방이 점점 어두워지는 유쾌한 저녁, 차를 타고 가면 늘 이런 식이다. 엄마와 아빠가 도란도란 이야기를 나눈다. 엄마가 웃음을 터뜨리며 라디오 음악에 맞춰 오른손 손톱으로 유리창을 톡톡 친다. 나는 두 분이 나누는 대화의 선율로 그 순간이 오는 중이라고 단언할 수 있다. 엄마와 아빠 목소리의 모든 음정을 너무나 잘 안다. 조만간 엄마의 왼손과 아빠의 오른손이 만날 것이다. 아빠는 한손으로 운전을 하고 엄마가 재빨리 아빠를 보며 미소를 짓는다. 아빠 손가락과 엄마 손가락, 그리고 다시 아빠 손가락이 몇 초간 얽혀든다. 마침내 나는 잠에 빠져들 수 있다.

엄마와 아빠, 두 분 사이의 우주. 그것이 가정이다. 엄마와 엄마일 수도 있고 아빠와 아빠일 수도 있다. 가족이라는 이 천체, 이 우주에서 아이는 관계를 내면화하고 이를 바탕으로 미래에 자신은 어떤 관계를 선택할지 유추하면서 커간다. 아이를 낳기 전 부부가 싸우는 방식은 다른 누구도 아닌 자신의 세계를 오염시킨다. 아이가 태어나면 수천 번의 언쟁을 정당화할 수천 가지의 시시한 이유가 만들어진다. 우리가 이런 언쟁을 하는 방식이 우리 아이가 자라는 환경의 오염도에 영향을 미친다. 우리가 얼굴에 출전용 물감을 바르고 전투로 나가는 모습을 아이는 다 지켜보고 있다.

부모라면 아이가 함께 놀거나 포옹하거나 웃거나 재잘거리는 모습을 볼 때 마음속에서 활짝 열리는 방을 안다. 가정에서 형성된 훌륭한 관계가 주는 안전감과 성취감에는 중독성이 있다. 한편 아이가 싸우며 두 팔을 마구 휘젓고, 언성을 점점 높이고, 질투가 표면으로 올라오면 우리는 개입하고 균형을 잡고 교육하고, 무엇보다 가슴 아파하며 걱정한다.

이제 부모가 싸울 때 아이에게 어떤 일이 일어나는지 생각해보자. 어쨌든 아이는 부모 사이에 개입하거나 엄마가 조금 쉬는 게 좋겠다고 결정할 수가 없다. 부모 사이에 끼어들거나, '우리 집에서는 그런 식으로 말하지 않기' 때문에 그런 식으로 말하지 말라고 꾸짖지도 못할 테고 말이다. 하지만 이것만은 확실하다. 아이가 싸울 때 부모가 걱정과 불안을 느끼듯 아이도 부모가 싸우면 같은 감정을 느낀다. 게

다가 두 배로 더 강렬하게 느낀다. 언쟁이 고성과 모욕으로, 멸시와 무시로 이어질 때 아이는 다 듣고 있다. 아이가 관심을 두지 않으니 우리는 맘 편하게 마음껏 악의에 젖은 화살을 서로에게 쏘아댈 수 있는 것처럼 보인다고 해서 아이가 정말 무관심하다는 말은 아니다. 아이는 우리 말소리에 귀를 기울이며, 아이의 심장은 부모에게 너무 부담되지 않게 잠자코 있으라고 귀띔한다. 무엇보다 부부싸움에서 튀어나온 구체적인 상황이 영원히 끝나지 않을지도 모르며 이제부터 자신이 증오로 가득 찬 분위기에서 살아야 할지도 모른다는 생각에 비할 길 없는 두려움을 느낀다. 그렇다, 증오 말이다. 싸움을 하는 순간 우리는 사방으로 증오를 퍼뜨린다. 아이는 머리를 한없이 숙인 채 제발 싸움이 끝나기만 기도한다.

싸움과 의견 충돌은 인생의 일부다. 언쟁도 차이도 없는 곳에는 진정한 관계도 없다. 다음에 아이가 싸워서 당신이 얼른 달려가 한바탕 잔소리를 할 일이 생기면 이 사실을 기억하라. 그렇다면 집에 아이가 있을 때는 어떻게 부부싸움을 해야 할까?

당신과 배우자가 레스토랑에 모임을 나갔다가 말다툼이 시작되었다고 상상해보라. 그런데 그 자리에 당신 할머니나 부모님도 와 계시다. 언쟁을 하더라도 품위를 잃어서는 안 된다. 점잖게 다투랬대서 무조건 언성만 높이지 않으면 된다는 뜻이 아니다. 고함을 치거나 자제력을 잃지 말라는 뜻이다. 가혹한 말을 할 수도 있지만 오직 상대에게 상처를 주려는 목적으로 그런 말을 해서는 안 된다. 눈물바람을 하고, 문을 쾅 닫고, 한없이 우울한 생각에 빠져들려면 생활공간은 피하라. 야심한 시각까지 미루거나 아이가 없는 차에서 하라.

싸움을 한창 하던 중에 집을 홱 나가버리는 선례를 만들지 말라. 아무리 잠깐이라도 하지 말라. 당신도 십대 자식이 한창 말다툼을 하다가 집을 홱 나가는 모습은 절대 보고 싶지 않을 것이다. 아이가 어리고 걱정하는 것처럼 보이면 잠시 싸움을 중단하고 이렇게 설명하라. "지금은 내가 아빠에게 화가 많이 났어. 그래서 이야기를 나누면서 서로에게 자기 기분을 설명하려는 거야. 이렇게 다투는 게 즐겁지 않아. 곧 말다툼을 끝내면 화해를 하고 다시 사이가 좋아질 거야."

이제 말다툼 자체, 특히 아이와 직접적으로 관련된 말다툼에 대해 본격적으로 생각해보자. 우리는 육아라는 여정을 시작하고 나서야 처음으로 배우자의 양육 방식을 접하게 된다. 아이가 태어나기 전에는 도저히 배우자의 양육 방식을 상상할 수 없어서가 아니다. 부모 역할을 해야 하는 순간에야 마주칠 수 있는, 배우자에게서 상상하지 못했던 양육자의 면모를 걸핏하면 보게 되기 때문이다. 이런 상황은 일종의 분열을 불러온다. 무슨 말인고 하니, 배우자의 행동을 보고 그 반응에 지나지 않는 행동을 해버린다는 뜻이다. 예를 들어, 남편이 초조해하면 나는 그 초조함이 아이에게 상처를 준다고 생각될 때마다 얼른 달려갈 것이다. 의식하지도 못해도 남편과 평형추를 맞추기 위해 훨씬 더 참을성 있게 굴 것이다. 그 모습에 이번에는 남편이 전보다 더 초조하게 굴 것이다. 왜냐하면 이제 그는 아이에게만 초조해진 것이 아니라 내게도(내 양육 방식에도) 초조함을 느끼기 때문이다.

아이가 당신에 대해, 당신 성품에 대해 말하는 모습을 상상해보라.

고작 세 살이지만 스무 살 성인처럼 말한다고 상상해보라. 아이는 뭐라고 할까? "엄마는 항상 양보해. 아빠는 항상 고집을 부리고." "내가 화가 나서 울면 엄마는 항상 안아주는데 아빠는 항상 더 화를 내." "내가 일을 망치면 엄마는 엄청 야단을 쳐서, 뭘 망쳤을 때는 아빠에게만 살짝 말해." 이를 통해 부모가 때때로 역할을 바꿔야 한다는 사실을 알 수 있다. 그렇게 하지 않으면 아이가 비싼 대가를 치르게 된다. 가끔 역할을 바꾸지 않으면 일종의 좋은 형사-나쁜 형사 시나리오로 흘러간다. 시간이 지날수록 어쩔 수 없이 처음보다 점점 더 극단적인 입장을 취하게 되는 것이다.

부모는 자기가 가진 근본적인 힘의 토대에 의지해야 한다. 자신이 원래 타고난 것에 말이다. 부모의 역할이 부모와 아이 모두에게 도움이 되고 모두가 행복하다면 그것은 모든 일이 제대로 굴러간다는 신호다. 하지만 가끔은 우리도 자신의 행동방식을 좀 더 유연하게 바꾸어야 한다. 좋은 형사와 나쁜 형사를 동시에 수행하거나, 초조해하면서도 인내심을 갖고 대하거나, 거칠고도 부드럽거나, 정통한 지식을 보여주면서도 여전히 질문을 하고 상의를 하는 등으로 말이다. 당신은 아이의 내면이 선악이나 흑백으로 양분되기를 바라지는 않을 것이다. 양육 방식은 서로 다르지만 공통의 목적들을 추구하고 서로를 충분히 존중하는 부모의 슬하에서 성장한 덕에 내면의 세계가 풍요로워지기를 바랄 것이다. 부모의 길을 가다 보면 삶의 목적이나 생활 방식을 두고 심각한 의견 차이가 발생할 수도 있다. 그럴 때면 잠시 차를 세우고 회의를 소집해 진로를 다시 정해야 한다.

명심하라. 아이도 부모가 함께 있어서 행복한 모습을 봐야 한다. 우리는 아이를 키우고, 데려다주고, 다투고, 협상하고, 일을 마무리하고, 아이 눈에 번쩍거린 불길을 잠재우느라 너무 바쁘다. 마치 룸메이트나 공장장처럼 말이다. 차에서 살짝 스치는 손, 부엌에서 음식을 만드는 동안 나누는 포옹, TV를 보는 동안 배우자의 등에 놓인 손, 서로 언뜻언뜻 주고받는 로맨틱한 미소, 배우자가 있는 방을 들어갈 때 나누는 입맞춤, 일요일 아침 잠자리에서 꼭 안아주는 모습이 아이의 기억 속에 영원히 남을 마법 같은 순간들이다. 배우자의 등에 올라타 활짝 웃으며 아이를 웃기고, 즐기고, 사랑하고, 결혼 앨범을 펼쳐보며 아빠의 머리 모양이 그때는 어땠는지, 엄마의 웨딩드레스에 프릴이 얼마나 잔뜩 달려 있었는지 함께 보며 웃으라. 아이에게 부모가 어떻게 사랑에 빠졌고, 얼마나 행복했는지 들려주라. 까마득한 과거의 이야기일지 몰라도 당신의 이야기인 만큼 아이의 이야기이기도 하다. 아이야말로 그 사랑의 결실이기 때문이다. 그러므로 아이는 일상에서 그 사랑을 목격할 필요가 있다.

부모가 견고한 관계를 만들어나가는 모습을 보고 자라는 아이는 설령 부모가 부부싸움을 해도 마음 편히 잠을 청한다.

황새의 방문

내 동생 라니는 내가 두 살 반이던 무렵 내 인생에 나타났다. 아버지는 어린이집에 있던 나를 집으로 데려와 남동생이 생겼다고 알렸다. 아버지는 병원으로 가려고 나를 뒷좌석에 태우고 글로브박스에서 초콜릿을 꺼냈다. 평소에는 한 조각씩만 먹게 해주셨는데 그날은 네 조각을 한 번에 잘라주셨다. 오늘은 매우 행복한 날이라 내가 아무리 어려도 기억해야 하는데, 그것은 내가 누나가 된 날이기 때문이라고 하셨다.

아이가 새로 태어나면 부모로서 제 기능을 하기까지 몇 주가 걸린다. 그 몇 주 동안 아기도 그리 예쁘지 않은 작은 덩어리 같은 형상에서 좀 더 '봐줄 만한' 존재가 된다. 그때가 되어서야 우리는 완벽한 가족사진(깨끗한 흰 셔츠를 입고 갓 태어난 남동생을 안은 어린 여자아이 사진)을 찍을 수 있다. 정말 달콤하고 기쁜 일 아닌가.

하지만 동생이 태어나면 먼저 태어난 아이의 인생이 슬픔으로 물드는 순간도 있다. 그 생물이 우리 집에 살러 왔고, 우리 가족의 지형이 변해서 다시는 예전과 같지 않으리라는 사실을 이해하고 깨닫는 순간이기도 하다. 앞으로 아이는 사진 속에 혼자 등장할 수 없을 것이다. 혼자 나온다고 해도 실은 혼자가 아니다. 그 아이는 외동의 자리와 헤어져야만 한다. 지금껏 알던 가족사진과도, 지금껏 알던 자신과도 헤어져야만 한다. 게다가 이제 새로운 누군가와 새로운 삶을 함께해야 한다. 게다가 그 누군가는 가족이라며 나타나 큰아이를 천국에서 추방해버렸다. 이 세상에서 가장 안전한 곳이 다른 곳으로 가버렸다. 관심을 요구하고 관심을 받아야 하는 다른 작은 인간이 가족에 끼어들었다. 역할은 바뀌었고 하루하루 현실도 변한다. 더불어 근심 걱정이 자라난다. 아직 구체적인 형체를 갖추지는 않았다. 형체는 없지만 분명히 존재하는 감정이다. 마치 의자 앉기 놀이 같다. 음악이 시작되자 모두가 의자 주위로 원을 그리며 돈다. 그러다 음악이 멎는 순간 내가 앉을 의자는 없을 것만 같다.

형제자매는 멋진 선물이다. 하지만 동생이 태어날 때 부모가 느끼는 흥분과 경외감을 아이(첫째와 둘째, 셋째)도 느끼리라 기대하지 말라. 남편이 어느 날 젊고 아름답고 믿어지지 않을 정도로 사랑스러운 여자를 데리고 와서 이렇게 말한다고 생각해보라. "걱정 마, 당신을 전처럼 사랑하니까. 이 여자는 이제부터 우리 방에서 나와 함께 자고 당신한테 작아져서 못 입는 옷을 입을 거야." 아내가 끝내주는 유머 감각을 가진 구릿빛 피부의 건장한 남자와 함께 집으로 와 이렇게 말한다고 상상해보라. "당신을 위해 특별히 준비한 선물이야. 당신과는 죽고 못 사는 친구가 될 거야. 이제부터 이 남자는 우리와 어디든 함께 갈 거야. 이 남자가 소리를 낼 때마다 우리는 관심을 기울여야 해. 새 식구니까 말이야. 자, 이제 우리 새 식구를 자랑하게 같이 사진 찍어도 괜찮지?"

위 이야기의 참뜻을 알아들었다면, 큰아이의 독사진도 잔뜩 찍으라. 그 아이를 위해 독특하고 특별한 장소를 찾아보라. 마음속에서 오직 그 아이만의 방을 찾으라. 그곳에서라면 아이는 자신이 낙원에서는 추방되었어도 언제나 당신의 사랑이라는 사실을 알 것이다. 아이를 위해 당신이 할 만한 일이 몇 가지 있다.

———— 솔직하라

괜한 이야기를 꾸며내지 말라. 아무것도 숨기지 말라. 경사스러운 일을 축하하자며 아이에게 선물을 사줘도 좋다. 새로 태어날 동생에게, 혹은 부모가 아기에게 줄 선물을 큰아이가 직접 고르도록 도와줘도 된다. 동생이 태어난다는 사실은 그럴 만큼 즐거운 일이거니와 선물을 사주거나, 건배를 하거나, 어린이집에서 파티를 열 만한 경사니까 말이다. 무엇을 하건, 뭐가 마음에 드는지 아이와 상의하라. 바로 그때가 동생이 생긴다고 설명해주기 좋은 기회다. 더불어 무엇을 하면 기분이 좋아질지 아이 본인과 상의할 좋은 기회이기도 하다.

만약 곧 태어날 아기를 축하하는 파티를 계획하고 있다면 큰아이에게 미리 알리라. 아이에게 디저트나, 파티에서 틀 노래나, 아기에게 덮어줄 담요나, 손님들 앞에서 읽어줄 인사말을 고르게 하라. 선물을 받고 달콤한 간식을 먹을 수 있는 파티는 그 자체로도 재미있다. 하지만 파티의 목적은 뭔가를 보상하거나 보호하는 게 아니다. 오로지 아이가 행복하고 신이 난 모습을 보는 것이다. 당신이 아기에게 그렇게 한다고 해서 아이도 덩달아 집 밖으로 달려 나와 동생을 꼭 안으며 입을 맞춰줄 때까지 기다리지 말라. 아이는 진실을 알아야 한다. 아이 심경은 얼마나 복잡하겠는가. 아이는 당신이 아기를 보호하고, 사랑해주고, 안아주기를 바란다. 그런 행동을 통해 (간접적이고 무의식적으로) 자신도 당신의 사랑과 보호를 받으리라 생각하기 때문이다.

부모는 정말로 모든 아이를 사랑한다. 아이는 그런 결론에 도달해야만 한다.

─────── 인내심을 가지라

부모인 우리는 이 세상에 또 하나의 영혼을 데려오기 전에 많은 이야기를 나누고 준비를 한다. 그리고 최종적으로 '선택'을 한다. 하지만 아이에게 "엄마 배 속에 뭐가 있을까?"라고 묻자 아이가 "아기"라고 대답했다고 해서 아이가 어른처럼 다 이해한다고 생각하면 그것은 착각이다. 당신이 아기에 대한 책을 읽어줄 때 아이가 동생이 생긴다는 게 어떤 느낌일지 이해했다고 생각하는 것도 착각이다. 아이 친구에게 동생이 생겼을 때 아이도 자기 동생이 어떨지 상상할 거라고 생각한다면, 또 틀렸다.

몇 달(자신이 선택한 결과도 아니고 아무것도 통제할 수 없는 시간)이 지난 후에야 아이는 비로소 동생이 생긴다는 사실의 의미를 확실히 이해하고 그에 대해 이야기를 나눌 수 있는 순간을 맞는다. 시간이 약이라는 사실이 입증될 것이다. 증명하는 건 부모의 몫이다. 충분히 시간이 흘러야 한다. 그동안 당신은 부모의 역할을 수행하고, 지금 하는 의자 앉기 놀이에서는 의자가 줄어들지 않는다는 사실을 증명해야 한다. 음악이 멈춰도 여전히 아이가 앉을 의자가 남아 있다는 사실을 보여줘야 한다. 자기가 예전에 쓰던 아기 침대에서 아기가 자고, 자기가 커서 못 입는 옷을 아기가 입고, 자기가 독점했던 엄마의 젖을 아기가 먹어도 아무도 자신의 자리를 빼앗지 않는다고 증명해줘야 한다. 그때 가서야 아이는 제가 느끼는 슬픔과 질투, 분노를 표현할 것이다. 퇴행할 수도 있다. 그리고 관심을 끌려고 힘겨루기를 시작할 수 있다. 이런 저런 행동이 겉으로 드러날 때에야 아이는 새로운 상황을 제대로 이해하고 (부모도 그랬듯이) 마음의 준비를 거쳐 진정으로 큰아이가 될 수 있다.

큰아이에게 특혜 주기

이런 말을 하는 부모가 많다. "아이가 동생을 얼마나 좋아하는데요. 늘 토닥거려줘요. 친구들에게 자랑도 한다니까요. 그저 우리에게 좀 화가 났고 까다롭게 구는 것뿐이에요. 아기와는 아무 관계 없어요." 아니, 모든 것이 아기 탓이다! 아이의 행동으로 보건대 오히려 그 아이는 너무나 슬기롭고 예민하다. 그래서 요람 속의 어린 핏덩이에게 화를 낼 이유가 없다는 사실을 척 보고 알아차린 것이다. 게다가 아기에게 화를 내면 자신은 가족에게 내쳐질지 모른다고 생각하고 있다.

새로 나타난 핏덩이가 부모에게 정말 중요한 존재라는 사실을 누구보다 잘 알다 보니 자기 자리를 빼앗길지도 모른다고 생각해 겁에 질린 세 살 아이는 어떻게 행동할까? 답은 간단하다. 아이는 화를 낸다. 아기에게 할 수 없다면 아기를 데려온 사람에게 화를 낸다. 다시 어려진 것처럼 굴며 퇴행 행동을 할지도 모른다. 분명히 어른들은 아기를 더 좋아하지 않는가. 짜증을 내고, 징징거리고, 말을 들으려 하지 않고, 부모의 관심을 다시 독점할 만한 방식으로 행동할 수도 있다. 그러니 먼저 아이의 마음에 공감하라. 그리고 '큰'아이가 되는 게 얼마나 멋진지 말하라. "우리처럼 큰 사람들만 말을 할 수 있어. 아이스크림도 먹을 수 있지. 큰아이용 책도 읽고, 놀이터에서 높은 놀이기구에도 오를 수 있는 거야."

큰아이가 들을 수 있게 아기에게 말을 걸라. "너도 형처럼 크게 자라면 이걸 할 수 있어. 하지만 지금은 절대 안 돼!" 아기에 대해서 큰 아이와 상의하라. "오늘은 아기에게 어떤 옷을 입혀줄까?" "지금 기저귀를 갈아야 할까? 아니면 먼저 안아줄까?" "아기가 지금 무슨 말을 하고 싶어 하는 것 같니?" 아기 돌보기와 관련 없는 어른의 잡일을 아이에게 맡겨라. "너는 크고 힘도 세고 다 커서 혼자서도 잘하니까 엄마 아빠는 네게 우편물을 맡기기로 했어. 너는 이제부터 우편함에서 우편물을 챙겨오는 담당자야." 상을 차릴 때 돕게 하거나, 외출할 때 집의 전깃불을 모두 끄는 일을 맡겨도 좋다. 밤에 아이를 재우며 아기였을 때처럼 간질여줘도 되는지 물어보라. 아기에게 이불을 덮어주는 것처럼 덮어줄지 물어보라. 까꿍 놀이를 하고 싶은지 물어보라. 아이는 언제까지나 당신의 아기니까.

싸움은 특권이다

20년 후 내 아이들이 어떻게 살았으면 하느냐고 묻는다면, 상위 10위권에는 이런 소원들이 자리할 것이다. 형제자매간 우애가 돈독하기를. 아이들이 서로 의지할 수 있기를. 주말마다 서로의 가족과 만나기를. 서로 다르다는 사실을 알아도 어린 시절 자기들을 하나로 묶어주었던 끈이 여전히 남아 있기를. 그런데… 대체 왜 아이들은 매일 싸우는 걸까? 대체 우리가 뭘 잘못하고 있을까?

둘째가 태어나면 동시에 새로운 개념이 등장한다. 아이들끼리의 관계다. 이제부터 큰아이와 작은아이, 그리고 둘 사이의 관계가 존재한다. 아이들이 매일 함께 공유하는 시간을 통해 태어난 관계(욕조에 같이 들어가기, 함께 웃기, 그냥 나란히 옆에서 먹기…)가 우리를 비할 데 없는 기쁨으로 채워줄 것이다. 우리는 아이들을 보며 성취감을 느낀다. 그런데 아이들이 싸우면 어떨까? 일단 말리기 위해 할 수 있는 일은 다 해본다. 떼어놓기, 탓하기, 벌주기, 소리치기, 창의적인 해결책 제시하기("돌아가며 하면 어떨까?" "이번에 동생한테 그걸 가지고 놀게 해주면 동생도 나중에 네가 가지고 놀게 해줄 거야.")…. 그러다 너희에게 정말 실망했다고 대놓고 말하기도 한다. 그러나 이런 행동은 무엇 하나 도움이 안 된다. 이제부터 아이들이 싸울 때 꼭 기억해야 할 몇 가지 사항을 살펴보자.

─────── 사실 당신은 아이들이
뭣 때문에 싸우는지 모른다

남편이 저녁을 먹고 설거지를 하지 않아 우리 부부가 말다툼을 시작한다. 점점 언성을 높이고 험악할 말까지 서로 주고받는다. 그런데 내가 남편과 싸우는 이유는 사실 설거지가 아니다. 내 마음속 메모장에 적혀 있는 내용 때문이다. 남편이 우리 기념일을 잊어버렸고, 내 전화를 받지 않았고, 그저께는 사랑한다고 말하지 않았고, 마트에서 내가 정말 싫어하는 크림치즈를 사온 일들이 그 메모장에 시시콜콜 적혀 있다. 시시비비를 가리려고 제3자가 개입해봐야 그 사람은 이 메모장에 적힌 내용을 절대 알 수 없을 것이다. 아이의 마음속에도 이런 작은 메모장이 있다. 거기에는 아이 자신도 못 알아볼 삐뚤빼뚤한 필체로 온갖 이야기가 잔뜩 적혀 있을 것이다. 특히 형제자매 칸에는 이런 내용이 적혀 있을 것이다. '형은 뭐든 쉽게 해.' '동생이 방에 들어올 때마다 모든 관심을 독차지하는 게 지긋지긋해.' '그 녀석은 태어난 순간부터 엄마를 웃게 했어.' '왜 사람들은 그 녀석이 아빠와 똑 닮았다고(그런데 나는 아니라고) 할까?' 이런 솔직한 속내와 엄마 아빠 눈에 유일하고 특별한 아이가 되고 싶은 바람들. 아이들이 싸움을 하면 대체로 마음에 꼭 담아둔 이런 욕망이 자신도 모르게 불쑥 튀어나온다. 한편 우리는 평소에 아이에 대해 잘 안다고 생각하기에 제3의 존재인 아이들의 관계를 무시한다. 그리고 더 큰 그림을 보지 못하고 투박하게 그 관계에 뛰어든다.

—————— 누구 잘못인지 당신은 정말로 모른다

"네가 나이가 더 많으니까 양보해"나 "왜 너는 항상 때리니?"의 덫에 빠지는 부모가 많다. 다짜고짜 아이를 특정한 범주로 분류하지 말라. 아이에게 그 범주를 알리지 말라. 그러면 결국 그 '불쌍한' 어린아이는 작은 두 다리를 열심히 움직여 악의에 찬 누나에게서 도망칠 수 있으면서도 싸움을 선택하고 당신을 불러 제 문제를 해결해달라고 할 것이다.

"엄마아아아아아!" 하는 소리가 들리면 얼른 달려가지 말고 있는 곳에서 이렇게 대답하라. "엄마는 부엌에 있어. 필요한 게 있으면 언제든지 이쪽으로 와." 그러면 아이는 대체로 오지 않는다. 이런 대처가 아이에게 등을 돌린 채 '서로 죽이든 말든 마음대로 해, 난 상관없어'라고 선언하는 것과 다름없다고 생각하지는 말라. 오히려 당신이 아이를 믿고, 아이들의 돈독한 관계를 신뢰하고, 아이들이 곧 싸울 것이라는 사실을 알고, 아이들이 어떻게 화해할지 다 알기 때문에 개입하지 않아도 괜찮다는 사실을 명확하게 보여주는 대처다. "엄마는 간섭하지 않을 거야. 누구 잘못인지 가리지도 않을 거고 너희 방에 들어가서 '지금 무슨 일이야?'라고 묻지 않을 거야. 너희가 마음이 상해서 위로가 필요하다면 기꺼이 뽀뽀도 해주고 꼭 안아줄 거야. 나는 바로 여기에 있을 거야. 괜히 '쟤한테 말해줘요'라거나 '이건 쟤가 잘못한 거예요'라는 말을 억지로 하지 않을 거야. 왜냐하면 엄마는 정확히 무슨 일이 있었고, 어떻게 시작되었고, 정말 잘못한 사람이 누구인지 알 길이 없으니까."

─────── 조용해지면 하고 싶은 말을 전할 수 있다

아이들이 소리치고 울고불고 싸운다고 아이에게 실망한 표정을 짓지 말라. 스스로가 실패한 부모라고 느끼지도 말라. 아이에게 화도 내지 말라. 싸움은 특권이기 때문이다. 스펀지가 되라. 아이들이 안전하게 싸울 수 있는 보금자리가 되라. 그리고 혹시 싸움이 폭력적으로 변한다면(물론 여러분, 살짝 밀치거나 잡아당기는 건 폭력이 아닙니다) 싸움을 중단시키면 된다. 잘잘못부터 가리지는 말라. 싸울 생각이라면 싸우되 물건을 던지거나 머리카락을 잡아당기는 짓은 하지 말라고 못 박으라. 그리고 이런 말을 할 때는 누가 먼저 손을 올렸는지 짐작이 간다고 해도 싸운 아이들 모두 똑같은 입장에서 듣게 해야 한다.

───────── **사과를 요구할 필요는 없다**

아이들끼리 화해를 하면 '미안하다'는 말을 할 필요가 없다. 아이들은 그대로 놀이로 돌아간다. 우리가 중간에 끼어들지 않으면 더 빨리 화해하고 놀이가 돌아간다. 그러니 "미안하다고 해"라거나 "사과를 받아들일 거니?" 같은 말은 하지 말라. 전혀 필요하지 않으니까. 대신 아이들이 다시 같이 놀면 가서 이렇게 말하라. "너희가 서로를 용서할 줄 알아서 엄마는 정말 기뻐. 너희는 우애 깊은 착한 아이들이야."

언니가 미울 때도
나는 언니를 사랑해

아홉 살이 되는 딸의 생일 파티는 주인공이 잠자리에 든 후 제 오빠들과 언니, 동생이 준비했다. 아이들은 풍선을 불어 띄우고, 예쁜 식탁보를 깔고, 식탁 중앙에 선물을 가지런히 쌓았다. 모든 형제자매가 제 능력과 취향에 맞춰 파티 준비를 도왔다. 열일곱 살짜리 에얄은 생일 파티 용품을 구해 왔고, 열다섯 살짜리 요아브는 풍선에 공기를 채웠고, 열두 살짜리 리히는 식탁을 꾸몄고, 네 살짜리 쉬라는 언니에게 들려줄 생일 축하 메시지를 생각하며 잠이 들었다. 내가 가족 전통으로 만들어놓은 생일 파티 준비에 분주한 아이들을 지켜보고 있으니 만감이 교차했다. 아이들이 다른 사람을 기쁘게 해주기 위해 얼마나 쉽게 자신이 할 수 있는 일을 찾아 해내는지 감탄을 했다. 다른 사람이 집중조명을 받도록 배려하면서도 동시에 자신이 남에게 도움이 되고 쓸모가 있다고 느낄 줄 알도록 아이를 키워야 한다는 생각을 다시 한번 마음에 새겼다. 물론 아이들은 이런 거

창한 이유 없이 이튿날 아침 드디어 기다리던 케이크를 먹고 싶었던 것일 수도 있다. 단순히 생일을 맞은 형제자매를 축하해주고 싶었을 수도 있다. 언젠가는 자신만의 특별한 선물이 가득 놓인 생일상이 차려질 날이 온다는 사실을 알기 때문일 수도 있다.

이튿날 초를 불어 끄자마자 우리는 가족의 춤을 추고 네 살짜리의 떼를 무사히 달랬다. 그런 뒤 생일 메시지를 전하기 위해 가족이 한자리에 모두 모였다. 나이가 더 많은 아이들은 특별한 메시지를 어떻게 전하는지 잘 안다. 먼저 생일을 맞은 동생의 장점을 칭찬하고 동생과 자신의 관계나 함께 하고 싶은 일을 말한다. 마지막으로 앞으로 한 해 동안 동생에게 이루어지기를 바라는 일들로 끝을 맺는다(대체로 자기가 바라는 걸 말한다). 자기 차례가 되자 막내는 이렇게 말했다. "로나 언니, 언니가 미울 때도 나는 언니를 사랑해."

부정적인 감정은 우리가 매일 느끼는 다양한 감정에서 떼어낼 수 없는 부분이다. 우리는 기쁨과 즐거움, 만족감을 느끼듯 분노와 질투심, 증오도 느낀다. 아이가 자랄수록 '아이가 상처를 입거나, 슬퍼하거나, 감정을 상하거나, 실패하거나, 마음이 찢어지게 아프도록 내버려두고 싶지 않은' 우리의 욕망이 그릇되었다는 사실을 확실히 기억해두어야 한다. 부모다 보니 그런 희망을 품는 게 당연하다. 하지만 아이가 평소에 마주치는 부정적인 감정을 특히 가족이라는 환경에서 스스로 대처하게 해야 한다.

가정은 우리가 세상에 대해 떠올릴 만한 모든 것이 일어나는 소우주다. 가정에서 우리는 남자, 아버지, 여자, 어머니, 관계가 무엇인지 말 없이도 배운다. 사랑이 어떤 느낌인지, 거부당하는 것이 어떤 느낌인지 배운다. 함께 있거나 홀로 있는 것이 무슨 의미인지 배운다. '내'가 누구이고 '그들'이 누구인지 배운다. 인간으로서 우리의 주관은 관계를 배우고, 관계 맺기에 실패하고, 관계를 이어나가고, 무엇보다 관계를 경험하는 그 몇 년에서 기인한다. 이 경이로운 시간, 즉 우리가 원가족과 함께 지내는 짧은 시간 동안 우리는 삶이 줄 수 있는 가장 중요한 산소를 공급받는다. 그 산소란 아무 데도 가지 않을 사람과 맺는 친밀한 관계다.

가족의 관계가 든든할 때는 구성원 아무도 버림받은 느낌을 받지 않는다. 든든한 가족 관계는 특히 아이에게 아주 중요한 훈련장 하나를 만들어준다. 모두 동등한 관계인 형제자매 사이에서 아이는 협상을 배운다. 약함과 강함의 차이, 유쾌함과 불쾌함의 차이, 싸움과 화해의 차이를 배운다. 타협하며 더불어 살아가는 방법을 배운다. 가족 내에서 모두가 공유해야 할 가장 중요한 메시지는 좋든 나쁘든 우리 모두 더불어 살아가고, 가정을 안락하고 즐거운 곳으로 만들기 위해 최선을 다한다는 사실이다. 설령 분위기가 화기애애하지 않더라도 의연하게 대처하기 위해 노력해야 한다는 점도 앞의 두 가지만큼 중요하다.

아이가 부모와 함께 지내는 동안 부정적인 감정과 맞닥뜨리고 그 감정들을 삶의 일부로 받아들이는 법을 배우면, 바깥세상으로 나가 패배감이나 분노, 슬픔을 느끼더라도 무너지지 않을 것이다. 우리는 아이에게 인간이 살아남기 위한 가장 위대한 선물을 줄 수 있다. 친밀한 관계를 맺고, 유지하고, 파트너에게 처음으로 부정적인 감정을 느꼈을 때 놀라지 않을 능력. 경쟁적인 환경에서 일하더라도 타인의 성공은 다 자신의 희생 때문이라고 생각하지 않을 능력. 절친한 친구에게 실망을 해도 마음을 닫지 않고 그 일에 대해 친구와 이야기해볼 수 있는 능력. 고통스럽고 실망스러운 일이 있어도 세상이 끝난 것 같은 느낌에 빠지지 않고 불운을 모조리 세상 탓으로 돌리는 피해 의식을 키우지 않을 능력. 이런 능력들을 줄 수 있는데 왜 우리는 아이가 침울해져 있다고 그렇게까지 걱정을 할까? 왜 아이에게 문제가 생기면 얼른 해결해주고 실망하지 않도록 미리 손을 써버리는 걸까? 인생에서 무너지지 않도록 미리 준비시키고, 강점을 키워주고, 행복의 영역을 넓혀줄 감정과 아이가 마주치면 왜 그렇게 고통스러운 걸까?

어쩌면 부모가 잘 처리하지 못하는 이 부분을 형제자매가 맡아주는지도 모른다. 아이들은 함께 어울리며 우주가 줄 수 있는 온갖 부정적인 감정을 만난다. 부모는 그럴 때 끼어들어서는 안 된다. 옆으로 비켜서서 지켜보며 이런 훈련장이 있다는 사실에 감사해야 한다. 가끔은 훈련장이 아니라 전장처럼 느껴지더라도 말이다. 그러다가 아이가 갑자기 전과 다르게 행동하면 반드시 질투심이나 증오, 분노를 극복했는지 물어보아야 한다. 그런 부정적인 감정을 느끼면서도 그 감정을 흘려버리고 행복감이나 해결책이나 즐거움을 찾아낸다면 그건 아이가 엄청나게 큰 힘을 가지고 있기 때문이라고 말해주어야 한다.

아이들이 서로에게 부정적인 감정을 느낄 때마다 서둘러 죄책감을 갖게 하지 말라. 대신 거리낌 없이 그 감정들의 이름을 정확하게 불러주자. "화가 났구나. 그래서 마음이 울적한 거 다 이해해. 너도 이런 구두/파티/캐릭터를 좋아하니까 샘이 나겠지." "있잖아, 나도 우리 오빠가 공부도 안 했는데 학교에서 성적을 잘 받아 와서 얼마나 샘이 났는지 몰라. 오빠만큼 공부가 쉽게 되지 않는다는 걸 인정하고 항상 숙제를 열심히 해야 했어." 이미 다 큰 어른인 우리조차 가끔은 이런 부정적인 감정에 빠지고 그런 감정을 극복하려고 노력한다고 아이에게 털어놓는다면, 아이에게 자신이 느끼는 감정을 정확하게 파악하고 그 감정에 대해 이야기를 나눌 수 있다는 사실을 가르치는 게 가능하다. 불쾌한 감정이 들지만 그래도 괜찮다는 사실을 인정하게 할 수 있다. 아이는 최고의 상태가 아닐 때조차 자신을 더 잘 알고 사랑하게 될 것이다. 또한 자신이 최고의 상태가 아니어도 타인을 사랑하게 될 것이다. 이런 것들은 인간의 감정이다. 그러므로 제거하거나 희미하게 만들기 위해 그렇게까지 큰 에너지를 투자할 필요도 없다.

우리가 괜히 놀라 호들갑을 떨지 않는다면, 아이는 그늘 내면에 존재하는 폭풍우 같은 다양한 감정에도 불구하고 여전히 자기 삶을 살아나가면서 그 감정을 느꼈을 때 어떻게 반응할지 스스로 선택할 수 있다. 자신과 타인을 향한 부정적인 감정이 불쾌하지 않을 수 있으며 오히려 삶의 일부분이라는 사실도 인정할 수 있다. 그리고 이런 감정들과 마주쳐도 두려워하지 않고 받아들이는 능력 덕분에 어떻게 하면 이를 극복할 수 있을지 배워나갈 것이다.

　우리는 가장 가까운 사람들과 마주할 때 가장 강력하게 부정적인 감정을 경험한다. 그건 그럴 만한 이유가 있다. 아이에게서 비롯된 부정적인 감정을 받아들일 줄 아는 부모가 더 좋은 부모다. 그런데 이를 위해서 우리는 자신이 불완전한 존재라는 사실을 인정해야 한다. 자신이 현재 행복하지 않다는 사실을 깨닫지 못하는 한 아이도 더 행복하게 만들 수 없다는 사실부터 인정해야 한다.

　당신이 아는 어른들을 잠시 떠올려보라. 누군가 화를 내면 곧바로 공격적으로 나오는 사람을 떠올려보라. 그는 누군가가 자신에게 화를 내면 그 감정을 처리할 수 없어서 가장 비효율적이고 터무니없는 방식으로 스스로를 지키려 든다. 곧바로 비난을 퍼붓는 것이다. 모욕을 당하자마자 모욕한 사람을 비열한 사람, 못된 사람이라고 딱지 붙이거나, 자기 삶에서 지워버리고 모든 접촉을 끊어버리는 사람을 생각해보자. 사랑에 빠진 순간의 환희가 사라지고 다른 감정들이 찾아오면 순수하게 행복하고 좋은 감정을 느끼기 위해 '유일무이한 사람'을 찾아야 한다고 착각해 관계를 지속하지 못하는 사람을 생각해보라. 상사가 마음에 들지 않을 때, 일하는 게 즐겁지 않을 때, 자신이 아무 의미 없는 존재가 된 것 같을 때, 인정받지 못하거나 직업을 잘못 골랐다는 생각이 들 때마다 직장을 때려치우는 사람을 생각해보라. 끔찍한 감정을 가슴에 담아두기만 한 나머지 아무에게도 이해받지 못할 것이라 단정하고 남들이 자기 감정을 받아주지 않을 거라고 느껴 타인에게 벽을 치는 사람을 생각해보라. 당신이 아는 사람들 가운데 불행하고, 자기연민에 빠졌고, 화가 났고, 적대적인 사람을 떠올려보라. 아마도 지금껏 그에게는 기분이 좀 나빠도 괜찮다고 말해준 사람이 없었을 것이다. 부정적인 감정을 좀 드러내더라도 사랑받을 수 있다고, 뒤틀린 감정이 조금씩 배어나오더라도 자신은 온전한 사람이라고 느낄 수 있다고 아무도 말해주지 않았을 것이다. 어떤 이를 증오하면서도(어쩌면 증오하기 때문에) 동시에 그 사람을 사랑할 수도 있다고 아무도 알려주지 않았을 것이다.

평범한 인사는 없다

3월 7일 6호 분만실에서 18시간에 걸친 산고 끝에 죽은 아이를 낳은 나는 난생처음 사람에게 얼마나 큰 행운이 필요한지 깨달았다. '이제부터는 기도할 때 행운을 달라고 빌 거야.' 그때 내게 진정한 통찰력이 찾아왔던 걸까? 나는 이런 바람이 얼마나 심오한지 깨달았고, 그래서 그렇게 다짐했다.

아이의 생일은 우리가 얼마나 행운아인지 다시 한번 떠올리는 날이다. 그 행운으로 태어난 아이에게 그 사실을 축하해주는 날이기도 하다. 무엇보다 아이가 일 년 내내 손꼽아 기다리는 날이다. 어린이집에서, 방과 후 돌봄교실에서, 발레나 유도 수업에서 재미있는 놀이를 즐기고 온갖 선물을 받고 갖은 축하 행사까지 더해진 음향 기기와 에어 바운스 놀이터의 날이다. 부모에겐 생일 파티가 피곤하게 느껴지고 진정한 즐거움 대신 잡다하게 처리해야 할 일이 적힌 기다란 목록부터 떠오를지 모르겠지만 말이다.

당신이 가장 중요하게 느껴야 할 행사는(내가 말한 대로만 하면 아이에게도 가장 중요한 순간이 될 것이다) 생일 아침이다. 아이가 태어났고 당신이 부모로 태어난 진짜 생일이다. 당신이 언제나 축하해야만 하는(첫째 아이의 생일이건 넷째 아이의 생일이건 차이는 없다. 아이가 태어날 때마다 우리 안에서 또 다른 부모가 태어나기 때문이다) 날이다. 생일날 아침에는 아이에게 태어날 당시의 이야기를 15분가량 들려주라(마취나 무시무시한 분만 과정이 아니라 우리가 그 아이를 어떻게 꿈꾸었는지, 어떤 아이로 상상했는지, 아이가 태어나 얼마나 흥분했는지에 초점을 맞춰야 한다). 그리고 다른 형제들까지 불러서 온 가족이 생일을 맞아 소원을 빌어주는 간단한 의식을 행한다. 온 가족이 포옹을 하고 아이에게 생일 소원을 빌게 하는 코너를 넣어도 된다. 선물을 주는 시간도 좋다. 아마도 아이가 자라면 이런 행사와 가족이 보내준 사랑과 지지를 꼭 기억할 것이다.

아이는 아주 어릴 때부터 어떻게 의사소통을 해야 하는지 안다. 그렇다고 아이가 생일의 중요성을 스스로 깨우칠 수 있는 건 아니다. 당신이 설명을 해주었다고 해도 마찬가지다. 지나치게 요란한 축하 파티도 그 중요성을 명료하게 이해하는 데 방해가 된다. 아이가 네 살 정도 되면 나란히 앉아 생일을 어떻게 축하하고 싶은지 물어보라. 아이가 어릴 때는 이 과정이 마치 상상 연습을 지도하는 것과 비슷하다. 생일 파티는 어떤 모습일까? 누가 올까? 어디에서 할까? 뭘 할까? 아이에게 제시할 선택지를 미리 생각해두라. 그러면 이야기를 나누는 중에 아이의 머릿속에 떠오른 보라색 조랑말을 인터넷에서 찾느라 고생하지 않아도 된다.

하지만 무엇보다 아이의 말에 귀를 기울여야 한다. 아이가 부끄럼을 많이 타면 손님이 많이 오는 파티를 좋아하지 않을 수도 있다. 소음이나 사람이 붐비는 장소에 민감한 아이라면 가까운 가족만 모이는 파티를 제안해보라. 낯선 이가 있을 때 불안해하는 아이라면 전문 이벤트 업체나 공연자를 고용하는 대신 당신이 직접 할 수 있는 놀이에 대해 생각해보라.

파티 준비를 최대한 빠르고 효율적으로 해치워버리고 싶어도 아이에게 돕게 하라. 자신의 생일 파티 준비를 적극적으로 돕는(케이크 장식하기나 풍선 불기, 깜짝 가방 준비하기 등) 아이는 상황에 대한 통제감을 느끼며 불안도 덜 느낄 것이다. 생일 파티에서는 손님이 도착하기를 기다리는 순간이 가장 힘들다. 그러므로 이 시간에 생일 주인공이 다른 일에 몰두하게 하는 것이 가장 좋다. 접이식 탁자를 어디에 설치할지 의견을 묻거나 그릇에 과자를 채워달라고 부탁을 하거나, 무슨 일이건 상관없다.

물리적으로든 감정적으로든 모든 준비를 마친 후에도 아이가 힘들어할 수 있다. 그래서 울음을 터뜨리거나 떼를 쓰기도 한다. 파티가 시작하기도 전부터 너무 흥분했거나, 시작한 지 30분 만에 이 정도면 충분하다고 생각했기 때문일 것이다. 아니면 그저 너무 어리기 때문일 수도 있다. 그럴 때는 (아이에게도, 자신에게도) 화부터 덜컥 내지 말라. 파티 전에 했던 약속을 다시 상기시키려고도 하지 말라. 그저 아이를 이해해주고, 안아주고, 이렇게 말하라. "손님이 언제 다 돌아갈까?" 그리고 아이를 낳을 때 태어나자마자 터뜨릴 울음소리를 얼마나 조마조마하게 기다렸는지 떠올리고 아이에게도 그 이야기를 들려주라. 아이에게 생일마다 그렇게 울어달라고 장난스럽게 말해보라. 축하 파티에서 가장 중요한 부분이라고 하라.

절대 평정심을 잃지 말라! 나는 제발 아이 생일 케이크는 아이싱으로 뒤덮고 잇새에 끼는 못생긴 반짝이를 뿌린 심플한 숫자 모양 케이크(3이나 4, 이 두 가지는 만들기 어렵지만) 하나로 통일하면 얼마나 좋을까 종종 생각한다. 초 하나를 세우고 후 불어 끈 후 노래 한 곡. 나는 케이크 자체에는 불만이 없다. 그저 '가장 창의적인 케이크 경연대회'를 별로 좋아하지 않을 뿐이다. 엘사와 헬로키티를 함께 만들어 넣은 삼단 케이크를 만들어야 내가 더 좋은 엄마라는 느낌 말이다. 아이가 자기 케이크를 직접 장식하면 더 큰 재미를 느낄지 모른다. 이 케이크에서 정말 중요한 부분은 양초다.

케이크에 초를 꽂는 전통은 고대 그리스에서 비롯했다. 당시 케이크는 달이었고 초는 달빛을 나타냈다. 아이가 초를 불어 끈 후 소원을 빌면 양초의 가느다란 연기가 하늘로 올라가 소원이 실현된다. 아이에게 당신의 소원이 성취되어 아이가 태어났다고 말해주라. 지금까지 당신이 생일 양초를 후 불어 끌 때 꾼 꿈에 아이가 있었다고, 양초 연기에 실려 하늘로 올라간 당신의 소원이 정말로 실현되었다고 말해주라. 초를 불어 끄기 직전 눈을 꼭 감은 아이를 바라보라. 당신의 소원이 소원을 비는 모습을 지켜보라.

부모가
못 보는 아이

어느 날 휴대폰에 저장된 사진 한 장을 찾으려다가 우리 아이들 사진을 수도 없이 훑었다. 사진 속 아이들은 놀이터에서, 수영장에서 애 다섯인 가족이 할 만한 온갖 여름 활동을 즐기고 있었다. 막내가 가장 많이 등장했으며 나머지가 더 큰 아이들의 사진이었다. 지난 3년 동안 내 가슴에 딱 붙어 있던 아이들이 화면을 터치할 때마다 수많은 사랑스러운 사진 속에 등장했다. 스크린세이버 등장 횟수도 마찬가지, 세 아이가 금은동을 나눠 가졌다. 그러던 중 한가지 사실을 깨달았다. 아이 한 명이, 더 정확히 말해 둘째가 아예 보이지 않았다.

둘째 사진이 없는 이유는 둘째가 사진을 찍으려 하지 않아서가 아니었다. 아이가 영 사진이 받지 않는 시기인 것도 아니었다. 둘째는 가족 외출에 빠지는 법이 없다. 그런데도 이 아이 사진이 없는 이유는 아이가 흐릿하게 나왔기 때문이다. 한마디로, 내가 아이에게 초점을 맞추지 않았다. 둘째는 내 시선 밖에서 돌아다닌 반면 다른 아이들은 자기 자리가 있었다. 둘째는 결코 떼를 쓰거나 말썽을 부리지 않고 늘 착하게 굴었다. 둘째 사진이 없는 이유는 내가 그 아이를 보지 않았기 때문이다.

사진을 계속 훑어 내리다가 최근 한 달 동안 우리가 둘째와 관계 면에서 힘든 시간을 보낸 이유에 대해 섬광처럼 깨달음을 얻었다. 아이는 눈에 띄려고 애쓰느라 늘 바빴다. 어린아이에게 결코 쉬운 일이 아니었으리라. 둘째는 긍정적인 일에 다양하게 제 에너지를 쓸 수 있었다. 하지만 그러는 대신 우리를 짜증스럽게 만들고 창의적으로 신경을 긁어대느라 바빴다. 그러니 하루가 끝날 즈음이면 도저히 둘째를 견딜 수가 없었다. 아무리 다른 아이들과 똑같이 먹이고, 옷을 사주고, 동화를 들려주고, 그날 하루를 어떻게 보냈냐고 물어보며 키워도 모든 것을 꿰뚫어보는 아이는 자신이 부모의 사진첩에서 제일 마지막 자리를 차지한다는 사실을 안다. 그래서 당신의 스크린세이버 등장인물이 되기 위해 갖은 애를 쓴다.

아이는 누군가가 지켜봐주고 있다는 느낌을 받아야 한다. 누군가가 아이의 전 존재를 지켜봐주고 있다는 느낌 말이다. 아이가 슬플 때든, 뭔가를 잘 해냈을 때든, 일이 꼬일 때든 술술 잘 풀릴 때든, 입을 꾹 다물 때든 마음을 활짝 열 때든, 아이의 입매와 시선, 어조, 의도, 꿈, 두려움에 깃든 뉘앙스를 누군가는 봐주어야 한다. 그런데 당신이 아이를 '봐야' 한다는 사실은 아이가 필요로 하는 것을 언제든지 들어주어야 한다는 말은 아니다. 누군가 나를 지켜봐주고 있다는 것만으로, 즉 '내가 존재하고, 누군가에게 속하고, 사랑받고, 누군가의 눈에 보인다'는 느낌은 어린아이의 경험과 자존감에서 주요한 부분을 차지한다. 아무런 비난이나 판단을 받지 않은 채, 경쟁하거나 비교당하지 않은 채 누군가의 시선에 또렷하게 들어 있는 아이는 긍정의 렌즈를 통해 자신은 물론 남까지도 바라볼 수 있으며 그들을 배려하는 어른으로 성장할 것이다.

문제는 부모의 시선이다. 부모는 때때로 대상을 명료하게 바라보지 못하고 비판부터 한다. 이를테면 아이의 발달이 욕심만큼 빠르지 않다거나, 예쁘지 않다거나, 친구가 충분하지 않다거나, 배우는 속도가 늦다거나, 동생을 괴롭힌다거나, 말버릇이 고약하다거나, 너무 많이 먹는다거나, 너무 안 먹는다거나, 게으르다거나, 뭔가를 먼저 시작하는 법이 없다거나 이유도 다양하다. 시야가 또렷하지 않아서, 숨겨져 있든 겉으로 드러나든 놓치는 부분이 있고 뭔가가 잘못되었다며 걱정이나 두려움에 물든 눈을 하게 된다. 이럴 때는 관점을 살짝 바꾸고, 불필요한 것을 걸러내주는 안경을 써야 한다. 비판하지 않거나 적어도 비판의 수준을 낮추며 무엇보다 정말로 중요한 것을 예리하게 살피게 해주는 안경을 써야 한다. 태양이 너무 강할 때 색안경을 끼면 사물을 훨씬 편하게 볼 수 있는 것과 같은 이치다.

아이를 지켜보는 과정에서 우리가 겪는 어떤 어려움은 우리가 안경을 두 개나 쓴 채 아이를 보는 데서 기인한다. 안경 하나는 우리가 자신을 바라보고, 판단하고, 우리가 사는 현실을 감당하기 위해 끼는 안경이다. 다른 하나는 우리가 부모가 된 날부터 끼기 시작한 안경이다. 그 안경에는 우리가 어떤 아이를 원하는지, 아이의 외모와 품행이 어떨지, 무슨 재능이 있을지, 아이와 우리가 어떤 관계를 맺을지, 우리는 어떤 부모가 될지 같은 판타지가 있다. 당신은 이 두 안경을 동시에 겹쳐 쓰고 있다. 그러니 앞이 잘 보일 리 없다.

어떻게 하면 그림을 조금 다르게, 조금 더 명확하게 볼 수 있을까? 무엇보다 어떻게 하면 칭찬하는 마음이 깃든 빛 속에서 볼 수 있을까? 굳이 이런 빛이 필요한 이유는 우리가 빠진 것을 알아보는 데 매우 뛰어나고 그것이 부모의 일이기 때문이다. 우리에게 거기 무엇이 '있는지' 보여주는 렌즈는 치유의 렌즈다. 그러니 아이들 중 누군가가 다른 방에서 재채기를 하면 큰소리로 말하라. "괜찮아?" 아니면 딸이 뭔가에 계속 집중하고 있을 때는 이렇게 말하라. "그림을 그리는 중이네. 재미에 푹 빠져 있구나." 아이가 가져가야 할 교과서 일곱 권을 다 잊어먹어도 한 권은 잊지 않고 챙겨간다면 이렇게 말하라. "문학 교과서를 잊지 않고 챙기는구나. 그런 걸 책임감이라고 부르는 거야." 짜증스러웠던 십대 아들이 마침내 스스로 제시간에 맞춰 일어나면 이렇게 말해주라. "시간 맞춰 잘 일어났구나. 오늘 아침은 일어나는 문제로 너랑 다투지 않아도 되니 참 좋네."

보통 '우린 진짜 망했어'나 '왜 다른 집 마당의 풀이 더 푸를까?' 심리로 알려져 있는 '엄친아'나 '엄친딸'에 안경의 도수를 맞추다 보면 위험천만한 안경을 끼게 된다는 사실을 명심하라. '다른 애들은 엄마가 커피 마시는 동안 유아차에 얌전히 앉아 있는데 왜 우리 애만 소리를 빽빽 지를까?' '다른 여자애들은 날씬한데 왜 내 딸만 걔네 두

배일까?' '왜 다른 남자애들은 다 나가서 노는데 우리 아들은 우리 옆에만 붙어 있지?' '왜 다른 애들은 놀이에 잘만 어울리는데 왜 우리 딸은 온종일 내 무릎에 앉아 있지?' 인정하자. 이렇게 타인의 아이에게 초점을 맞추다 보면 어느새 자기연민에 빠져들 뿐이다. 이런 자기연민의 끝은 불안이며 그것은 다시 분노와 공격성을 부른다. 이 감정들은 아이에게 쏟아진다. 물론 처음에는 다 자식 잘되기를 바라는 부모 마음일 것이다. 당신의 아이를 이웃의 아이처럼 만들고 싶었을 것이다. 더 푸릇푸릇하고, 더 강하고, 더 예쁘고, 더 붙임성 있는 아이로 말이다. 하지만 비교하는 태도는 도움이 되지 않는다. 남의 마당에서 자라는 풀이 항상 더 푸른 건 정말 풀이 푸르러서가 아니다. 당신이 가짜 이미지를 보여주는 안경을 쓰고 있기 때문이다.

이제 멀리 떨어져서 바라보자. 시야에 더 큰 풍경이 들어올 것이다. 유아차에 얌전하게 앉아 있는 아이가 다른 일은 잘 못할지 모른다. 오후 수업을 전부 다 듣는 여자아이는 어쩌면 혼자서는 수업 짜는 법을 모를 수도 있다. 어릴 때는 밤새 푹 자서 걱정할 일이 없던 아이가 8학년이 되자 왕따를 당할 수도 있다. 물론 이 모든 게 인과응보라든가 만사가 결국 균형을 잡기 마련이어서가 아니다. 전체는 부분의 합보다 더 크고, 어른이든 아이든 누구나 더 약한 면과 더 강한 면이 있기 때문이다. 그러니 자격시험을 통과하려면 이쪽이나 저쪽으로 가야 한다고 누가 단언할 수 있겠는가?

어린이에게 제 부모가 만든 자격시험을 통과하지 못하는 것만큼 끔찍한 일이 또 있을까? 아빠가 이웃집 아이를 감탄하는 눈빛으로 바라보고, 우리 애는 레고나 갖고 논다는 엄마의 불평을 들어야 하는 것만큼 끔찍한 일이 또 있을까? 불합리할 정도로 높은 부모의 기대치가 아이의 자아상에 파괴적인 영향을 미칠 수도 있다. 그러므로 아무리 어려워도 아이를 볼 때는 똑바로 잘 보라. 그리고 지금은 삶의 시간표에 집중하라. 그 아이의 삶을 바라보라.

한 번도 행복을
느낀 적 없는 사람

"너는 왜 늘 우울하니? 왜 아무리 재미있었던 날도 마지막에 가서는 결핍감을 느끼는 거니? 매사에 흠이 있다거나, 제대로 작동하지 않는다거나, 엉망이 된다고 강조하는 것에만 정신이 팔린 딸을 내가 어떻게 키워야 하니? 이런 걸 감사할 줄 모른다고 하는 거야. 그리고 최악은 뭔지 아니? 너는 앞으로 매우 힘든 삶을 살게 될 거야. 지금처럼 매사가 비교적 단순한 나이에도 좋은 면을 찾아낼 줄 모르는데 인생이 실전이 되는 때가 오면 어떻게 될까? 조그마한 구멍도 심연으로 보는 그렇게 부정적인 태도로 어떻게 깊은 구덩이에서 빠져나올 수 있을까? 너는 대체 뭐가 되려고 그러니?"

평소와 다름없는 어느 하루, 나는 딸 앞에 서서 머릿속으로 이 모든 문장을 또다시 외치지만 실은 입도 벙긋하지 않는다. 꾹 참고 있지만 속에서는 모든 것이 부글부글 끓어오르고 있다. 급기야 아이에게 모든 좌절감을 퍼붓고 싶은 충동에 휩싸인다. 어쩌다가 내가 내 집에서 이렇게 회의적인 아이를 키웠을까? 결핍감을 느끼고, 미미하게조차 낙천적인 생각을 하지 못하는 아이를? 차라리 아이에게 솔직해지면, 내가 느끼는 두려움을 모두 털어놓으면 어떨까? 아이는 자신이 무엇을 잃어버리고 사는지 깨달을지 모른다. 아니, 어쩌면 자신에게 없는 것에 연연하지 않는 법을 배워야 한다고 깨달을지 모른다.

그때 가장 고통스러운 생각이 나를 덮친다. 지금 이 순간 나 자신이야말로 내가 만들어낸 잡념과 두려움 속에서 내 손에 없는 것에 연연하고 있다. 현실이 내가 원하는 모습이 아니라며 딸과 똑같이 반응하고 있다. 이어폰을 잃어버리자 자신의 인생이 엿 같다고 소리치며 집 안을 돌아다니는 건 딸이 원치 않는 현실의 모습이다. 내가 원치 않는 현실은 딸의 행동을 보는 족족 '나는 문제아를 키우고 있어. 행동을 바로잡아줘야 해. 고쳐줘야 해. 내 마음을 들려줘서 이해시켜야 해' 생각하는 것이다. 이렇게 나도 아이처럼 마음대로 되지 않는 부분에 집중하고 있다. 그래서 나도 뭔가를 박탈당한 것 같고, 불만스럽고, 미래를 밝게 바라보기 힘들어진다. 이런 내가 어떻게 딸을 가르칠 수 있을까? 이런 내가 어떻게 하면 딸을 위해 뭔가 다른 결과를 만들어낼 수 있을까?

아이를 키우면서 가장 괴로운 때는 원래 의도에 정반대되는 것들을 오로지 자식 잘되라는 마음에서 가르쳤다는 사실을 깨닫는 순간이다. 잘못된 사고방식을 바로잡으려 한 행동이 오히려 잘못을 강화했다는 깨달음 말이다.

아이는 매일 일상에서 수많은 긍정적이고 유쾌한 경험과 마주친다. 하지만 마음에 품은 욕망이 벽에 던진 도자기 접시처럼 와장창 깨지는 상황도 수없이 마주친다. 부모가 되어 아이를 키우다 보면 아이를 무조건 만족시켜줘서는 안 된다는 사실을 알게 된다. 또한 분노를 다스리고 위기를 관리하는 능력을 키우기 위해서 아이가 반드시 분노와 위기를 겪어 보아야 한다는 사실도 알게 된다. 아이가 커나갈수록 위기도 함께 커진다는 사실도 깨닫는다. 다섯 살짜리가 하루를 아무리 재미있게 보냈어도 마지막 순간 원하는 맛 껌이 없다는 소리를 들으면 그날은 끝장이다. 당신이 하루 휴가를 냈다고 상상해보라. 친구를 만나 커피를 마시고, 낮잠도 잤고, 근사한 레스토랑에서 맛있는 식사도 했다. 볼일을 다 보고 집에 돌아와보니 누군가 무단침입을 한 흔적이 있는 게 아닌가! 이런 상황에서, 그날 즐겁게 보낸 하루 동안의 긍정적인 감정을 모두 마음에 잘 갈무리한 채 엄청난 낙천주의를 발휘해 이 위기를 헤쳐나갈 수 있을까? 역시 어렵겠다면 아이 또한 엄청난 충격을 맞는 순간 일단 모든 것을 멈추고 분노를 꾹 참으며 이렇게 말하기를 기대할 수는 없지 않을까? "있잖아요 엄마, 오늘 정말 근사한 하루를 보냈으니까 지금은 화를 내지 않을 거예요. 대신 하루 종일 저를 행복하게 만들어주려고 애써주신 엄마에게 감사하기로 마음을 먹었어요."

왜 우리는 아이가 힘든 일을 겪을 때 아이가 버르장머리가 없다거나 감사할 줄 모른다고 생각할까? 왜 심지어 그런 생각을 아이에게 알리는 걸까? 아이가 그런 비난을 받는다고 다음에 실망스러운 일이 닥쳤을 때 대처 방법을 개선할 수 있을까? 오히려 결국에는 이렇게 생각해버릴 것이다. "엄마 아빠는 내가 컵이 반이나 차 있다는 사실을 볼 줄 모른대요. 부모님이 그렇게 말씀하셨으니 그런 거겠죠. 아니면 내가 배은망덕하거나, 상황을 어떻게 대처할지 모르거나, 아무것도 아닌 일에 유난을 떠는 걸 거예요. 바로 이 모습이 내가 아는 내 모습이에요. 이게 바로 나예요." 이렇게 위기에 대처하지 못하는 무능력이 태어난다.

부모의 말을 들어보면, 종종 가족 내에서 박탈감을 가장 심하게 느끼는 아이는 가장 많은 것을 받는 아이다. 이 말은 박탈 기제가 이 아이에게 가장 잘 맞으며 결국 가족의 자원을 블랙홀처럼 빨아먹게 되리라는 뜻이다. "아이에게 충분히 주면 아이는 충분하다고 느끼거나 표현하겠죠. 그런데 주고 또 주는데도 아이는 여전히 만족하지 못해요. 그러면 아이를 야단치고 왜 만족감을 못 느끼는지 설명해줘요." 바로 이런 식의 대응이 양방향으로 박탈 기제를 강화한다.

사실 우리는 아이가 인생에서 어떤 상황에 처하건 감사하고, 아이가 부정적인 감정에 휩싸여 있다는 사실에 조금은 기꺼워해야 한다. 아이가 복잡한 임무를 해결하는 과정에서 고생을 하고 그 힘겨움을 느낀다는 표시이기 때문이다. 임무를 잘 해결하고 나면 그 어려움이 어느 정도의 강도인지 측정하는 능력을 키울 것이라는 뜻이기도 하다. 나아가 고생을 할 수도 있지만 그래도 인생은 아름답다는 사실을 깨우칠 능력을 얻었다는 표시이기도 하다. 그렇다면 우리는 아이를 어떻게 도울 수 있을까?

⌇ 아이가 한참 좌절을 겪고 있다면, 현재에 만족하거나 좋은 날도 있었다는 사실에 감사할 거라고 기대하지 말라.

⌇ 어려움을 이해하라. 다만 무시하는 태도는 안 된다. 아이는 이해받고 있다고 느낄 때 불안이 감소하고 상황에 대처할 감정적 수단도 더 풍부해진다는 사실을 명심하라. "그래봤자 껌이잖니" 같은 사족을 붙이지 말고, 비난하지 말고, 아이 때문에 당신 하루가 지금 어떻게 엉망이 되었는지 들먹이지 말라. 그냥 이해해주라.

⌇ 해결책을 제시하지 말라. 좌절을 겪지 않고 완벽한 경험만 누리게 해주려고 해결책을 알려주고, 장애물을 치워주고, 소원을 들어주면 박탈 기제만 살찌우게 된다. 부모라면 당연히 자식이 긍정적인 경험을 누리게 해주고 싶을 것이다. 하지만 우리가 선을 넘어 과하게 베풀고 있다는 느낌이 오는 순간이 곧 온다. 정확히 바로 그때가 인생이 제 목소리를 내도록 내버려둬야 할 때다. 실수로 두고 온 것을 가지러 돌아가거나 열심히 차를 몰아 무지개색 아이스크림을 파는 특별한 가게를 찾아가도, 어차피 좌절의 정거장은 또 나타난다. 왜일까? 그야 완벽하게 보낸 날을 그대로 끝내자니 아쉽기 때문이다. 긍정적인 경험을 한 후 현실로 되돌아가기 싫기 때문이다. 마음 깊은 곳에서는 재미는 끝났고 그날도 끝났고 아이스크림도 다 먹었으니 이제 좋았던 것들에 모두 작별을 고하고 집으로 돌아가 씻고 잠자리에 들어야 한다는 사실을 다 알면서도 몸은 피곤할지언정 마음만은 흡족함을 느끼기 어렵기 때문이다.

긍정적인 롤 모델을 제시하라. 어려움을 인정하고 이해하면서도 무너지지 않는 부모가 되라. 자신에게는 물론이고 실패를 경험한 아이에게도 이렇게 말할 수 있는 사람이 되라. "네가 먹고 싶었던 아이스크림을 못 찾아서 정말 실망이야. 정말 짜증 나지? 그렇지만 나는 너와 이렇게 즐거운 시간을 보내서 정말 운이 좋다고 생각해. 네가 지금 행복하지 않아도 나는 너를 사랑해. 그리고 한 시간 전만 해도 우리가 얼마나 행복했는지 잊지 않으려고 해. 그렇게 생각하면 기분이 조금은 좋아진단다." 이런 노력은 아이가 낙천적인 사람으로 자라는 데 보고 배울 모범이 된다. 아이가 행복해할 때마다, 자주 행복해할수록 10초만 시간을 내서 아이에게 얼마나 행복해 보이는지 말해주라. 행복 만들기 전문가라고 칭찬하라. 그런 태도를 낙천성이라고 부른다고 알려주라. 낙천적인 사람들은 정말로 강인한데, 불쾌한 일이 일어나더라도 행복한 기분을 유지하는 방법을 알기 때문이라고 꼭 말하라. 당신 인생에서 뭔가 잘 풀리지 않을 때면, 이것이 아이에겐 청중으로서 지켜볼 수 있는 환상적인 기회임을 명심하라. 아이에게 이런 일은 누구에게나 일어나며 평범한 일이라는 사실을 직접 목격하게 하라. 아이에게 격려를 보내달라고, 힘든 시기를 잘 극복하게 도와달라고 부탁하라. 아이가 당신에게 좋았던 일을 상기시켜주고 타인을 격려하는 방법을 배우는 모습을 잘 지켜보라. 그러면 분노와 좌절, 슬픔이 닥친 곳에서조차 행복을 찾아내는 아이의 능력에 감동하게 될 것이다.

분노를 다스리는 법을 배우기까지는 시간이 걸린다. 고난 속에서도 기운을 내고 즐거움을 찾아내는 내적 기제를 완전히 자기 것으로 만들기까지 몇 년이나 걸린다. 아이가 걸음을 떼기 시작하면 그 모습을 지켜보면서 당황하지 말고, 좌절에 찬 부정적인 말로 아이를 당황하게 만들지도 말라. 아이가 또 하루가 지나갔다는 사실을 순순히 받아들이며 잠자리에 누우면 그날 당신과 아이에게 일어난 좋았던 일을 최소 세 가지 말해주라. 야단치거나 윽박지르거나 동기부여를 위한 대화를 하거나 낙천적인 아이에 관한 훈계를 하고 싶어도 훌훌 던져버리라. 당신부터 낙천적인 사람이 되라.

아이와의 약속

여름휴가를 해변 도시 하이파에서 보내던 시절, 보호자 역할을 할 어른이 필요 없었던 일곱 살 나와 친구는 모래밭에서 놀았다. 얼마 후 모래밭에서 그네로 가는 동안 나는 엄마의 결혼반지를 잃어버렸다는 사실을 깨달았다. "반지를 잘 보관하고, 숙소에서 가지고 나가지 않고, 가지고 놀지 않을 때는 엄마 침대 옆에 있는 나무 탁자에 놓아둘 것. 그 반지가 엄마에게 매우 소중한 물건이라는 사실을 잘 알고 명심하기." 단 두 시간 전에 엄마와 했던 약속들을 비웃기라도 하듯 내 작은 손가락에서 흘러내려 모래밭에 파묻힌 것이 분명했다.

약속을 깨버린 2학년 어린이는 네 발로 기고 손을 작은 삽처럼 놀리며 반지를 찾아다녔다. 심장은 쿵쿵거리고 턱은 벌벌 떨렸으나 모래알들은 좀처럼 협조해주지 않았다. 친구는 결국 숙소로 돌아갔다. 나도 숙소로 돌아가 엄마에게 결혼반지를 잃어버렸다고 실토해야만 했다.

우리는 아이가 약속을 꼭 지키고 협의를 존중하도록 키우고 싶다. 하지만 늘 사고를 치는 아이와 하루에 몇 번이나 약속을 하는지. 대체로 처음에는 "안 돼"라는 말로 시작한다. 뒤이어 한 치도 물러섬 없는 협상이 이어진다. 이 과정이 정말 사람의 기운을 빼놓는다. 이쯤 되면 우리는 애초에 왜 안 된다고 했는지 까맣게 잊은 것처럼 갑자기 달콤한 해결책을 제시한다. "내일은 아무것도 달라는 말 안 한다고 약속하면 지금 사탕 하나 더 줄게." "내일 혼자서 제시간에 일어난다고 약속하면 지금 텔레비전 봐도 돼." 이번 주에도 나는 놀이터에서 어느 어머니가 아이와 약속하는 소리를 들었다. 높은 벽을 타고 올라가는 대신 떨어지지 않겠다는 약속이었다.

과연 고작 네 살인 아이가 미래에 지켜야 할 약속을 정말 지킬 수 있을까? 그 미래의 순간에 자신의 욕구를 포기해야만 하는데? 만약 아이가 사탕 하나 더 먹자고 제 어머니 아버지도 팔아치울 수 있는 순간에 한 약속을 결국 지키지 못한다면 그 일이 아이에게 무슨 의미로 남을까? 불만스러운 상황과 마주칠 때마다 딱 5분간의 평화와 고요를 선사할 약속과 결정을 맞바꾼다면, 이런 태도는 부모로서 우리에 대해, 우리가 정한 경계에 대해 무슨 의미를 전할까? 아이에게 약속은 중요하고 소중하다고 가르치고 싶다면 아이가 부모에게 신뢰를 받지 못한다는 느낌만 받는 흔한 악순환을 피해가야 한다. 그렇다면 어떻게 해야 할까? 아이와 한 약속은 부모 입장에서는 경계에 대한 문제(단것의 양, 텔레비전 시청 시간, 노는 시간, 일과 등)에서 아이가 해 이해질 가능성을 차단하고, 아이 입장에서는 원칙적으로 제 몫의 양보를 하겠다는 약속을 제안한다는 점에서 중요하다. 부모는 독립을 제공하고 아이는 책임감을 보여준다. 이것이 아이와 부모가 벌이는 충돌의 핵심이다. 이런 충돌은 청소년기에 최고조에 달한다. 그 시기 아이는 독립을 요구하지만 상응하는 책임감은 못 보여준다. 반면 부모는 책임감을 요구하지만 독립을 허용해주기 힘들다.

아이는 청소년기에 접어들기 전 '말랑말랑'한 시기를 지난다. 말랑말랑한 대상을 다룰 때에는 짜부라뜨리지 않도록 조심해야 한다. 아이는 과거-현재-미래를 잇는 추상적인 시간의 흐름을 이해하지 못한다. 그래서 아이는 약속을 계획할 능력이 실질적으로 없다. 사탕이나 선물, 영상 시청을 비롯해 여러 가지 즐거움이 걸려 있을 때 아이는 우리에게 합의의 언어로 말을 한다. 하지만 그 약속을 지킬 능력이 없다. 우리는 아이를 위해 그 약속을 지켜야 한다. 왜냐하면 그렇게 하기로 했으니까. 그리고 약속을 지킬 때는 화를 내지 말고 담담한 태도로 이것이 양쪽의 합의였다는 사실을 일깨워줘야 한다.

아이에게 약속을 존중하는 능력을 일깨워주고 싶다면 약속을 잘 지키기 위해 반드시 지녀야 할 자질부터 알아두어야 한다. 책임감 가지기, 자제하는 법 배우기, 타협하기, 만족감을 미루기, 공감력 키우기 등 여러 자질을 길러야 한다. 아이가 이런 자질을 갖추었는지 잘 모르겠다면, 아이가 약속을 지키리라는 기대가 미미하게나마 현실성이 있는지 자문해보아야 한다. 아이 입장에서는 약속을 기꺼이 존중하려면 뭔가를 잃어야 한다. 그럼에도 약속을 지키려면 아이도 자신이 약속을 지키기 위한 자질을 갖추고 있는지 알아야 한다. 그런 자질이 긍정적으로 강화되어야 하며, 약속이란 존중할 가치가 충분히 있다는 사실을 확실히 깨달아야 한다. 그런 자질이 언뜻 보일 때마다 우리는 칭찬하고 구체적으로 알려주어야 한다. 책임감이 정말 강하다거나, 정말 잘 참는다거나, 너를 많이 믿고 있다는 식으로 말이다. 신뢰받고 있다는 말을 들을 일은 보통 흔치 않다. 그런 칭찬을 듣는 경험이 앞으로 아이가 자신을 신뢰하는 능력에 얼마나 큰 영향을 미칠지도 생각해보라.

선례를 세우는 것보다 더 좋은 방법은 없다. 아이에게 구구절절 설명하는 대신 직접 보여주라. 일단 당신만 값을 치러야 하는 밑지는 약속부터 시작하라. 예를 들어 수영장에 데려가겠다거나, 집에 깜짝 선물을 가져오겠다거나, 너무 늦지 않게 귀가하겠다는 약속을 하라. 아이가 지켜야 할 내용이 있는 것처럼 악수로 약속을 맺으라. 그리고 꼭 약속을 지키라. 수영장 가는 길에는 당신이 약속을 지킬 수 있어서 정말 좋다고 말하라. 솔직히 수영장에 가기 귀찮았지만 이미 한 약속을 지켜야 하기 때문에 이렇게 수영장으로 가고 있다고 하라. 늘 약속을 쉽게 지킬 수 있는 건 아니지만 막상 약속을 지키니 정말 재미있다고, 약속을 지키는 일은 그 자체로 가치가 있으며 그 가치는 편리함이나 즐거움보다 훨씬 더 중요한 일이라고. 이렇게 약속의 가치를 설명해주라.

아이가 약속을 지킬 준비가 된 것 같으면 이번에는 함께 지켜야 할 약속과 그에 따르는 대략적인 결과를 말해주라. "이 방송을 끝까지

다 보게 해줄게. 그 대신 방송이 끝나면 우리 목욕을 하자." 방송을 다 봤는데도 아이가 목욕을 하기 싫다고 하거나, 울거나, 짜증을 내거나, 새로운 약속을 하려고 하면 욕실로 데려가라. 화부터 내지 말고, "이러면 우리는 너를 믿을 수가 없어"라고 쏘아붙이지도 말라. 마음 약하게 굴지 말고 단호하게 아이에게 목욕을 시키라. 그 시간이 전혀 즐겁지 않았더라도 일단 목욕을 마치면 아이를 타월로 감싸주고 아이에게 제 몫의 약속을 잘 지키고 순순히 목욕을 해줘서 정말 고맙다고 하라.

아이가 당장 손에 넣고 싶은 것이 있어서 약속을 해놓고는 다음 날이나 일주일 후엔 지키지 않는다면(어린이는 대체로 추상적인 것을 예상하는 인지 능력이 발달하지 않았고, 그래서 현재가 가장 중요하다) 친구에게 돈을 빌려줄 때처럼 생각하라. 당신에게 그 약속이 중요하다면 그 약속을 지키게 하고, 그렇지 않다면 포기하라. 아이가 악수하고 약속을 할 시점에는 그 거래를 존중하고 꼭 지키고 싶은 마음으로 꽉 차 있다는 사실을 잊지 말라. 마치 우리가 "내일부터 다이어트 시작이야"라고 하거나 "아이가 아침에 너무 꾸물거려도 다시는 화를 내지 않을 거야"라고 다짐하는 것과 같다. 우리가 스스로에게 다짐한 약속을 늘 지키지는 않는 것처럼 아이도 마찬가지다. 인간은 원래 그런 법이니까.

맙소사, 1학년!

여섯 살 아이의 이름이 적힌 편지 한 통이 도착한다. 편지는 우편함 안에 들어 있다. 평범한 우편물 더미 사이에 놓인 특별한 편지다. 아이의 새 담임선생님을 만나러 오라는 초대장이자 1학년으로의 초대장이다. 편지에 풀로 붙인 토피 사탕이 동봉돼 있다. 엄마는 아이에게 편지를 읽어주며 흥분을 감추지 못한다. 엄마와 아들이 식탁에 나란히 앉아 있는데, 아이는 몸을 앞뒤로 흔들면서 바닥에 닿지도 않는 두 발을 달랑거리며 평소답지 않게 흥분한 엄마의 기색을 유심히 살핀다. 엄마는 흥분하기도 했지만 의외로 울적해하는 기색도 엿보인다. 엄마는 아이를 꼭 안아주며 이제 다 컸다고 말해준다. 셋째가 벌써 학교에 들어갈 나이가 되었다니 믿어지지 않는다. 그 와중에도 아이의 담임선생님 성함이 '알로나'인 것도 좋은 징조라는 생각이 든다. 이렇게 이름이 예쁜 분이니 아이에게도 좋은 선생님일 것 같기 때문이다. 아이는 편지에 딸려 온 토피 사탕을 까서 입에 톡 넣는다. 이에 들러붙는 토피를 씹으며 아이는 생각한다. '교실에서는 자리에 앉으면 발이 바닥에 닿을까?'

몇 달 후 아이는 새로 산 예쁜 옷을 입고 거대한 책가방을 메고 엄마 손을 꼭 쥔 채 교문을 걸어 들어간다. 전날 저녁 가족이 모여 파티를 열었다. 엄마는 하얀 접시에 꿀로 아이의 이름을 썼고 아이는 그 꿀을 모두 핥아 먹었다. 아빠는 아이의 입안에 느껴지는 달콤한 꿀처럼 앞으로 배운 것을 잘 익히라고 덕담을 했다. 쥐고 있는 엄마 손이 든든하다. 하지만 잠시 후면 그 손을 놓아야 하며 책가방과 셔츠, 새 친구들, 지난밤 입안에 느꼈던 달콤한 맛과 함께 혼자 남겨져야 한다는 사실도 안다.

입학을 환영한다. 학부모와 아이, 누가 더 흥분했는지 확실하지 않다. 하지만 둘의 흥분은 명백히 종류가 다르다. 우리는 어린이집에서 보내는 시절이 끝났다는 사실을, 고작 두 달 전만 해도 게임을 하며 놀고, 작은 의자에 앉고, 맘대로 여기저기 돌아다니고, 노래를 좋아하고, 구석에서 의사 놀이를 하는 게 당연했던 꼬마가 이제 새로운 세계로 발을 들여놓았다는 사실을 실감한다. 아이가 시끄러운 소리를 내지 않고 책상에 앉아 있을 세계이자, '해야만 하는 것'들과 질서가 있는 세계, 쉬는 시간이 짧은 세계, 새 친구를 사귀어야 하고 학교 운동장으로 가는 길을 찾아야 하고 더 이상 난리법석과 나이 많은 아이에게 두려움을 느끼지 않는 신세계. 이곳은 학년과 교과서, 필통, 숙제가 있는 세계다. 화장실은 복도 끝에 있고 더 이상 자그마한 수건들이 걸려 있거나 벽이 예쁘장하게 칠해져 있지 않은 세계다. 아이는 그 세계를 어떻게 찾을까? 친구는 어떻게 만들까? 우리는 아이가 발표를 하려고 손을 들었는데 선생님이 봐주지 않을 때 아이가 무슨 생각을 할지 걱정을 한다. 아이가 가방에서 필요한 책을 찾지 못하면? 아이가 우리를 보고 싶어 하면?

마찬가지로 아이도 흥분을 한다. 아이는 유치원 시절이 끝났다는 사실을 깨닫는다. 어린이집에서 송별 파티를 했으니까. 아이는 머리에 우스꽝스러운 모자를 쓴 다른 아이들과 함께 돌아다니고 사진을 찍고 카드를 받았다. 또 선생님들과도 기념사진도 찍었다. 몇 달 동안 우리는 아이에게 곧 있을 변화에 대해, 아이가 그새 얼마나 훌쩍 자랐는지 입이 아프게 들려주었다. 하지만 아이는 작은 몸뚱이에 여전히 익숙하지 않은 경험을 향해 다가가는 중이다. 아이는 익숙한 것이 아니라 낯선 것이 시작되리라 기대하고 있다. 그런 기대감을 둘러싼 흥분에 휩싸이면 기대감은 어느새 부담이 된다. 아이는 심지어 자신에게조차도 그 부담을 말로 설명할 수 없다. 다만 마음이 약간 무겁고 살짝 겁이 난다고 느낀다.

그러므로 입학을 준비할 때는 도움이 되는 현실적이 팁만 아니라 좀 더 복잡한 감정적 측면도 신경을 써야 한다. 아이가 어린이집에 들어가면 우리는 아이와 이야기를 나눌 때 1분에 40회 정도로 유난히 '재미'라는 말을 반복한다. 학교를 둘러보러 가서도 마찬가지이다. "학교에서 재미있는 일이 정말 많을 거야." "봐봐, 여기에 그네가 있네. 정말 재미있겠다!" "이제 글자를 어떻게 읽는지 배울 거야. 얼마나 재미있을까!" "메시의 사진을 넣어둘 수 있는 바인더를 사줄게.

재미있지 않을까?" "이제부터 새 친구를 잔뜩 사귈 거야. 와, 얼마나 재미있을까!" 이래놓고 어린이집이나 학교에서 돌아온 아이에게 "오늘 어땠어?"라고 물었을 때 아이가 "재미있었어"라며 기계적으로 뻔한 대답을 하면 왜 그렇게밖에 대답하지 못하는지 섭섭해한다.

아이를 변화에 준비시키려면 그저 재미있기만 하지 않으리라는 사실을 인정해야 한다. 대체로 우리가 걱정하는 문제들은 늦은 밤 배우자와 나누는 대화로 끝난다. 아이 앞에서 우리는 일종의 가면을 쓴다. 아이가 친구를 사귀지 못할까봐, 선생님이 아이의 주의력결핍증에 잘 대처하지 못할까 봐, 아이가 알파벳 A를 똑바로 잘 쓰기까지 2년은 족히 걸릴까 봐 걱정이라는 말을 아이에게 할 필요는 없다. 당신이 얼마나 들떠 있는지 먼저 들려주라. 그리고 당신의 어린 시절에 대해 이야기하라. 처음에는 너무 무서웠다고, 학교 건물이 못생긴 거인처럼 보였다고, 선생님은 통 웃지 않으셨고 동급생 한 명이 못된 짓을 하면 소리까지 지르셨다는 이야기 등을 들려주라. 처음으로 긴 복도로 나가 운동장으로 나갈 때 조금 겁이 났다는 이야기를 들려주라. 같은 반 친구들의 이름을 다 외울 때까지 정말 오래 걸렸다는 이야기도 잊지 말라. 수업이 시작된 날 엄마 아빠가 교실로 데려다주자 선생님이 "자, 보호자분들은 교실에서 나가주세요. 이제 안녕히 가세요, 해야지"라고 말했을 때 조금 울기까지 했다는 이야기를 들려주라.

그리고 정말 '재미있었던' 일들을 들려주라. 학교에서 간 소풍과 목소리가 우스꽝스러웠던 선생님, 교장실에서 전화를 건 일 따위 말이다. 학교에서 새로운 것들을 배우며 신이 났던 이야기도 하라. 알파

벳이 모여 단어가 되고 문장이 되고 마침내 글을 읽을 수 있게 되었을 때의 신났던 마음은 어떨까. 모두가 한마음으로 기다렸던 수업 끝 종소리와 학교에서 열린 행사, 기억나는 대로 전부 들려주라.

필요한 물품을 준비하는 과정도 마음의 준비를 할 수 있는 훌륭한 기회다. 교과서를 미리 주문해서 두 달 전에 책을 미리 싸두거나, 유난히 고급스러운 필통과 유명 상표 달린 보라색 책가방을 사서 준비물을 몽땅 넣어두거나 하는 짓은 하지 말라. 당신의 취향은 적어도 일부만이라도 옆으로 치워두라. 준비물을 마련하고 챙기는 과정에 아이를 참여시켜 자신이 지금 일어나는 모든 일의 일부라고 느끼게 하라. 직접 고른 책가방을 메고, 조금 이상할지 몰라도 "내가 직접 붙인 거야" 할 수 있는 스티커를 교과서에 붙이고, 제 이름을 적은 공책과 교과서를 가지고 학교에 가면 어떨지 상상해보며 물건을 고르고 계획하는 데 아이가 좀 더 주체적으로 참여하게 하라.

그런 과정에 참여하면 아이는 좀 더 확신을 갖고, 부모로부터 압박을 받는다는 기분 없이 스스로 생각하고 그 생각을 부모에게도 알릴 것이다. 그러면 부모도 해야 할 일을 해치울 뿐이라고 생각했던 시간을 의외로 즐겁게 보낼 수 있다. 그래서 그 과정이 그렇게 보람된 것이다. 아이가 고사리 같은 손으로 필통에 집어넣는 연필들이며 공책이 문득 애착물건으로 변모한다. 집으로부터, 자신으로부터, 자신이 통제할 수 있는 곳에서 온 인사가 된다. 이 물건들은 모든 것이 새롭고 낯설 때 아이와 함께 그곳에 있을 것이다.

아이가 대학에 가기 전에 이 챕터를 다시 읽으라. 세월이 얼마나 빠른지 한바탕 감회에 젖고 나면 아이가 처음으로 학교에 들어갈 때 했던 일을 반복하고 대학 생활이 늘 재미있지만 않을 거라고 일러주라. 두려움과 역경, 근심, 흥분, (당연히) 재미까지 다양한 주제에 대해 솔직하게 이야기를 하다 보면 모든 감정을 아우르는 내면의 대화창도 열릴 것이다. 내면을 활짝 열 수 있고 이야기를 할 사람만 있다면, 모든 것이 전보다 훨씬 덜 무서울 것이다.

근성 기르기

자신감! 자신감이란 무엇인가? 어떻게 우리 아이를 자신감 있는 사람으로 키울 수 있을까? 부모로서 어떻게 하면 아이가 현실을 똑바로 보도록 도와주는 동시에 자신감을 키워줄 수 있을까. 또 아이가 자신의 가치를 알고, 무엇에 재능이 있는지 알고, 자기 재능을 믿고, 자신을 사랑하고, 그 사랑을 온 세상에 투사하고, 모든 일이 잘될 수 있다는 긍정적인 태도를 견지하도록 만들 수 있을까? 누가 이런 품성을 몽땅 챙겨서 한 번에 전해주면 얼마나 좋을까?

아이가 어릴 때는 이런 고민을 비교적 쉽게 해결할 수 있을 것 같다. 아이에게 사랑을 퍼붓고, 아이에게 세상에서 제일 똑똑하고 예쁘고 재미있다고 말해준다. 이런 말을 몇 번이고 들려준다. 아이는 우리를 믿는다. 그래서 아이에게서 사랑과 자신감이 뿜어져 나온다. 아이가 돌아다니면 태양이 아이를 따뜻하게 비춘다. 이윽고 아이는 바깥 세상에 몸으로 부딪힌다. 어린이집에서 아이는 훗날 점점 발전하는 기억 속에서 다른 이름을 획득할 고통을 겪기 시작한다. "나는 부끄러움을 많이 타는 여자애였어." "남자애들은 운동을 다 잘했는데 나는 예외였지." "나는 뚱뚱했어." "나는 친구가 많지 않았어." "나는 그림을 한 번도 잘 그린 적이 없어." 이런 이름표들은 우리의 부재 속에서 형성된다. 아이를 안아주거나 귓가에 용기를 불어넣을 말을 속삭여줄 우리가 그곳에 없을 때 말이다. 이런 이름표는 아이가 동년배와 함께 있을 때, 어린이집이나 학교 선생님과 함께 있을 때 만들어진다. 아이가 자신감을 키우건 말건 상관이 없는 세상에 맞서는 과정에서 말이다.

어떤 아이는 머리 위에 후광이 달린 듯 재능을 타고난다. 어딜 가든 머리 위에서 햇살이 환하게 비추는 예쁘고 매력적인 아이, 선생님이 유난히 좋아하는 아이, 모든 아이가 친구가 되고 싶어 하는 아이 말이다. 내 아이들은 그런 아이가 아니다. 내 아이들은 평범하다. 뛰어난 점만 열거해주려면 열심히 생각을 짜내야 하는 아이들이다. 훌륭하지 않거나 예쁘지 않거나 영리하지 않거나 상냥하지 않아서가 아니다. 아이가 마주치는 세상이 아이를 포용해주지 않기 때문이다. 아이는 '최고'가 아니다. 아이는 그저 자신일 뿐이다.

부모가 이런 면을 유난히 의식하면 특히 아이에게서 환하게 빛나지 않는 면들이 잘 보인다. 두려움과 불안, 수줍음, 오만함, 집요함, 순리를 따르지 못하는 태도, 소유욕, 아직 완전히 형성되지 않은 수많은 다른 품성들 말이다. 아이가 조금 더 자라면 얼마 전만 해도 한 치의 의심 없이 아이를 '최고'라고 생각했던 우리가 갑자기 아이의 행동을 바로잡고, 혼내고, 걱정하고, 실망하기 시작한다. 아이의 시선은 우리를 향한다. 왜냐하면 이 시점에는 우리가 거울이기 때문이다. 아이는 그 거울에서 자신의 모든 단점을 본다. 아이는 우리를 보지만 우리가 그들이 잘되기를 바라는 마음에 화를 내거나 걱정을 한다는 사실은 알 수가 없다. 부모가 하는 말을 잘 듣고 시키는 대로만 하면 잘될 거라는 말도 이해하지 못한다. "이런 식으로 행동하면 다른 애들이 너와 놀고 싶어 하지 않을걸." "자꾸 부끄럽다고 꽁무니를 빼면 아무것도 이룰 수 없어." "원하는 대로 안 되면 어쩔 건데? 좀 서글서글하게 굴 수 없니?" "네가 화를 내면 같이 있기가 싫어. 마음을 차분하게 가져야 좋은 일이 일어나는 거야!" 이런 말에 귀를 기울이다 보면 아이의 자신감 탱크는 텅 비게 된다. 안 그래도 힘들어하는 아이에게서 다른 사람도 아닌 우리가 힘을 더 빼버리고, 외롭게 만들고, 자신감을 앗아가는 것이다. 아이는 우리의 비난을 흡수한다. 그렇게 빨아들인 비난은 높은 기대치와 분노, 실망감, 쓸데없는 잔소리와 뒤섞인 치명적인 혼합물이 되어 아이의 마음으로 전해진다. 바깥세상으로 나간 아이는 그곳에서 살아남으려 애를 쓰고 있다. 그런데 그 마음속에는 부모가 만든 작은 낙원, 어린 시절 내내 자신의 곁에 있었던 세상으로부터 추방되었다는 사실이 자리 잡고 있다.

자신을 긍정적으로 인식하면 자신감과 자존감을 키울 수 있다. 자신이 어떤 사람인지 잘 파악하고 자기를 긍정적으로 생각할 줄 아는 내면의 능력이 있으면 우리는 자신의 강점을 알아보고 의지할 수 있다. 이런 능력을 '근성'이라고 한다. 근성이 있으면 신념을 발판으로 당당히 설 수 있다. 당연히 아이든 어른이든 대체로 성공을 거머쥐는 사람은 스스로를 높이 생각할 줄 아는 능력도 더 뛰어나다. 그런데 우리는 이런 사람을 실제로 얼마나 알고 있을까?

우리는 아이가 꾸려나갈 인생의 이야기를 책임지고 있다. 우리는 위대한 이야기꾼으로, 아이가 겪는 삶의 모험을 들려주는 화자다. 어떻게 받아들여야 할지 까다로운 시기나 대목에서 화자가 어떻게 논평을 하고 어떤 반응을 보이는지에 따라 아이는 자신에 대해 '진실'이라고 생각되는 이야기를 습득한다. 화자는 이렇게 말할 수 있다. "너는 정말 용기가 많은 아이야. 때로는 아무리 용감한 사람이라도 부끄러워하거나 무섭고 불안한 기분이 들어. 네가 쑥스러워 하더라도 다 이해해. 네 용기가 쑥스러움을 꼭 극복해야 할 순간에 점점 더 너를 도와줄 거야." 이런 말을 들려줄 수도 있다. "또 쑥스러워하네. 내 말 잘 들어봐. 부끄럼쟁이는 친구가 안 생겨! 부끄럼쟁이 아이는 좋은 일을 다 놓칠 거야. 부끄럼쟁이는 생일 파티에서 마술사에게 깜짝 선물도 못 받아! 그런 아이가 되고 싶니? 힘내, 쑥스러움을 극복해. 이렇게 하면 죽도 밥도 안 될 테니까." 두 화자의 태도는 관점과 뒤에 따르는 상황에 대한 즉각적인 해석의 차이 때문에 완전히 달라졌다. 두 사람 다 같은 프로그램을 보지만 낙천적인 화자는 겉으로 드러난 약점을 묘사하기 위해 다른 서사를 만들어낸다. 이 화자는 약점을 흐릿하게 가리지 않고 오히려 그 단점을 인정한다. 아이가 장애물을 극복하는 능력을 키워 잘 자라기 위한 발달 과정으로 이해하며 단점을 설명한다. 아이의 자존감을 키우고 싶다면 우리부터 낙천적인 화자가 되어주어야 한다.

그런데 이 사실을 아는가? 낙천적인 화자가 되려면 우선 자신이 완벽하지 않다는 사실부터 인정해야 한다. 자기 안팎의 결점을 인정할 때에야 스스로나 가까운 사람들과 그에 대해 허심탄회하게 대화할 수 있다. "나도 내가 얼마나 정리정돈을 못 하는지 알아. 그래도 고쳐보려고 최선을 다하고 있어." "운동을 더 많이 하고 싶은데 동기부여하기가 쉽지 않아." "나는 욱하는 성격이 심해. 그 사실을 잊지 않고 성질을 잘 다스리고 나중에 꼭 사과를 하려고 노력해." "책을 더 많이 읽고 싶은데 잘 안 돼." 당신이 자신을 심하게 비난하지 않고 자신의 기대치에 기꺼이 맞춰가면서 행복을 느낀다면 공감력이 생길 것이다. 당신이 자신에게 공감하고 이런 감정을 아이에게도 표현할 수 있다면 아이도 연민이나 공감을 배울 수 있다. 아이의 특정한 행동이나 실수 때문에 일이 마음대로 되지 않을 때 아이 곁을 지켜주라. 머리를 아무리 다시 묶어도 영 마음에 들지 않을 때처럼 짜증나는 일이 있을 때 아이 곁을 지켜주라. 어려움에 부딪혔을 때 곁에 있어주라. 그리고 다른 이야기를 들려주라. '최고'의 이야기 말고 '아이가 어떤 사람인지'에 관한 이야기 말이다.

매사에 느긋한 아이로 키우고 싶지만 아이가 좀처럼 그런 태도를 배우지 못한다면, 아이가 대체로 느긋하고 자신 있게 대처하는 면을 찾아보라. 아이가 처음으로 박수를 쳤을 때처럼 그런 면을 볼 때마다 같이 기뻐하라. 아이가 잘 해내지 못하더라도 나무라지 말라. 아이가 실패를 온몸으로 감내하도록 내버려두라. 그런 후에 아이를 꼭 안아주며 이렇게 말해주라. 오늘은 힘든 날이었다고. 네가 얼마나 마음이 상했는지 잘 안다고. 어쩌면, 정말 어쩌면 내일은 훨씬 더 쉬워질 것이라고.

상황이 좋지 않아 당장 격려가 필요한 사람을 알아보는 방법을 아이에게 가르치라. 운동장에서 못된 장난을 하는 아이를 보면 착한 어린이와 나쁜 어린이를 나누는 식의 뻔한 설교를 하지 말라. 대신 화가 났거나 힘든 일이 있는 게 아니냐고 말을 걸라. 내가 꼭 안아주고 좋은 말을 해주어야 할 것 같다고 하라. 세상이 옳고 그름으로, 흑백으로 나눠져 있지 않다는 사실을 아는 아이는 공감할 줄 안다. 스스로 행복해질 수 있는 사람이 다른 사람에게도 선하게 군다고 아이에게 들려주라. 특히 형편이 나쁠 때라도 귀 기울이는 법을 알고, 칭찬을 하고, 좋은 말을 해주는 게 행복한 사람이라고 말해주라. 어른이든 아이이든 이렇게 행동할 줄 아는 사람은 어딜 가든 혼자가 아니다. 공감할 줄 알고, 행복하지 않을 때조차 자신을 좋게 생각할 줄 알고, 타인에게서 좋은 면을 볼 줄 알고 분위기를 좋게 바꾸는 법을 아는 제 모습을 거울에서 발견할 수 있는 사람.

언젠가 아들과 함께 산책하는데 전화가 걸려왔다. 아이가 시험에 떨어졌다는 내용의 전화였다. 아이에게 무척 중요한 시험이었다. 아이는 이미 두 번이나 떨어졌지만 이번만큼은 잘 봤다고 자신했다. 그래서 시험을 보고 나와 환한 얼굴로 차에 타면서 말했다. "이번에는 정말 잘 본 것 같아요!" 그랬기에 의외의 결과에 우리는 망연자실할 수밖에 없었다. 아이의 기색을 살피니 얼굴에서 핏기가 사라졌고 어떻게든 울지 않으려고 꾹 참고 있었다. 아이를 꼭 안아주고 싶었지만, 그러면 더 아이의 마음을 아프게 할 것 같아 아이에게 기대며 영원처럼 느껴지는 5분 동안 말없이 기다렸다. 아이는 눈을 가린 채 아무 말도 하지 않았다. 마침내 내가 아이의 귓가에 이렇게 속삭였다. "너는 이 엄마의 특별한 아들이야." 내가 말했다. "너는 정말 영리하고 상냥해. 지금 너는 근사한 사람이 되어가는 중이야. 무엇보다 너는 절대 포기하지 않을 거야. 인생이 네게 아무리 호된 강펀치를 날려도 네게는 절대 포기하지 않는 태도가 있어. 그게 바로 승자의 특징이야. 지금은 실감하지 못하겠지만 잘 기억해둬. 최후의 승자는 바로 너야! 결국은 시험에 합격할 거라서가 아니야. 다른 애들은 두 번이나 떨어지면 다 포기할 텐데 너는 아니기 때문에 네가 승리자라는 거야. 한 번 실패했다고 그냥 포기해버리는 어른들이 얼마나 많은지아니. 하지만 너는 포기하지 않았잖아. 지금도 너는 마음이 아픈데절망 같은 건 생각조차 않잖니. 나는 알아."

아이는 말없이 듣기만 했다. 나는 정말 꼭 안아주고 싶은 마음을 꾹참고 아이의 등에 손을 올렸다. "자, 오늘 저녁에는 어느 레스토랑에서 네 실패를 기념할까?" 내가 물었다. 아이가 깔깔거리며 웃었다. 우리는 다시 산책을 시작했다.

아이의 숙제는
아이의 숙제다

딸이 울적한 표정을 짓고서 차에 탔다. 자주 볼 수 있는 표정이 아니다. 책가방이 유난히 무거운 날에도 학교에서 깡충 깡충 뛰어올 정도로 늘 명랑한 아이이기 때문이다. 나는 얼른 무슨 일이 있는지 물어보았다.

"빨간 펜으로 ×표를 받았어요!" 아이가 울며 대답했다. "빨간색 × 요! 그것도 세 개나!" 아이가 허리를 숙여 책가방에서 구깃구깃한 종이 한 장을 꺼내 잔뜩 화가 난 손짓으로 종이를 펴는데 눈물이 두 볼을 따라 또르르 흘러내렸다. 아이는 수학 시험지를 펼쳐놓고 틀린 문제에 가차 없이 그어진 ×와 그 아래쪽 ×, 그리고 또 다른 ×를 가리켰다. 아이의 눈물로 ×표는 마치 핏방울처럼 살짝 번졌다. "빨간색 ×라고요!" 아이가 또 강조했다. "그냥 정답에 동그라미를 칠 수는 없는 거예요? 그러면 동그라미가 없는 문제는 틀렸다는 걸 알 수 있잖아요! 빨간 펜으로 그은 ×표가 왜 필요해요?"

문장 한 줄로, 혹은 선생님에게 전화를 넣거나 그 상황을 자세히 알아보는 일로, 또는 단순한 칭찬으로 아이의 고통을 없애줄 수 있다면 얼마나 쉬울까. 언제나 싱글벙글하던 딸이 학교에서 ×표를 받았다. 천만다행으로 아이는 내 첫째 아이가 아니고 나는 엄마로 지내는 동안 충분히 상처를 받아 이 중요한 사실을 알고 있었다. 학교에서 ×표를 받은 결과는 딸의 사정이다. 내 사정이 아니다. 그곳에 있어주는 것 말고는, 아이의 마음과 기분을 이해해주는 것 말고는, 내가 차 안에서 아이가 마음껏 속상해하도록 내버려두는 것 말고는 아이에게 해줄 수 있는 일이 별로 없다는 깨달음에 다다르기까지의 여정은 매우 힘들고 복잡했다. 그래서 나는 아이의 이야기를 들어주고, 안아주고, 신나는 노래를 불러주고 집에 가서는 정답에 동그라미를 쳐주고 시험지에 하트를 몇 개 그려주었다. 아이는 어느새 평소처럼 명랑한 아이로 돌아와 인생의 다음 임무를 수행하는 중이었다. 나는 잠시 멈춰 서서 아이에게 말했다. "너를 믿어. 너를 힘들게 하는 것들을 사랑해. 왜냐하면 그 덕분에 네가 더 강해질 테니까. 너를 사랑해. 너는 명랑하고 영리하고 힘든 일들을 잘 이겨내거든." 딸은 미소를 지으며 숙제를 하러 갔다.

　숙제가 없는 양육의 세계를 상상해보라. 준비해야 할 시험도 없고 과제물도 없다고. 시간 관리나 공부에 필요한 책임감이 있건 없건 관여하지 않는 세계. 오로지 오늘 역사 시간에 배운 내용에만 관심을 갖고, 수업 시간에 떠올랐던 주제에 대해 토론하고, 어떤 철자를 배웠는지 묻고, '콧물'과 운이 맞는 프랑스 단어에 대해 웃음을 터뜨리기만 하는 세계. 이런 가상의 세계에서는 우리가 아이에게 주는 압박감과 학업을 놓고 벌이는 언쟁에 쏟는 에너지는 온통 격려와 감탄에 쓰일 것이다. 아이가 공책에 유려하게 쓴 문장 하나에 흥분을 할 것이다. 아이가 스스로 알아서 숙제가 있다는 사실을 기억하고 있어서("숙제 있니? 없는 거 확실해? 내가 확인해볼까?" 하는 상황과 정반대로) 흥분할 것이다. 어려운 부분에 대해서 아이가 먼저 이야기를 꺼내거나 도움을 요청하는 모습을 보며("토요일에는 제곱근에 대해서 복습해보자. 아니, 너 아직도 제대로 이해를 못했잖아?"라고 할 필요 없이) 또 흥분할 것이다.

명심하라. 우리가 전부 다 책임져준다는 사실을 아이에게 끊임없이 보이면 아이는 절대 책임감을 배울 수 없다. 우리는 늘 아이에게 뭔가를 상기시키고, 옆에 앉아 틀린 곳을 고쳐주고, 놀 시간을 제한하고, 과제를 할 때 자꾸 의존하게 만들고, 집중하지 않으면 싸우고, 숙제를 완전히 끝내게 하려고 안달을 한다. '아이' 숙제인데도 말이다! 대체 무엇을 위해서?

숙제의 진정한 목적은 아이에게 그 숙제가 자기 일이라고 가르치는 것이다. 에너지를 들이고 노력을 기울여야 한다고 가르치는 것이다. 그런데 결과적으로 노력을 하고 책임을 지는 사람이 우리라면, 대체 우리는 아이에게 무엇을 가르친 걸까?

아이에게 자전거 타는 법을 가르친다고 상상해보라. 아이의 작은 발이 땅에 절대 닿지 않게 아이가 균형을 잃을 때마다 아이를 붙잡아주고, 아이의 자세를 바로잡아준 후 다시 한번 밀어준다고 하자. 그런데 아이가 자기 몸의 움직임을 느끼지 못하고 자전거를 탈 때 수행하는 복잡한 동작을 체득하지 못하면(자전거를 타려면 손잡이를 붙잡고, 페달을 밟고 균형을 잡으며 일정한 속도를 유지해야 하니까) 어떻게 자전거 타기를 배우겠는가? 더 나아가 아이가 넘어질 때마다(그야 당연히 넘어지지 않겠는가. 살아가면서 혼자 힘으로 과제를 해내는 법을 배우다 보면 으레 그렇듯이) 아이에게 압박감을 주고, 윽박지르고, 소리를 지른다면? "너는 대체 왜 그러니? 이건 자전거를 탄다고 말할 수도 없어!" 그렇다면 아이의 자신감과 우리 관계, 아이의 책임감은 어떻게 되겠는가?

책임감 있는 아이로 키우려면 먼저 아이가 할 수 있다고 믿어주어야 한다. 우리가 아이의 숙제를 책가방에서 꺼내고, 연필을 건네고, 다음 문제를 지목할 때마다 우리는 아이가 해낼 수 없다고 증명하는 셈이다. 그러니 심호흡을 하고 아이를 믿어보라. 우선은 아이가 숙제를 먼저 떠올리고 스스로 숙제를 시작해야 한다. 그러면 그 모습에 감격하며 이렇게 말해주라. "말해주지 않았는데도 숙제를 용케 기억했잖아? 책임감 있는 아이가 되겠어." 아이가 교과서를 책가방에서 꺼내 정확한 페이지를 펼치면 또 감격하라. 아이가 필통에서 연필을 꺼내면 흥분을 감추지 말라. 앉아서 혼자 숙제를 하는 덕분에 우리가 신경 쓰지 않고 볼일을 볼 수 있다면 혼자서도 잘 하니 대단하다고 말해주라. 아이가 지금 말고 나중에 숙제를 할 거라더니, 얼마 후 숙제를 하라고 하자 선선히 자리에 앉아 숙제를 시작한다? 숙제를 하고 싶지 않아도 약속한 시간에 하려고 자리에 앉는 태도, 그것만 있으면 무슨 일이든 해낼 수 있다고 말해주라. 그런 태도가 멋진 학생인 증거라고 말해주라.

어떤 아이는 숙제를 안 하고도 대가를 치르지 않는다. 선생님이 검사를 하지 않거나 제출 직전에 아슬아슬하게 해치우거나 다른 해결책을 찾아내기 때문이다. 그것은 당신이 신경 쓸 문제가 아니다. 아이는 숙제를 제대로 하지 않으면 한 번은 들켜야 한다. 아이가 들켰다는 이야기를 하더라도 핀잔주지 말아야 한다. 아이는 당신과의 관계에서가 아니라 현실 즉, 학교에서 대가를 치러야 한다. 아이는 모두 학교생활을 잘 해내고 싶어 한다. 마치 게임을 하면 다 이기고 싶어 하듯 말이다. 하지만 아이는 뭔가를 잘 해내기 위해 무엇이 필요한지 아직 잘 모른다. 게다가 아이마다 필요한 것이 다 다르다. 좋은 학생을 만드는 레시피는 하나가 아니다. 어떤 아이든 써먹을 수 있는 자산이 있으며 노력을 기울여야만 하는 분야가 있다. 그런데 아이가 스스로 헤쳐나갈 가능성을 우리가 앗아가버리면 아이가 자신에게 무엇이 필요한지 어떻게 알겠는가?

늦든 빠르든 아이는 읽고 쓰는 법을 익힌다. 아이를 가르칠 때 힘든 문제는 그런 것이 아니다. 아이가 자신이 영리하다는 사실을 알고 느끼고, 상황이 힘들어도 포기하지 않고, 잘 해내리라 믿고, 책임감을 가지고, 자신에게 만족하고, 외부의 격려만 아니라 자신에 대한 믿음에도 기댈 줄 알도록 아이를 키우는 일이다. 숙제를 하라고 너무 몰아붙이지 말라. 아이 대신이 아니라 아이와 함께 책가방을 싸라. 아이를 잘 지켜보고 좋은 학생이 될 만한 자질을 찾아내라. 호기심과 탄력회복성, 책임감, 만족의 유예, 지혜, 창의력, 도움을 청하는 능력, 집중력 등을 찾아보라. 소매를 걷어붙이고 손전등을 챙기라. 적극적으로 이런 자질을 찾기 위해 나서야 한다. 그러면 눈에 보일 것이다. 어떤 것은 훤히 드러나 있고 어떤 것은 숨겨져 있고 어떤 것은 존재하지 않는 것이나 다름이 없다. 자, 이제부터 아이가 그런 자질을 희미하게라도 보이면 언제라도 이렇게 말하라. (아이가 3초가량 제 동생을 봐주었다.) "그런 행동을 책임감이라고 부른단다." (아이가 부서진 레고 집을 다시 조립했다.) "절대 포기하지 않는 아이가 그렇게 행동한단다." (아이가 당신과 함께 십자낱말풀이를 푸는데 아는 단어가 서른 개 중에 하나뿐이었지만 계속 노력을 했다.) "끝까지 해내는 걸 보니 슬기도 있고 호기심도 많은 데다 집중력도 있구나."

우리는 아이를 상대하면서 통제력을 잃을 때면 자연스럽게 다시 통제력을 회복하려고 한다. 상으로 꼬드기거나, 벌을 준다고 옥박지르거나, 잔소리를 하거나, 화를 낸다. 아이가 과제를 스스로 하고 싶게 만들려면 이런 태도는 금물이다. 아이가 어릴 때는 이런 행동이 먹힐 수도 있다. 하지만 청소년기에 접어들면 오히려 이런 반응을 부를 것이다. "숙제 안 할래요. 그래서 뭐 어쩔 건데요?"

청소년기에 접어든 아이는 인생의 우선순위가 변한다. 부모를 만족시키는 일은 십대의 인생에서 더 이상 차트 상위권을 차지하지 못한다. 이제 또래 친구들이 하는 말이 훨씬 더 중요하다. 아이는 교우관계와 자아, 예기치 못한 순간에 밀려오는 까다로운 질문들(나는 누구일까? 나는 남들 눈에 어떻게 보일까? 나는 인기가 있나? 나도 다른 사람과 똑같나? 나는 특별한가?)을 처리하느라 머리가 빙빙 돌 지경이다. 그런 아이에게 학교생활에서 가장 어렵고 가장 부담스러운 부분은 행복해지는 데 아무 쓸모도 없어 보이는 과목, 자신을 전혀 이해하지 못하는 듯한 선생님, 무엇보다 가정에서 맞닥뜨리는 부모의 실망과 압박과 비난('애가 도움을 준다'거나 '도움이 안 된다'는 등의 불평)의 모습으로 등장한다.

우리는 그 아이를 '이기주의자'라고 부른다. 완전히 틀린 말도 아니다. 아이는 청소년기라는 새로운 포맷에서 자신을 '이기주의자'로 해석하게 되어 있다. 그러므로 자식이 청소년이 되면, 배우지 않으려는 아이에게 억지로 강요할 수 없다는 사실을 부모는 깨달아야 한다. 아이에게 상처를 주면 우리는 청소년기 동안 유일한 안전망(아이와 좋은 관계 유지하기)을 위험에 빠뜨리는 셈이다. 명심하라. 이 시기에 우리는 아이에게 도움을 주는 것 외에 아무것도 할 수 없다. 아이가 원한다면 과외를 시켜주거나 곧 있을 시험에 대해 상기시켜줄 수도 있다. 하지만 그 시험은 아이의 일이다. 부족한 품성보다, 좋게 타고난 품성에 대해 자꾸 듣다 보면(설령 공부가 아니라 다른 분야에서 드러나는 품성이라 해도) 아이는 너무 무거운 대가를 치르지 않고도 학업을 잘 해낼 수 있을 것이다.

우리가 아이의 길을 밝혀줄 유일한 수단은 그 무엇보다 간단한데, 바로 격려다. 지난 시험에 D를 받았던 아이가 이번에는 D플러스를 받아왔다. 그런데 당신이 그 사실에 기뻐하지 않는다면 아이가 어떻게 스스로 격려하는 법을 배우겠는가? 자신이 아주 뛰어나지는 않지만 영리하다는 걸, 어쩌다 숙제를 깜박했더라도 성실하다는 걸, 1등을 해서가 아니라 숙제가 힘들어도 중간에 관두지 않고 끝까지 해냈

기에 스스로가 좋은 학생이라는 사실을 아는 아이. 바로 이런 아이가
언젠가는 성공을 거두고 실패를 하더라도 고꾸라지지 않을 것이다.

응석에는
안 된다고 하라

열두 살 딸이 제 휴대폰 액정을 세 번째로 박살냈을 때 나는 성질을 꾹 참았다. 두 번째 박살을 냈을 때 우리는 액정에 보호 커버를 씌우기로 했다. 그런데 아이는 당연하게도 요즘의 제 취향을 잘 보여주는 최신유행 반짝이 커버를 더 좋아했다. 공포에 찬 아이의 비명이 부모가 막 죽기라도 한 것처럼 온 집안에 울려 퍼졌다. 나는 딸에게 무슨 큰일이 벌어진 줄 알고 부엌으로 부리나케 달려갔다. 고작 휴대폰이 문제라는 사실을 알게 된 나는 곧장 부모 역할로 돌아갔다. 아이의 뺨을 때리지 않고 참고, 지난번에 휴대폰에 문제가 생겼을 때 우리가 무슨 약속을 했는지 상기시키지 않도록 꾹 참고, 휴대폰을 수리하려면 얼마나 큰돈이 들지 애써 잊고, 어떻게 하면 내 말에 벌벌 떨며 무조건 부모가 옳고 아이가 틀렸으며 왜 다음에는 부모의 말에 귀를 기울여야 하는지 일장 연설을 하지 않으려고 애썼다는 뜻이다.

전반적으로는 이 우주에, 구체적으로는 휴대폰의 신에게 향했던 비명 소리가 일단 멎었다. 그러더니 이내 나를 향해 다시 날아왔다. 아이가 멀쩡하다는 사실을 확인하자마자 내가 한마디도 없이 부엌을 나가버렸기 때문이었다. "무슨 엄마가 자식이 이런 상황인 걸 보고도 도와주지 않는 거예요?" 아이가 소리쳤다. 나는 일단 감정을 가라앉히고 나서 어떻게 할지 생각해보자고 했다. "자식이 이렇게 울고 있는데 어떤 엄마가 안아주지도 않아요?" 아이는 나를 따라오며 소리를 질렀다.

아이를 보니 얼굴은 눈물에 젖어 발갛게 상기되고 잔뜩 성이 난 표정이었다. 그렇지만 나는 또다시 꾹 참아야 했다. 딸에게 너는 엄마에게 화난 것이 아니라 자신에게 화가 난 것이라고, 그 화를 속에 담아둘 수 없으니 엄마인 내게 마구 퍼부어대는 것이라고 말하고 싶은 마음을 꾹 눌러야 했다. 이 상황은 나와 아무런 관계도 없음을, 이것은 딸과 제 인생 사이의 문제이자 딸과 제 책임감 사이의 문제라는 사실을 애써 떠올려야만 했다. 게다가 수많은 측면에서 아이의 독립심을 상징하는 이 기계에서 지금 산산조각이 난 액정 화면은 가장 어려운 부분, 딸이 절대 받아들일 수 없는 사실을 상징하고 있었다. 한 번의 잘못된 결정, 한순간의 경솔함. "엄마가 안아주면 좋겠니? 그러면 부탁을 해. 안아달라고. 내가 기쁜 마음으로 안아줄게." 내가 말했다(물론 전혀 기쁘진 않았지만 말이다).

"그런 식은 싫어요!" 아이가 소리를 지르고 욕실 문을 쾅 닫고 들어가버렸다.

나는 세 번째로 마음을 꾹 누르며 거실에 앉아 기다렸다.

딸은 욕실에 틀어박혀서 인생이 엿 같다고, 무슨 엄마가 이 따위냐고 소리를 질러댔다. 이제는 '젠장'이니 '엿 같다'느니 하는 말을 써가며 뭘 어떻게 해야 할지 모르겠다고 소리를 질러댔다. 그런 소리를 들으며 나는 말버릇이 왜 그 모양이냐고, 감정을 가라앉히라고, 지금 해야 할 일은 A, B, C라고 야단을 치고 싶어 속이 부글거렸다. 그렇게 길고 긴 6분이 흐르자 아이가 거실로 왔다. "엄마, 이제 좀 마음이 가라앉았어요. 우리 이렇게 해요. 제가 저금해둔 돈으로 액정을 고칠게요. 저 혼자 전화기를 수리하러 갈 수 있어요. 하지만 이왕이면 엄마가 도와주시면 좋겠어요. 전화기 수리가 끝날 때까지는 얄리(친구) 전화기로 연락할게요. 우리 같이 있는 시간이 많잖아요. 그러니까 이제 좀 안아주세요."

또다시 나는 마음을 꾹 눌렀다. 다음에 이런 일이 또 생기면 어떻게 할 건지, 이 사건으로 무엇을 배웠는지 물어보고 싶은 마음도, 미안한 마음이 1부터 10 사이 어디에 있는지 확인하고 싶은 마음도 꾹 눌렀다. 무엇보다 우리가 뭘 어쨌다고 그 비명소리와 욕지거리를 참고 들어야 하느냐고 묻고 싶었지만 참았다. 대신 아이를 꼭 안고 이렇게 속삭여주었다. "이제 다 컸네. 스스로 교훈을 얻고 해결책을 찾았잖아. 잘 했어."

부모는 자기 자신이나, 에고, 걱정거리, 아이에게 받은 상처, 심지어 아이를 어떻게 가르치겠다는 생각 따위는 옆으로 밀어놓아야 한다. 그보다 아이가 점점 삶과 접촉하고, 책임을 지고, 독립을 배워나

가도록 키우는 게 우선이다. 아이가 열두 살이면 깨진 액정을 우리
가 고쳐주면 된다. 하지만 스물일곱 살이면 액정이 아니라 설령 마음
이라도, 부서진 것은 아이 스스로 해결할 수 있기를 바란다. 언제라
도 닥칠 힘든 일에 아이가 잘 대처할 수 있을지 늘 걱정하며, 동시에
아이에게 벌어진 멋진 일들을 맘껏 누리며 살기를 바란다. 자신에게,
자신이 가진 힘에, 스스로 키워왔고 우리가 키워준 회복 탄력성에 의
지하는 법을 가르치고 싶어 한다.

　세 살 아이는 당신이 꽁무니를 졸졸 따라다니지 않아도 놀이터를
혼자 걸어 다닐 수 있다. 아이는 혼자 옷을 입고, 몸을 씻고, 아기 동
생에게 딸랑이를 주고, 저녁 준비를 돕고, 당신 문제에 해결책을 제
시하고, 양말을 정리하고, 차에 타면 안전벨트를 맬 수 있다. 당신이
보상해주지 않아도 게임에서 진 상황을 헤쳐나갈 수 있고, 당신이 낮
에 잠시 눈을 붙일 짬을 주고 밤에는 혼자 잘 수도 있다. 세 살 아이
는 당신이 생각지도 못한 많은 일을 할 수 있다. 이렇게 되기까지 시
간이 걸릴 것이다. 하룻밤 사이에 이루어지지는 않는다. 그 과정에서
아이는 옷이 더러워지거나 실패도 할 것이다. 그 모습에 당신이 대신
해주고 싶은 마음이 들 때도 있다. 그 편이 훨씬 더 효율적이고 빨리
끝낼 수 있을 테니 말이다. 하지만 당신이 믿어주면 아이는 자신을
믿는 법을 배울 것이다. 이제 일곱 살 아이가 무엇을 할 수 있는지 상
상해 보라. 열일곱 살 아이는 말할 것도 없고 말이다.

　그런데 우리는 왜 아이의 일을 대신 할까? 효율성을 위해? 통제를
원해서? 믿음이 부족해서? 그런 태도가 좋은 양육법이라서? 아이가

아무리 칭찬을 많이 들어도 자립심이 없으면 절대 자신의 가치를 실감하지 못할 것이다. 아무리 듣기 좋은 말들을 해줘도 책임감이나 독립심의 영역에서 그런 말을 듣지 못한다면 아이는 늘 자신이 열등하고 환경의 피해자라는 기분에 사로잡힐 것이다. 그래서 늘 화가 나고 매사 회피하며 무기력하게 굴 것이다. 세상은 가끔 무시무시한 곳이다. 고작 아홉 살 반이라면 사야 할 물건을 적은 종이를 들고 식료품 가게에 가는 일만으로도 한참 걸릴 것이다. 집으로 돌아오는 길에 잔돈을 잃어버리거나 깜박하고 우유를 빼먹을 수도 있다. 하지만 자신의 일은 어떻게든 해내고, 문제를 해결하고, 숙제를 하건 하지 않건 제 행동에 책임을 지고, 집이나 학교, 사회에서 정말 도움이 되고, 기여하고 중요하고 유능한 아이가 스스로를 독립적이라고 느낄 때, 세상에서 이보다 더 좋은 느낌도 없을 것이다.

불필요한 도움을 받고, 스스로 해야 할 일을 남이 대신 처리하게 하는 아이가 버릇 나쁜 아이다. 이런 아이는 뭔가를 스스로 해내기를 제일 어려워한다. 이 아이가 마주친 삶의 현실을 좌지우지하는 사람은 부모인 당신이다. 해달라고 하면 기꺼이 옷을 입혀주고, 목이 마르다고 하면 얼른 물을 떠주고, 어린이집이나 학교 갈 때 가방을 들어주고, 갓 지은 음식으로 도시락을 싸서 먹여주고, 따라다니며 정리정돈을 해주고, 친구들을 대신 집으로 초대하고, 방과 후 수업에 데려다준 뒤 수업이 끝날 때까지 밖에서 기다린다. 숙제를 도와주고, 다가오는 시험을 상기시켜주고, 발표를 도와주고, 물건을 고장 내거나 잃어버릴 때마다 새 것을 사주고, 문제가 생길 때마다 선생님이나 친구 어머니에게 전화를 해주고, 대신 힘든 결정을 내려주고, 아이가 필요로 하고 원하는 것 혹은 원하지만 필요 없는 것을 사준다. 아이 대신 씹어서 삼켜줄 수 있다면 기꺼이 그렇게 할 것이다. 아이가 슬픔이나 고통을 느끼지 않도록 할 수 있는 일은 다 한다.

어쩌다 한 번 아이가 버릇없게 구는 이야기를 하는 게 아니다. 당신이 핫 초콜릿을 한잔 타주거나, 어쩌다 옷 입기를 도와주거나, 특별히 맛있는 샌드위치를 만들어주거나, 양말을 미리 오븐에 넣어 따뜻하게 데워주는 행동을 말하는 게 아니다. 인생의 입장권을 끊어주듯 온갖 어리광을 다 받아주고, 누구의 책임인지 자명한 상황에조차 아이의 일을 대신 처리하는 행동을 말하는 것이다. 자신의 일을 부모가 처리해주는 게 당연하다고 믿고 그것이 바로 부모의 역할이나 생각하는 아이에 대해서 말하는 것이다.

버릇 나쁜 아이는 뭔가를 스스로 해낼 감정적 역량이 없다. 누군가가 막대한 에너지를 투입해 모든 일을 대신 처리해줄 수는 있다. 그런데 그 사람은 그럼으로써 아이가 자기 능력을 믿을 힘이나 의지를 빼앗은 셈이다. 버릇없이 자란 아이는 스물일곱 살이 되어서도 뭔가가 잘못되면 부모인 당신을 탓할 것이다. 제 발로 걸어가야 하거나 제 손으로 샌드위치를 만들어야 하면 당신에게 화를 낼 것이다. 집안일은 자신의 일이 아니라고 생각해 손 하나 까딱하지 않을 것이다. 시험을 망치거나 일터에서 인간관계를 망치더라도 아이는 절대 책임을 지지 않을 것이다. 그런 건 다 타인의 잘못이니까.

버릇없는 아이의 부모는 기진맥진해 있고 대체로 무기력하며 아마

화가 나 있을 것이다. 그런데도 선택의 여지가 없다고 느낀다. 자신이 하지 않으면 누가 하냐고 생각한다. 아이가 어릴 때만 해도 아이 버릇을 망치는 부모는 자신이 훌륭하고 헌신적이라고 자부한다. 아이에게 해주는 온갖 불필요한 행동에서 그들은 통제감을 느낀다. 자신이 받아주는 어리광은 '착한' 어리광이라 느낀다. 한참이 지나서야 자신이 실제로 아이에게 해를 끼치고 있다는 사실을 깨닫는다.

아이의 어리광을 받아주지 않기로 하는 건 마약을 끊는 것과 약간 비슷하다. 아이를 위해 대신 해주던 일들을 일방적으로 중단할 수가 없다. 그랬다가는 아이는 상황에 대처할 도구도 없이 홀로 남겨질 것이기 때문이다. 하고 넘어가야 할 실수, 곧 발휘해야 할 엄청난 잠재력을 아이에게 말로는 설명할 수가 없다. 어리광 부리는 버릇을 고치려면 인내심을 가지고 견디는 수밖에 없다. 그리고 그 과정을 열광과 격려, 공감, 경외감을 동반하는 작은 단계들로 나누어 통과하는 수밖에 없다. 당신이 일곱 해 동안 옷을 입혀주거나 숙제를 하라고 애걸복걸하는 실수를 저지른 것이 아이 탓은 아니다. 당신이 이제 어리광을 받아주는 것은 충분하다고 판단했다는 이유만으로 아이가 오랜 시간에 걸쳐 익혀야 할 삶의 기술을 하룻밤 만에 다 익힐 수는 없다.

늦은 나이에 독립심을 배우더라도 네 살에 배울 때와 똑같은 것들이 필요하다. 아이를 믿어주어야 한다. 포기하지 말아야 한다. 비난하거나 다그치지 말아야 한다. 아이가 어떤 성과를 거두든 진심으로 축하해주어야 한다. 무엇보다 아이가 화를 내거나 좌절할 때조차 기어이 해내리라 믿어줘야 한다. 아이는 할 수 있다. 그러므로 당신은 지금까지 그렇게 공을 들였던 휠체어를 천천히 없애고 아이가 독립의 세계로 첫걸음을 떼고 즐거워하는 모습을 지켜보기만 하면 된다.

때때로, 특히 아이가 어릴 때 우리는 아이의 인생이라는 영화에서 어떤 역할을 담당하는지 잘 모른다. 우리 영화에서 주인공은 분명히 아이다. 당연하다. 우리 아이, 우리가 만든 존재니까! 그 애가 있기에 우리는 부모가 되었다. 그 아이가 있기에 우리는 인생의 의미와 통제감, 친근함, 친밀함을 느낀다. 우리는 이 아이에게 있는 것 없는 것을 전부 쏟아붓는다. 그러므로 당신은 이 이야기가 언젠가는 끝난다는 사실을 상상할 수 없다. 당신 것이며 당신이 온갖 사랑을 쏟아붓는 이 대상이 언젠가는 곁을 떠나 자신만의 길을 간다는 사실을 상상조차 할 수 없다.

제1막에서 밧줄은 아주 팽팽하게 당겨져 있다. 내면에서 우리를 맺어주었던 밧줄이 겉으로 드러나고 감정적으로 변화한다. 양쪽은 살기 위해 그 밧줄을 꼭 잡고 있다. 하지만 우리는 이 밧줄을 서서히 놓아준다. 이것이 바로 관계의 이야기다. 이제 마음을 가라앉히고 결말로 곧장 가보자. 아무도 그 밧줄을 완전히 놓아버리지 않는다. 그 밧줄은 언제나 우리와 아이를 연결해준다. 우리가 죽은 후에도 그 밧줄은 우리가 아이에게 전부이며 아이가 우리의 전부라는 사실을 상징할 것이다. 하지만 여기에서 양육의 가장 힘든 과제 하나가 등장한다. 지금 이곳에서는 밧줄을 꼭 쥐고 있지만 동시에 그 밧줄을 놓아주는 먼 미래의 과제를 수행해야 하는 것이다. 이게 무슨 말일까? 아이가 이제 다섯 살이라고 해도, 이 아이가 스물다섯 살에 어떤 어른이 되어 있기를 원하는지 스스로 묻고 우리가 지금 이 순간에 고른 길이 그 목적에 부합하는지 자문해보아야 한다는 뜻이다.

밧줄의 품질과 강도는 우리와 아이가 어느 정도 독립적인지에 달려 있다. 문제를 해결하고, 선택과 실수를 하고, 책임을 지고, 꿈을 꾸고, 부정적이거나 긍정적인 감정을 느끼고, 중요한 사람이 되고 기여를 하려는 독립심. 둥지를 떠나 자신만의 새 둥지를 만드는 독립심.

기억하라. 아이에게 독립심을 점차적으로 키워주려면 아이가 태어난 순간부터 노력을 기울여야 한다. 매일 밧줄을 조금씩 손에서 놓아서 아이가 우리를 조금씩 덜 필요로 하게 만들어야 한다. 그렇다면 우리는? 우리는 아이가 자신에 대해 스스로 들려주는 이야기에서 언제나 조연이되 주연일 것이다. 밧줄을 놓아주기만 하면 되다니 소극적으로 들리겠지만, 밧줄을 놓아주는 행위(거부하거나 비난하지 않기, 아이의 문제를 대신 풀어주지 않기)는 매우 적극적인 행동이다. 우리는 언제나 그 밧줄의 반대편에 있을 것이다. 하지만 아이가 구덩이에 빠지면 제힘으로 기어 올라와야 한다.

통제력을 잃는다고
반드시 지는 것은 아니다

그가 내 앞에 앉아 있다. 나는 그의 괴로움을 함께 견디는 친구다. 그는 지금 아주 또박또박하고 또렷하게 자신의 고통을 말한다. "처음으로 우리 집에 공기가 부족하다고 느꼈던 날을 기억해." 그가 한숨을 쉰다. "그때 나는 열일곱 살이었어. 작은 가방에 짐을 쌌지. 특별한 계획이 있었던 건 아니고 어디든 숨을 쉴 수 있는 곳으로 가야 했어. 엄마가 내게 아무 데도 못 간다고 소리를 쳤어. 나를 '계집애'라고도 불렀지. 걷다 보니 어느새 이파트의 집이었어. 그곳에는 숨 쉴 공기가 충분했어. 그 애의 방은 난장판이었지만 아무도 그것 때문에 소리를 지르지 않았지. 이파트는 정말 근사하게 옷을 입었어. 아무도 그 애의 옷차림에 대해서 뭐라고 하지 않았고. 벽에 가득 붙은 포스터들 속에서 우리를 지켜보는 듀란듀란의 눈빛을 받으면서 이파트는 우리가 같이 만든 슬픈 곡 녹음 카세트를 틀었어. 그애 침대에 나란히 누워 있는데 다시 숨이 쉬어지더라."

그가 다시 한숨을 쉰다. "그런데 지금 내가 제일 가슴 아픈 게 뭔지 알아? 그건 말이지, 지금은 내가 자식한테서 산소를 빼앗아가는 엄마가 되었다는 사실이야. 아들을 대할 때는 이렇지 않아. 그 애들은 키우기가 수월해. 그런데 딸은 말이지…. 아침에 일어나서 나를 보는 딸의 눈빛에서 내가 우리 엄마처럼 변했다는 사실을 알 수 있어. 딸이 나를 미워하는 것 같아. 내가 열일곱 살 느꼈던 걸 그대로 느끼는 것 같아. 그런데 걔는 이제 고작 열 살이야. 내가 뭐라고 하건 아이는 반대로 해. 아이는 내가 느끼는 감정이나 욕구를 모두 무시해버려. 대수롭지 않게 시작한 대화가 늘 전투가 되어버려. 이게 우리야. 숨 쉴 공기가 부족한 삼대에 걸친 세 명의 여자. 나는 또 이파트의 집으로 도망쳐버리고 싶어. 처음에는 엄마 때문에 도망쳤지만 이제는 딸 때문에 도망치고 싶어."

아이는 우리에게서 태어났고 우리의 아이다. 우리는 아이를 보호하고, 보살피고, 수많은 것을 가르쳐야 한다. 그러는 내내 아이를 통제하고 있다고 느낀다. 우리가 부모니까. 경계와 권위에 대해 쓴 전문가의 글을 읽고 봤으니까. 스스로 권위적으로 굴지 않으면 아이의 버릇을 망칠 것이고 아이는 어느새 규칙이 필요하다고 겁을 먹고 믿게 되었으니까. 그래서 어떻게든 통제를 하려고 한다. 통제력은 우리를 안심시키고 내면에 질서를 부여한다. 아이가 무엇을 먹고 입을지, 어떻게 행동할지, 누구와 놀지, 방과 후 수업으로 무엇을 들을지, 숙제를 언제 할지, 어떤 콘텐츠를 소비하는지 통제할 때 우리는 좋은 부모가 된 것 같다. 하지만 이때 우리는 한 가지를 간과하고 만다. 우리 아이는 독립된 개인이라는 사실 말이다. 아이는 자신만의 욕구와 경험, 해석, 경향, 사랑, 기호로 구성된 온전한 세상을 품고 있는 작은 사람이다. 그 세상은 우리의 세상과 별개다. 바로 그 사실이 우리 눈앞에서 똑딱똑딱 소리를 내며 매 순간 통제가 얼마나 부서지기 쉬운지 새롭게 증명한다.

우리는 좋은 부모가 된 기분을 느끼고 싶어서 통제를 하려 든다. 아이는 성장하기 위해 통제를 하려 든다. 통제할 권리를 차지하기 위한 싸움에서 승자는 한 명뿐이다. 승자는 언제나 아이다. 이 사실을 깨닫기까지 시간이 걸릴지 모른다. 처음에는 당신이 이겼다고 생각할수도 있다. 하지만 커가는 아이가 우리에게 통제력 상실에 대한 교훈을 가르쳐줄 것이다.

그러니 일곱 살 아들이 놀이터에서 누구와 노는지, 딸이 가게에서 뭘 사는지가 꼭 알아야 할 만큼 중요한 문제인지 자문해보라. 고작 네 살인 딸에게 무슨 옷을 입힐지가 절대 고집을 꺾지 않을 정도로 당신에게 가치가 있는 문제인지 자문해보라. 제대로 갖춰 입은 것처럼 보이는 일이 그렇게 중요한가. 여름철 딸이 어린이집에 가면서 운동화를 신고 싶어 하거나 만화 캐릭터 의상을 입고 싶어 하는 게 그렇게 문제인가. 이런 상황에서 아이에게는 지금 당장 중요한 게 옷이 아니라 자신의 의지라는 사실을 잊지 말라. 우리는 짧은 원피스나 아이가 원하는 수많은 다른 것들에 너무나 간단하게 안 된다고 하므로 아이에게 논리적인 설명을 해봐야 아무 의미가 없다. 아이에게서 통제력을 빼앗는 행위는 결국 아이를 무시하는 것이다. 일단은 우리가 이기고 아이가 진다. 그러나 얼마 후 아이는 우리에게 이렇게 말한다. "엄마가 내 문제를 대신 결정할 수는 없어요!" 아니면 "아빠는 내 말을 들어주지도 않잖아요!" 이런 말을 듣는다면 우리가 자신의 태도 때문에 방 안의 산소가 줄어든다는 사실을 여전히 들으려고도 이해하려고도 하지 않는다는 증거다.

열네 살 청소년을 만든 토대는 이미 여섯 살부터 존재한다. 청소년이 된 아이는 당신이 도저히 거부할 수 없는 제안을 해온다. "엄마 아빠, 있는 그대로의 저를 존중해주세요. 제 욕구와 실수, 어리석은 꿈, 제 선택을 있는 그대로요. 독립된 개인을 키우시는 중이라는 사실을 이해해주세요. 그 마음으로 저를 진심으로 존중해주세요. 안 된다고 하시고 그 결정이 정말 중요하다면, 안 된다고 하신 이유가 저를 보호하기 위해서라면 저는 그 결정을 받아들일 수 있어요. 그때는 제가 두 분의 말을 따르더라도 지독한 대우를 받았다고 느끼지 않을 거예요. 바로 이런 걸 원하시잖아요? 두 분은 권위를 꼭 발휘해야 하는 경우에 권위를 보이고 싶어 하시잖아요." 통제와 처벌, 금지규정을 억지로 들이대는 것으로는 부모로서의 권위를 절대 얻을 수 없다. 권위란 존중과 좋은 관계, 관심, 양보, 수없는 '그렇게 해'를 통해 비로소 손에 넣을 수 있다. 그러면 언젠가 '안 돼'라고 말할 때 권위가 또렷하게 드러날 것이다. 그때는 아이도 그 결정이 마음에 들지 않더라도 당신이 정한 경계를 존중해야 한다는 사실을 안다. 아이가 정한 경계, 있는 그대로의 아이 모습을 당신도 존중할 것을 알기 때문이다.

이 말은 '통제력을 발휘하는 듯한' 기분을 포기하라는 뜻이다. 장담컨대 이는 결코 통제력 상실을 의미하지 않는다. 아이가 성장하면 당신은 아이가 정말 중요한 것들을 흡수했다는 사실을 알게 된다. 그리 중요하지 않은 것들을 통제하려고 하면 아이는 자신이 숨 쉴 공간을 쟁취하고 당신의 숨통을 조이기 위해 자동적으로 저항하고 모든 것에 대해 항의할 것이기 때문이다. 최종적인 목적은 망설이지 않고 '안 돼'라고 말하는 것이다. 어차피 표정과 한숨 소리, 어조 등이 당신이 용납하지 않으리라는 사실을 똑똑히 보일 테니 말이다. 진정한 변화는 당신이 고집 부리는 것 중에 절반은 놓아야 한다는 사실을 깨달을 때 찾아온다. 당신이 졌기 때문이 아니다. 물론 진 것도 아니다. 변화라면 당신이 아니라 아이가 가장 잘 알기 때문이다.

우리 아이들 중에도 어떤 아이에게는 내가 더 쉽게 져준다. 그 애가 어떤 선택을 하건 나의 내적 논리에 반하지 않을 것 같고, 개인적으로든 원칙적으로든 내게 반대하지 않을 것 같기 때문이다. 놀랄 일인지는 모르겠지만, 이 아이는 나를 더 많이 닮았고 꼭 나를 보는 것만 같다. 권위라는 악마는 나와 기질이 다른 아이, 마음 깊은 곳에서부터 걱정이 솟아나 자문하게 되는 아이로 인해 깨어난다. "내가 저 아이를 제대로 키우고 있는 게 맞나? 정말 나와 같은 가치관을 가진 사람으로 자라고 있는 걸까?" 이 아이와 함께 있을 때면 나는 놓아주기가 권위의 포기가 아니라 존중이라는 사실을 하루에 최소 한 번은 떠올려야 한다. 물론 그 아이가 내 기대에 부응하지 못해도 참아야 한다. 아이를 키우는 과정에서 어느 정도 권위를 잃었어도 아이가 자라는 모습을 곁에서 지켜볼 수 있는 권리를 얻었다. 그리고 여전히 아이에게 나는 중요한 사람이다. 나는 이 두 가지 사실을 늘 기억하려고 애쓴다. 아이의 반문을 막아버리는 것보다 그런 노력을 기울이는 편이 내게는 더 소중하다.

스마트 기기와 함께하는 삶

17년 전 에얄을 낳았을 때 우리는 카메라를 한 대 샀다. 그리고 일주일에 한 번 아버지는 다 쓴 필름이 가득 담긴 작은 가방을 가지러 오셨다. 태어나 처음 목욕을 하는 첫 손자: 필름 세 통. 놀이터에서 개를 보는 첫 손자: 필름 두 통. 모든 것을 기록했고 코닥 사진관에서 인화했다. 당시 에얄은 우리가 짓는 표정과 부엌에서 들리는 소리, 가끔 불쑥 찾아오는 손님들, 내가 쉬지 않고 하는 말, 동요 CD, 알록달록한 그림책, 내가 샤워할 때 돌봄 도우미처럼 쓴 오래된 곰돌이 푸 비디오 같은 자극에 노출되었다.

다섯째인 쉬라는 유발이 휴대폰에 엄선한 음악 플레이리스트가 분만실 블루투스 스피커로 울려 퍼지는 가운데 태어났다. 탯줄을 자르기도 전에 사진 찍힌 아이의 이미지는 왓츠앱으로 언니 오빠들과 친척에게 전송되었다. 나머지 네 아이는 '쉬라야 환영해'라는 뮤직 비디오를 준비했는데, 쉬라는 고작 생후 하루째에 그 비디오를 시청해야만 했다. 이제 다섯 살인 쉬라는 수십 가지 전자음이며 디즈니 채널의 어린이 프로그램, 소셜 네트워크("입에서 무지개 색깔이 뿜어져 나오고 눈은 고양이 눈으로 바뀐 쉬라 사진을 찍어보아요")에 노출되어 있다. 쉬라는 나와 제 아빠, 언니 오빠들이 각자의 휴대폰에 깔아놓은 앱을 전부 이용할 줄 알며 스마트폰을 보는 우리의 눈을 본다.

아이가 어린 시절을 스마트 기기의 그림자 속에서 보내는 대가에 대해 지리멸렬한 논쟁을 벌일 수 있을지 모른다. 그런데 지금 이 시점에서 한 가지 사실만큼은 확실하다. 스마트 기기는 우리 삶에서 사라지지 않을 것이다. 내가 모든 교육자와 설교가들에게 깊은 존경심을 품고 있기는 하지만, 스마트 기기를 없애라는(아주 흥미로운 실험이기는 한데) 경고나 없앨 방법을 내게 들을 일은 없을 것이다. 나는 스마트 기기가 아이가 태어난 세상의 일부분이라고 생각한다. 냉장고를 집에서 없애거나 격일로 화장지 없이 지내는 삶은 꿈도 꾸지 않을 것이다. 기술은 언제나 우리에게서 뭔가를 가져가는 대신 뭔가를 제공한다. 우리 부모들은 스마트 기기가 아이에게서 앗아가는 각종 비타민을 책임지고 보충해줘야 한다. 태양은 위대하다. 우리는 태양이 없는 삶은 상상할 수조차 없다. 하지만 햇빛이 지상을 다 태울 기세로 뜨겁다면 자외선 차단제를 바르고, 그늘에서 쉬고, 필요하면 커다란 모자도 써야 한다.

우선 우리 자신부터 생각해보자. 예전에는 자동응답기에 남긴 메시지를 듣거나 한 손에 책을 들고 읽고 있던 부모라도 요즘에는 하루 중 대부분 휴대폰을 뚫어져라 보는 모습을 아이에게 보이고 있다. 휴대폰이든 컴퓨터 화면을 들여다보는 시간에 대체로 일을 하고, 이메일에 답장을 쓰고, 일 관련 자료를 읽고, 온라인 그룹으로부터 중요한 정보를 얻지만 정작 중독성 있는 게임을 하거나 끊임없이 스크롤을 내려 새 글을 확인하는 시간은 얼마 되지 않는다는 사실을 아이는 모른다. 아이는 부모가 스마트 기기를 보고 있을 때 자신이 스마트 기기로 하는 것과 똑같은 일을 한다고 생각한다. 지루함을 날려버리기 위해 게임을 하고 웃기고 멋진 영상을 본다고 말이다. 연령을 떠나 사람들이 스마트 기기로부터 받는 자극은 강력하며 우리가 어린 시절에 절대 경험하지 못했을 수준으로 관심을 붙들어놓는다. 그런 자극을 언제든지 접할 수 있다. 스마트 기기에 중독된 우리 상황과, 약간의 평화와 고요를 누리고 싶을 때 (옆집에 가서 놀라고 내보내는 대신) 아이의 손에 스마트 기기를 쥐여주는 습관이 결합하면 그 결과는 치명적이다.

그러므로 스마트 기기의 시대를 맞아 우리도 부모로서 진화해야 한다. 그리고 책임지고 아이에게 사람과 어울릴 기회를 만들어주어야 한다. 학교에만 기대서는 안 된다. 아무리 온라인에서 다양한 재미를 접한다고 해도 친밀함과 관심, 함께 즐겁게 웃기, 감정적 능력을 발전시키는 것보다 더 큰 행복은 없다는 사실을 아이에게 잘 가르쳐야 한다. 이런 신세계에서 아이가 거둘 성공은 오로지 학위나 능력에만 달려 있지 않다. 그 성공은 아이의 감수성, 스스로 목소리를 내고 타인의 의견에 귀를 기울이고 사람과 어울리는 능력에도 달려있다. 이런 능력을 키워주는 것이 바로 우리 부모의 책임이다.

하지만 아홉 살 생일에 스마트폰을 사주지 않는 것으로 문제를 다 해결했다고 생각하지 말라. 사용 시간을 제한하고 아이의 휴대폰을 들여다본다는 핑계 뒤로 숨지도 말라. 아이가 거센 햇볕 속에서 바짝바짝 타들어가는 동안 혼자 자기만족에 빠지는 행동이다. 소의 사진을 클릭하면 '음메' 하고 우는 걸 보는 것도 재미있지만, 아빠가 "음메" 하고 흉내 내는 소리에 웃음을 터뜨리는 일과는 완전히 다른 경험이다. TV를 보여주면서 저녁을 먹이면 바쁜 부모 입장에서는 저녁 시간을 얼른 끝내고 아이에게 확실히 밥을 먹일 수도 있다(아이가 아직 어리고 시선을 TV 화면에 고정한 채 입을 딱딱 벌려주니 채근할 필요가 없다). 하지만 그런 저녁 시간은 온 가족이 식탁에 둘러앉아 직장에서 있었던 엄마의 이야기를 듣고, 우스운 표정을 지어주던 아빠가 마침 걸려온 전화를 받으며 "죄송합니다만, 지금 가족과 저녁 먹는 중입니다. 나중에 전화드리겠습니다"라며 전화를 끊는 20분간의 저녁 시간과는 비교가 안 된다. 설령 네 살 아이에게 파스타 몇 입과 오이 두 조각, 치즈와 참치 약간조차 못 먹였어도 그보다 훨씬 더 많은 것을 성취한 것이다. 어쩌다 한번은 아이가 TV를 보다가 잠들도록 내버려둘 수도 있다. 하지만 이 사실을 잊지 말라. 부모가 읽어주는 동화를 듣고, 품에 꼭 안겼다가 사랑한다는 말까지 들은 후 잠이 드는 경우와는 결코 비교할 수 없다.

아이가 커서 TV나 게임을 좋아한다고 해도 아이는 여전히 가장 단순한 인간적인 교류가 필요하다. 학교에서 있었던 이야기를 들려주고, 부엌에서 같이 음식을 만들고, 조언을 구하는 등으로 말이다. 아이에게 과제를 만들어주라. 빨랫감 정리 돕기, 함께 스도쿠 풀기, 함께 작은 그림 그리기 같은 일이다. 어떤 비타민 보조제를 골라서 먹이느냐가 중요한 게 아니다. 이렇게 건강에 중요한 영양제를 권하면서 함께 나누는 소통과 대화, 손길, 친밀함이 더 중요하다. TV든 스마트폰이든 그 어떤 스마트 기기도 이에 비할 수 없다.

아이가 더 커서 십대가 되면 짬을 내어 아이와 함께 시간을 보내라. 그리고 아이가 어떤 게임을 하는지, 휴대폰에 깐 앱은 어떤 앱인지, 제일 좋아하는 드라마는 무엇인지 알아보라. 아이가 소비하는 콘텐츠를 도저히 이해할 수 없겠다는 사실을 인정하기 위해서는(짜증나는 질문은 덤이고) 뭔가를 같이 보는 것만큼 좋은 방법이 없다. 게다가 그리 나쁘지도 않다. 청소년과 이야기를 나누는 시간은 가장 강력한 자외선 차단제다. 물론 야단 일색이거나 일상에 대해 시시콜콜 캐묻기만 하는 대화가 아니라 정말로 아이가 관심을 가질 만한 대화여야 한다. 십대 자녀가 관심을 보이는 분야에서 이야기를 나눌 만한 주제를 찾아 말을 걸라. 아이가 하루 종일 유튜브 채널에서 화장법이나 손톱 가꾸는 법을 보도록 내버려두는 행동은 그 주제에 대해 아이와 이야기를 나누는 것과 같을 리 없다.

아이가 네 살이면 컴퓨터를 끄고, 휴대폰을 압수하고, 소비하는 콘텐츠를 검열할 수 있다. 하지만 열네 살이 되면 부모는 아이의 삶에서 그다지 중요하지 않은 미미한 존재가 될 것이다. "스마트 기기가 우리 아이를 뺏어갔어요." 이렇게 푸념하는 부모가 많다. 스마트 기기는 아이를 어디로도 데려가지 않는다. 아이는 바로 곁에 있다. 당신은 태도와 방법을 바꾸기만 하면 된다. 아이는 여전히 당신과의 즐거운 대화, 저녁에 함께 아이스크림을 먹으러 나가는 외출, 시선 맞추기, 손길(그래, 손길이다. 마지막으로 십대 자녀를 어루만져준 건 언제인가? 안아주었을 때 아이가 창피해하더라도 신경 쓰지 말라. 아이도 당신만큼이나 부모의 손길이 필요하니까), 그 밖에 함께할 만한 일에 당신이 필요하다. 물론 그러기 위해서는 당신부터 휴대폰을 단 일 분이라도 내려놓아야 한다.

나누고
또 나누라

휴대폰이 당연한 시대가 오기 전, 내가 군대에 있었을 때는 전화 한 통을 하려면 부대를 통틀어 유일했던 공중전화에 줄을 서야 했다. 그래서 어머니는 편지를 보내셨다. 우리 지휘관은 고무줄로 묶은 편지를 들고 와 하나하나 호명했다. 편지를 못 받는 부대원들도 있었지만, 나는 운이 좋았다. 매일 저녁 어머니가 보내준 편지는 모든 친숙한 것들이 새로운 냄새와 소리, 꽤 많은 눈물과 상당한 외로움으로 대체된 힘든 나날을 달콤하게 어루만져주었다. 부모님은 편지를 따로 쓰셨다. 아버지의 편지도 재미있었는데, 신문에서 오린 사진에 직접 제목을 달아 첨부하시기도 했다. 불이 나서 타버린 집 사진에다가는 "네가 없는 인생", 담배 광고의 남자 모델 사진에다가는 "내가 어떻게 생겼는지 잊어먹을까 봐"…. 한편 어머니는 그날 무슨 일이 있었는지 대단히 상세하게 써 보내셨다. 저녁마다 식탁에 앉아 "내 사랑 에이나티에게"라는 글귀로 편지를 시작하는 모습이 눈에 선했다. 이 세상에서 나를 에이나티라고 부르는 사람은 어머니뿐이었다.

외로운 병영에서, 어머니 글씨로 쓴 내 애칭을 보고 내가 어떤 심정이었을지 상상도 안 될 것이다. 어머니는 점심으로 무엇을 만들어드셨고, 직장에서 어떤 하루를 보내셨고, 우리 집 청소기가 잘 작동하는지, 아이를 키우면서 느끼는 어려움에 대해 어떻게 생각하시는지 편지에 쓰셨다. 당신이 느끼는 감정이며 누구와 전화통화를 했는지 말해주었고 가끔은 이웃에 대한 가십거리(특채에 합격한 이웃집 딸 얘기나 내가 다닌 학교에서 전근을 가시게 된 선생님 얘기 등등)를 양념처럼 편지에 첨가하셨다. 가끔 편지를 쓰다가 아버지나 내 동생 라니와 할 일이 있어서 잠시 중단하셨을 때는 그 사실을 강조하기 위해 두 줄을 띄운 후 다시 이어서 쓰셨다.

어머니의 편지에는 특별히 감정이 실려 있지 않았다. 내가 너무 그립다는 말씀이나 실존적 사고 같은 내용도 없었다. 그저 딸을 군대에 보낸 어머니이자 그 딸에게 지금 무엇이 가장 필요한지 정확히 아는 어머니가 무한한 인내심을 발휘해 기록한 하루의 일상뿐이었다. 매일 저녁 도착한 이 소중한 편지들이 내 핏줄로 곧장 우리 집을, 내 세상이 완전히 뒤죽박죽이 되었어도 여전히 계속되는 매일의 일상을 수혈해주었다.

생각해보자. 우리는 일상을 누구와 나누는가? 직장에서 어떤 하루를 보냈는지, 오늘 길에서 누구를 만났는지, 출퇴근길에서 어떻게 차를 기다렸는지 같은 온갖 소소한 이야기를 누구와 나누는가? 자기 생각이나 지난밤에 꾼 꿈, 벌레에 물려 가렵고 성가신 부위, 정말 좋아하는 바지에 대한 이야기를 누구에게 하는가? 특별한 의미 없는 삶의 소소한 사연이 가장 가까운 이들에게 전해지는 과정에서 마법처럼 가장 친밀한 인간관계가 직조된다. 마음 깊은 곳에 품은 생각과 일상 사진, 위트 있는 말, 소망들. 이 모든 것이 우리 소셜 네트워크에 올라가 좀 더 먼 관계까지 전해진다. 와이파이에 연결된 상황이 역설적으로 매우 구체적인 단절을 불러온다. 그리고 이런 상황이 특히 가족 단위에서 두드러진다.

그리고 또 다른 문제도 있다. 아이는 이런 문제에서 동등한 지위를 부여받지 못한다. 우리는 아이의 모든 욕구를 보살피고, 삶에서 보호하고, 하루를 어떻게 보냈으며 누구와 놀았고 무엇을 먹었고 어떤 걸 배웠고 누구 때문에 속이 상한지 조심스럽게 알아내려고 최선을 다한다. 하지만 이 계약에서 우리는 자신의 몫을 도외시한다. 아이는 당신에 대해서 무엇을 알고 있을까? 당신의 두려움에 대해 무엇을 알까? 하루를 어떻게 보냈는지, 어떻게 사랑에 빠졌고 어째서 그런 직업을 골랐는지 알까? 평소 당신의 짜증을 유발하는 일(매일 아이가 만든 난장판을 치워야 하는 부분과 관련 없는 것들)에 대해 아이는 무엇을 알까? 잔소리 말고, 사무실에서 차로 가는 동안 비를 맞았다거나 마트 근처에서 본 고양이에게 새끼들이 있었다거나, 이런저런 걱정거리가 있다는 이야기를 마지막으로 한 게 언제인가. 다음 날 출근하면 프레젠테이션을 해야 한다거나, 지난밤에 드라마를 보다가 중간에 잠드는 바람에 어떻게 끝났는지 전혀 모른다는 이야기는?

아이에게 이런 이야기를 들려주는 것은 중요한 하루 일과다. 그런 이야기를 들으며 아이는 관점을 키우고, 남의 이야기를 듣는 연습을 하고, 부모도 사람이라는 사실을 깨달을 수 있기 때문이다. 무엇보다 아이 자신이 중요한 존재라고 느끼게 해준다는 점에서 더욱 필요하다. 우리가 그런 사소한 일들에 대해 이야기하는 사람이야말로 이 세상에서 가장 중요한 사람이기 때문이다. 그런 중요한 사람에게만 우리는 용기를 내어 자신의 꿈과 실수, 자신에게 일어난 바보 같은 일들을 털어놓는다. 나무에 달린 레몬이 머리 위로 떨어졌다거나, 식료품점 주인이 계속 붙잡고 놓아주지 않으며 수다를 떠는데 용기가 없어서 가봐야 한다는 말을 못했다는 이야기를 털어놓을 수 있는 소중한 사람인 것이다.

사람들은 별 의미 없는 이야기를 들려주면 좋아한다. 그런 이야기를 들을 때 특별해진 기분이 들기 때문이다. 그런 기분이 들면 문득 그날 자신에게 일어난 일들도 떠올려 함께 나누고 싶다는 순수한 욕망이 솟구친다. 그러므로 아이와 이야기할 때는 중요한 요점만 추려내 들려주지 말라. 아이에게 당신이 어떤 하루를 보냈는지 말하고, 들려주고, 들려주고, 또 들려주라. 그렇게 해야 아이가 공감력을 키울 수 있기 때문이다. 그렇게 해야 우리 모두 인간으로 짠 거대한 직물의 일부라는 사실을 깊이 각인시킬 수 있기 때문이다. 이런 과정을 통해 우리는 연결되고, 아이는 몸집은 작을지언정 매우 중요하면서 작은 사람이 된다.

텔아비브의 작은 아파트에서 유발과 함께 살기 시작했을 때 나는 수많은 물건을 버렸다. 아파트는 너무 작아서 우리가 위대한 사랑을 시작하기 이전 삶에서 가져온 고통과 바람을 다 담을 수 없었다. 부모님 집의 욕실 선반 앞에 앉아 먼지 쌓인 구두 상자를 꺼내 어머니의 편지를 몽땅 버렸다. 그런 행동을 만류할 어머니는 더 이상 계시지 않았다. 하지만 어머니가 계셨다면 말씀하셨을 것이다. "에이나티, 그중에 두세 통만 챙겨." 나는 지금도 어머니의 손글씨가 그립다. 하지만 당신이 이 세상에서 보내신 하루하루는 내 안에 오롯이 살아 있다.

성에 대해
이야기하는 법

성교육. 성교육 하면 중학교 시절 선생님이 인체 그림 앞에 서 있던 민망한 기억 말고 또 뭐가 있을까? 우리가 어릴 때는 감히 이런 주제를 입에 담는 사람도 없었다. 그래도 우리는 알아서 잘 자랐다, 안 그런가? 성과 성생활, 외설물, 욕구, 자위를 비롯한 다양한 주제를 우리 아이들끼리 솔직하게 터놓고 이야기할 수 있었고 말이다. 이런 문제를 부모가 직접 다루지 않아도 아이가 자라면서 저절로 이해하고 성생활을 한다면 성교육 문제는 훨씬 더 쉬워질 것이다.

그런데 우리가 알아서 잘 컸다고 한 대목을 잠시 짚어보자. 과거에 이런 정보는 그렇게 간단히 손에 넣을 수 없었다. 일어날 수 있는 최악의 사태라고 해봐야, 거의 모든 수준에서 아직 아이다운 경험밖에 하지 않았는데 성생활과 관련된 것을 느닷없이 접하면서 민망함과 두려움을 느끼는 상황 정도였다. 그런데 요즘은 클릭 한 번이면 그런 정보가 봇물처럼 쏟아져 들어온다. 게다가 선별과 정리를 거치거나 교육적 목적을 가미하지 않은 채로, 현실이나 사실에 기반한 세부사항조차 없이 아이 앞에 곧장 도달한다. 아이는 감정적인 수준에서 도저히 해석할 능력이 없는 정보를 처리해야 한다. 우리가 불침번을 서다 잠들어버린 동안 아이가 결과를 감당할 수 없는 상황에서 성적으로 행동하거나, 또래의 압력에 약하게 보이기 싫어서 굴복해버리거나, 자기에 비해 너무 성숙한 아이들 무리에 끼어들려고 할 때 우리는 비로소 화들짝 놀라 일어난다.

성에 대해 대화를 나누기에는 아이가 너무 어리게만 느껴진다는 게 문제다. 우리는 이런 생각으로 자기를 정당화하며 현실성 없이 곱기만 한 말들로 본질을 가리거나, TV에 키스 장면이 나오면 얼른 채널을 돌리거나, 네 살 어린이가 욕실에서 본 탐폰을 특별한 청소 도구라고 둘러댄다. 사실을 말하자면, 아이는 그렇게 어리지 않다. 아이는 어릴 때 던진 질문에 사실대로 대답을 들어야 한다. 그래야 청소년기에 이르러 '수치스러워해야 할 것 같다'거나 모든 해답을 스스로 찾아야 한다고 느끼지 않는다. 당신은 이 문제를 인터넷에, 또는 아이 친구들의 언니나 형에게 맡기고 싶지 않을 것이다. 그렇다고 아이가 열일곱 살이 되면 초를 밝히고 아이를 앉힌 후 아버지는 아들에게, 어머니는 딸에게 무엇을 왜 조심해야 하는지 설명해주겠다고 계획을 세울 수도 없다. 우리가 청소년이었던 시대와 다르게 아이는 이미 성과 관련된 경험을 다양하게 겪었을 것이다. 그때가 되면 우리는 겸연쩍은 분위기에서 아이의 성생활에서 무관한 존재로 전락할 것이다.

아이가 더 이상 우리와 이야기하려 들지 않는 시기에는, 우리가 아이가 어릴 때 닦아놓은 토대가 통신 채널을 열어둔다. 사람이 어떻게 태어나는지, 월경이 무엇인지, 언제 왜 포옹을 하는지 설명을 듣기에는 '너무 어리던' 바로 그때 닦아놓은 토대 말이다. 이 질문에 답하는 건 계절, 이웃의 이혼, 우유의 출처 같은 화제를 설명하는 것과 전혀 다르지 않다.

어릴 때는 순수하게 호기심에서 질문을 던진다. 그리고 질문에 당황하는 사람은 우리뿐이다. 아기는 어떻게 엄마 배 속으로 들어가요? 왜 뽀뽀를 할 때 혀를 저렇게 해요? 왜 거기에 털이 있어요? 생리대가 뭐예요? 왜 엄마와 아빠는 발가벗고 침대에 누워 있어요?

우선 아이는 기본적인 사실에 대해 답을 들어야 한다. 무엇보다 자신이 질문을 해도 되고 부모는 어떤 질문을 받아도 대답을 해주는 분위기를 익혀야 한다. 모든 것을 상세하게 알려주는 대답일 필요는 없다. 한두 문장이면 충분하다. 엄마와 아빠가 서로 사랑을 해서 포옹을 하고, 아기를 갖고 싶어지면 아빠의 음경이 엄마의 질로 들어간다고, 그리고 꼭 아기를 갖고 싶지 않더라도 엄마와 아빠가 단둘이 있을 때 그런 행위를 하면 행복하고 그런 걸 사랑을 나누는 행위라고 부른다고, 아기는 엄마 몸에서 나오는 난자와 아빠 몸에서 나오는 정자로 만들어진다고 말해주는 상황을 두려워할 필요는 없다.

당신이 어떤 부분은 잘 모른다는 사실을 선선하게 말하라. 나중에 확인을 해보고 대답을 해준다고 하거나 "왜 그렇게 생각해?"라고 물어보라. 질문에 이미 대답을 했다면 아이가 더 이상 관심 없어 하는 정보를 계속 주고 있진 않은지 반응을 잘 살피라. 아이가 더 크면 성에 대해서 이야기를 나누기 불편한지 물어보라. 그리고 당신도 약간 민망하지만, 그런 느낌이 드는 주제에 대해 이야기를 나눌 수 있는 것도 좋은 일이라고 알려주라. 아이가 호기심을 갖고 질문했다고 해서 그 주제에 빠져들었다는 뜻은 아니며, 대체로 민망한 사람은 당신뿐이라는 사실을 잊지 말라.

놀랍게도 아이는 주의나 경고를 재빠르게 알아차린다. 나이가 더 어릴 때 '내 몸은 나의 것'이라거나 '은밀한 부위', '낯선 사람의 위험' 같은 이야기를 들건, 십대가 되어 '콘돔'이나 '성행위로 전염되는 질환', '원치 않는 임신' 같은 이야기를 들건 마찬가지다. 사실 그런 부분에서 부모는 생각만큼 필요하지 않다. 다만 아이가 자기 몸을, '은밀한 부위'를 포함해 전부 다 사랑해야 한다고 배우면 좋겠다. 아이가 어떻게 자위를 하는지 알면 좋겠다. 처음에는 그저 자기 몸을 만져도 괜찮으며 그것은 즐겁고 멋진 일이지만 되도록 혼자 있을 때(마치 혼자 샤워를 하거나 혼자 화장실을 가듯이) 해야 한다는 사실을 알아두면 좋겠다. 여자가 한 달에 한 번 정도 월경을 해서 피를 흘리며 때로는 불쾌하기도 하다고 가르쳐야 한다. 하지만 이 피는 좋은 피라서 어른이 되면 그 덕분에 임신을 하고 엄마가 될 수 있다는 사실을 떠올리게 해준다는 사실도 가르쳐야 한다. 당연히 아이는 황새가 물고 오거나 엄마 배꼽에서 불쑥 튀어나오는 게 아니라는 사실을 알려주어야 한다. 아기는 그 피가 나오는 곳에서 나온다. 그러므로 이 피는 피부에 상처가 났을 때 나오는 피와는 다른 행복한 종류의 피라고 가르쳐야 한다. 몽정에 대해서도 아들에게 같은 태도로 설명해주어야 한다.

인터넷으로 영화를 보다가 사람들이 나체로 영문을 알 수 없는 행위를 하는 모습을 보고 놀랄 수도 있다는 사실을 아이가 미리 알아두어야 한다. 그러므로 '안나와 엘사'를 검색하다가 나체인 사람을 보게 되면 곧장 당신에게 이야기를 해줘야 한다고 말해두라. 그러면 모든 것을 설명해주겠다고 약속하라. 이때 사랑과 다정한 마음을 담아 미래 시제로 말해주어야 한다. "커서 파트너가 생기면 서로의 몸을 만지게 될 거야. 그건 정말 재미있을 거야(근데 그러기 전에는 그런 행동이 역겹게 보일 수도 있어. 그렇게 생각해도 괜찮아)." 문은 항상 열려 있다고 느끼게 해주어야 한다. 아이가 이렇게 생각하도록 대화를 하라. '부모님과는 어떤 이야기를 나누어도 재미있어. 그들이 거부하거나 두려워하는 주제는 없어. 질문했다가 내가 수치심만 느끼거나 후회하게 될 주제는 없어.'

명심하라. 우리는 신세대를 낳았다. 잊지 말라. 아이가 성인이 되는 동안 노출되는 콘텐츠를 우리가 전부 다 검열할 수는 없다. 그러므로 우리는 성행위와 관련된 도덕적인 부분을 더 강조해야 한다. 아이가 십대가 되면 꼭 말해주라. 외설물은 현실을 왜곡하고, 성행위에서 인간성을 지우고, 자극적일 수도 있지만 한편으로 매우 부정확한 내용을 보여줄 뿐이라고. 섹스를 반드시 외설물에서 본 것처럼 할 필요가 없다고 말해주라. 외설물을 보고 싶다면 그건 괜찮지만 섹스 파트너가 생겼을 때 외설물에서 본 것처럼 해야 하는 것은 아니라고 가르쳐야 한다. 두 사람 다 행복한 상태를 차츰차츰 찾아나가는 과정이 가장 좋은 부분이라고 알려주어야 한다.

남자아이는 대개 행위에 불안을 느끼며 여자아이는 대개 관계에 불안을 느끼는데, 성은 어느 날 느닷없이 일어나는 것이 아니라 점차적으로 생겨난다고 반드시 설명해주어야 한다. 아이도 우리도 이미 앞으로 나아가 즐길 준비가 되었다고 생각되는 경우조차 감정적으로는 아직 준비가 되지 않았을지 모른다. 아이에게 그래도 괜찮다고 (모두 그런 일을 겪는다고) 미리 일러두어야 한다. 처음에는 섹스를 한다고 무조건 즐겁지만은 않을 것이라고 일러두어야 한다. 하지만 자신의 몸에 귀를 기울이고 상대와 소통하는 법을 배우면 점점 더 좋아질 것이라고, 진심으로 즐길 날이 올 것이라고 말해주어야 한다.

알코올과 약물을 권하는 또래의 압력이 있듯이 섹스도 마찬가지일 것이다. 이 사실을 아이에게 꼭 상기시켜주어야 한다. 원하지 않으면 키스를 하지 않아도, 애무를 하지 않아도, 섹스를 하지 않아도 된다. 다른 사람이 그렇게 밀어붙인다고 하기 싫은 것을 해야 할 이유는 없다. 성적 정체성에 아무런 의문이 없을 수도 있지만 때로는 그렇지 않을 수도 있다고 말해주어야 한다. 혼란과 두려움을 느끼고, 탐구를 하고, 확인해보는 것도 괜찮다고 말해주라. 또한 성적 정체성도 아이의 정체성을 이루는 일부라는 점을 잊지 말아야 한다고 말해주라. 가정에서 허심탄회하게 속을 터놓을 수 있는 분위기를 만들어, 덜 유쾌하고 내면의 감정적 영역에 있는 주제에 대해서도 누구든 말할 수 있어야 한다. 성공만 아니라 실패에 대해서도, 아는 것만 아니라 모르

는 것에 대해서도 아이가 마음 편하게 이야기를 나눌 수 있는 사람이
라는 인상을 주도록 노력하라.

인간관계라는
지뢰밭

딸이 발레 수업에서 혼자 돌아왔다. 오는 동안 애써 눈물을 참았지만 집에 들어오자마자 눈물이 툭 터졌다. 나는 처음에는 무슨 일인지 영문을 알 수 없었다. 아이의 얼굴은 연습을 하느라 먼지투성이고 걸어오느라 땀에 절어 있었다. 아이의 입에서 잘 알아들을 수 없는 말이 새어 나왔다. 나는 아이에게 물을 한잔 주고 맞은편에 앉힌 후 아무것도 묻지 않고 아이의 이야기를 듣기만 하며 고통을 발산하도록 했다. 아이는 오늘도 아이들에게 괴롭힘을 당했다. 다른 아이들은 딸이 괴롭힘을 당해도 알아차리지 못했다. 딸은 외로움을 느꼈고 그 감정을 극복하려고 아무렇지도 않은 척 아이들과 어울리려 했다. 하지만 무엇을 해도 아이들이 끼워준다는 느낌은 받지 못했다. 아이들은 무리를 이루며 비열하게 굴기도 한다. 딸은 어린이집에서의 경험으로 그 사실을 잘 알게 되었다. 당시 어떤 아이가 딸을 '퉤퉤'라고 부른 후로 모두가 그 별명으로 부르기 시작했다. 딸은 아주 가끔 침을 뱉었다. 미미하지만 감각 조절에 문제가 있는 탓이었다. 보통은 거의 알아차리지 못할 정도였지만 아이들은 모든 것을 본다. 아이들은 그 모습을 보고 거의 매일 웃었다. 그래도 딸은 견뎌냈고 더 강해졌다. 그런데 지금 내 용감한 딸은 그동안 강해진 자아에서 멀리 떨어져 있었다. 그래서 사람이 사회적 영역에서 마주하는 가장 복잡한 경험(거부의 경험)에 대처할 수 없었다.

　나는 나와 다른 사람을 키우고 있다. 그리고 이 일은 정말 힘들다. 딸은 고집스럽고 나는 아니다. 나는 자신이 무엇을 원하는지 모르더라도 타인의 욕구는 재빨리 알아차리고 도움을 준다. 아이는 그 반대다. 아이는 스트레스를 잘 받고 나는 차분하다. 아이는 감정적이고, 변덕스럽고, 금방 평정을 잃고, 자신만 생각하고, 쉽게 상처를 입고, 자기중심적이고, 십대다. 때때로 나는 공포에 질린 나머지 딸이 겉모습은 나와 완벽하게 상극인 것 같아도 내면의 핵심은 나와 비슷하다는 사실을 잊어버리곤 한다.

　나는 아이의 고통을 없애주어야 할 것만 같다. 그렇게 속상해할 만한 가치도 없는 아이들이라고 말해야 할 것 같다. 우리 집에 놀러 왔을 때는 입안의 혀처럼 굴다가 자기들끼리만 있게 되자 한 무리의 맹수로 돌변한 아이들, 그 동급생들 어머니에게도 전화를 하겠다고 말해야 할 것 같다. 어쩌면 다른 학교로 전학을 보내주거나 상황을 더 자세히 알아보겠다고 말해야 할 것 같다. 아이가 더 어렸을 때는 상황이 훨씬 더 간단했다. 나는 절대 개입하지 않았다. 나는 아이를 신뢰했다. 아이가 자라면서 이겨내도록 내버려두었다. 포옹과 입맞춤을 하면 상황은 정리되었다. 하지만 아이가 크자 울고불고하는 일은 줄어들었지만 아이가 겪는 고난은 점점 더 딸과 내 성격 차이와도 관련되기 시작했다. 내가 아이를 도울 수 있을지 자신이 없어졌다. 게다가 나는 누가 도와줄 수 있는가? 이 모든 것이 다 지나갈 것이라고, 아이가 이겨낼 것이라고, 내일이면 아이는 학교에 가고 상황에 잘 대처하리라고 누가 내게 말해줄 수 있을까? 언젠가는 딸도 좋은 친구가 하나 생길 것이라고 누가 보증해줄 수 있을까? 한 명이면 된다. 친구가 셀 수 없이 많을 필요는 없으니까. 혼자 집으로 걸어오지 않기 위해 한 명이면 족했다. 아이가 그 무리와 잘 지내기 위해 필요한 것을 모두 가르쳐줬다고 누가 내게 약속해줄 수 있을까?

아이의 이야기를 다 듣고, 내 마음에 든 것은 일단 옆으로 치웠다. 내 걱정거리와 아이에 대한 동정심, 내 자신을 향한 분노를 말이다. 너무 쉽게 상처입지 않고 무리의 일부가 되어 제 역할을 해내는 데 무엇이 필요한지 잘 아는 서글서글한 아이를 낳지 못했다는 뼈아픈 사실에 대한 슬픔도 잠시 잊었다. 자칫 잔소리가 될지 모르는 조언도 미뤄두었다. 이 상황은 딸의 이야기이며 딸에게는 이대로도 충분히 힘이 들 것이라는 사실을 깨달았다. 아이는 해결책이 필요해서 나를 찾은 것이 아니다. 내가 내밀 해결책은 결국 내 입장에서의 해결책이자 나를 위한 해결책이다. 그래서 나는 아이에게 샤워를 하고 나오라고, 내가 곁에 있어주겠다고 말했다. 아이가 샤워를 마치고 나오자 딸이 아기였을 때처럼 하얀 타월로 아이를 감싸고 입을 맞춰주었다. 그러자 아이는 품을 파고들며 나를 꼭 안았다. 아이에게 너는 너무나 멋진 아이라고, 사랑한다고, 내일은 새로운 날이 될 것이라고 말했다. 머리를 빗겨줘도 되는지 물어보고, 그동안 정말 머리를 빗겨주고 싶었다고 말했다. 우리는 아이가 어렸을 때 해달라고 했던 우스꽝스러운 머리모양을 떠올리며 함께 웃었다.

때로 아이는 우리가 특별한 조언을 해주지 않아도, 앞에다 고통스러운 거울을 세워주지 않아도, 실망이나 비난을 하지 않아도 상황을 이해하고 배울 점을 알아낸다. 이는 일종의 겸허함에서 비롯된다. 우리가 아이를 있는 그대로 인정하고 아이는 아직도 배우는 상태라는 사실을 깨닫는 데서 나온다.

아이가 자신에 대해, 자신의 진짜 자질에 대해 알면 집 밖에서도 성품대로 행동할 수 있다. 그러니 "내 작은 공주님"이나 "내 보물단지" "너 오늘 정말 착하더라" 같은 말은 잠시 참자. 다 좋은 말이지만 아이가 스스로 어떤 사람인지 명확하게 파악하는 데는 실질적으로 쓸모가 없다. 아이가 제 성격을 또렷이 드러낼 때마다 이름을 불러주고 감탄을 아끼지 말라. 그래야 아이가 제 자질을 제대로 알 수 있다. "네가 방금 한 행동이 어떤 행동인지 아니? 너는 방금 유연함이라는 걸 보여줬어. 너는 유연한 아이야. 유연함은 인체에만 해당되는 특징이 아니야. 네 마음에도 해당이 돼. 하기 싫은 놀이였는데도 친구와 하기로 하고 심지어 즐겁게 놀기까지 했잖아. 그런 모습에서 유연함이 드러나는 거야."

앞에서 말한 손전등을 기억하는가? 아이에게 아무 특별한 자질도 없다고 생각한다면 손전등으로 찾아보라. 그러면 보일 것이다. 왜냐하면, 거기 있으니까. 작지만 불빛을 비춰줄 누군가를 기다리고 있을 것이다. 과자를 나눠 먹기만 해도 마음이 너그럽다고 말해주라. 한 시간이나 울다가 울음을 그쳤어도 감정을 추스르는 법을 잘 안다고 말해주라. 친하지 않은 아이를 겨우 집으로 불러 놀았다면 좋은 친구라고 말해주라. 웨이터에게 물을 가져다 달라고 아이가 말하면, 용감하고 두려움을 극복할 줄 안다고 말해주라.

아이는 자신에게 있는 좀 더 강한 면들을 이미 알고 있다. 이제 더 잘 알게 될 것이다. 당신은 아이에게 있는 자아상이라는 근육을 키우는 트레이너인 셈이다. 그 근육은 영혼이라는 그릇에 들어 있어야 한다. 그런데 자기가 걱정스럽거나 화가 나거나 실망을 했다고 해서 아이에게 "너는 왜 친구가 놀러오면 꼭 싸움으로 끝나는 거니?"라든지 "너는 왜 그렇게 고집불통이야?" 같은 말을 하면 아이의 그릇에 든 근육은 사라질 것임을 명심하라. 그런 상태로 바깥세상에 나오면 점점 버거워지는 사회적 영역에서 스스로 버틸 수 없다.

자신이 영리하다는 사실을 아는 아이는 다른 사람에게 "너는 멍청이야"라고 놀림을 받아도 속은 상하겠지만 결국은 그 말이 사실이 아님을 떠올릴 것이다. 자신이 사랑받는 아이라는 사실을 알고 있으면, 친구나 형제자매, 친밀한 사람과의 경험과 기억을 간직하고 있으면 다른 아이가 놀아주지 않아도 그 고독이 자신에게서 비롯되었다고 느끼지 않을 것이다. 대신 더 폭넓게 사회성을 쌓는 경험 속에서 잠시 스쳐지나가는 순간처럼 받아들일 것이다. 자신이 창의적인 해결책을 잘 찾아낸다는 사실을 알면, 일이 잘 되지 않고 당장 무엇을 어떻게 해야 할지 모르겠어도 결국 해결책을 찾아내리라는 사실을 기억할 것이다. 평소 고집이 세더라도 필요할 땐 융통성을 발휘할 수 있는 스스로에 대해 알고 있다면, 인간관계에서 마주친 현실을 도저히 받아들일 수 없고 뜻대로 되는 일이 없더라도 자신이 다른 선택을 할 수 있다는 사실을 안다. 당황해서 갈팡질팡하지 않아도 된다. 스스로 선택한다면 언제든 다른 것을 시도할 수 있다는 사실을 안다.

우리는 아이가 접하는 사회적 영역을 들여다볼 수 없다. 그저 아이가 들려주는 이야기에 만족할 수밖에 없다. 우리는 그 영역 밖에서 대기 중인 구급대원이다. 아이는 상처 입고 멍든 몸으로 우리를 찾아온다. 자신이나 타인이 저지른 실수에 대한 대가로 다친 몸을 이끌고 온다. 아이가 어쩌다가 그렇게 되었는지, 그것까지는 간섭할 수 없다. 구급대원은 상처에 붕대를 감고, 연고를 바르고, 통증을 줄여주고, 생명력을 신뢰해야 한다. 그래서 다음에 아이가 다시 그곳으로 나갔을 때 넘어지지 않고, 설령 넘어지더라도 상처를 덜 입거나 다른 시도를 할 수 있도록 말이다.

상심하지 말라

아이가 생기면 부모 마음속에는 아이 이름이 적힌 작은 방이 생긴다. 그 방에는 아이를 향한 가장 내밀한 소원들이 들어 있다. 그 가운데 으뜸은 아이가 다치지 않기 바라는 마음이다. 외로움과 부끄러움, 쓸쓸한 실패, 고난을 겪지 않기를 바라는 마음도 있다. 마음에 상처를 입지 않기를 바라는 마음도 있다. 늘 평탄한 길을 가고 행복이 넘쳐 마음도 너그러워지고 주어진 운명에 만족하기를 바라는 마음도 있다. 문제는 아이가 마음을 다치거나 고난을 겪을 때마다 부모 마음도 조금씩 상처를 입는다는 사실이다. 부모가 마음을 다치면 스스로 최선의 상태를 유지하지 못하고, 아이가 원하는 게 무엇인지에 대해서도 기민하게 반응할 수 없다.

아이가 정말 어릴 때는 미끄럼틀 줄에서 더 큰 아이에게 새치기당하는 것만 봐도 부모 가슴에 생채기가 난다. 우리 꼬마가 자기 옆에 선 더 큰 아이로 인해 난생처음 불의를 경험하는 모습이 선하다. 자신이 할 수 있는 일이 아무것도 없다는 사실을 깨닫고 입술을 부르르 떠는 모습까지 보인다. 아이가 좀 더 크면 더 큰 힘든 경험이 기다린다. "쉬는 시간에 아무도 나랑 안 놀아주더라." "정말 열심히 공부했는데 또 시험을 망쳤어." "그 애가 문자로 헤어지자고 했어." "애들이 나를 끼워주지 않았어." "학교에서 벌 받았어." 아들 마음에 상처를 낸 아이, 딸에게 뚱뚱하고 못생겼다고 한 아이, 반 아이들 모두가 보는 곳에 아이를 세워놓고 숙제를 제대로 했는지 확인했다는 선생님 이야기에, 차를 몰고 가서 그 집 문을 두드리고 불러내 우리의 세상에 불러들인 끔찍하고 못난 행동을 해명해보라고 하고 싶었던 적이 얼마나 많았던가. 내 아이에게 상처를 줬으니 상처 입은 가슴에 해명하고 사과하는 게 합당한 처사 아닌가.

우리는 상심하는 경험을 통해 좀 더 다정하고 따뜻한 부모가 된다고, 아이 때문에 마음이 아플수록 나은 부모가 되리라고 믿는다. 하지만 그건 착각이다. 물론 어떤 부모가 자식이 고통을 받는데 뒷짐 지고 방관하고만 있겠는가? 하지만 실제로 부모가 가슴 아파하면 아이는 그 사실을 알고, 그러면 우리 가슴에 난 아이의 방은 더 이상 아이에게 안전한 공간이 아니다. 마음이 아픈 부모는 그 사실을 티 내지 않아도 결국 아이가 짊어져야 할 아주 무거운 짐이 된다.

마음속 무거운 짐에 대해 상의하고 싶어 절친한 친구를 만난 자리를 상상해보라. 그런데 당신이 고통스러운 마음을 털어놓자 친구가 감정을 주체하지 못하고 엉엉 우는 것이다. 자기 사연이 떠올라서, 이야기가 심금을 울려서, 아픔이 차올라서 감정을 주체하지 못하고.

이제 역할이 뒤바뀐다. 더 이상 도움 주고 도움 받는 사람은 없다. 오직 마음에 상처를 입은 두 사람이 있을 뿐이다. 혹은 심리상담소에 찾아가 상담사에게 이야기를 털어놓았는데, 상담사가 격한 감정의 급류를 도저히 숨기지 못하고 티슈를 뽑아 흐느낀다고 상상해보자.

도와달라고 청한 대상이 마음에 상처를 입으면 그 대가는 도움을 청하는 쪽이 치른다. 물론 부모도 사람이어서 상심을 한다. 하지만 부모가 먼저 상심해버리는 모습은 아이에게 부담을 지울 뿐임을 깨달아야 한다. 아이 마음에서 피가 철철 흐르는 상황에서도 부모가 자기 마음 아픈 데 집중한다면 무책임이고 사치다.

이 문제에 대해 진지하게 고민해보아야 한다. 무작정 동정받는 아이는 자기연민을 배우기 때문이다. 또한 자신이 부모를 상심에 빠뜨렸다고 여기는 아이는 앞으로도 제 문제를 털어놓기 전에 한번 더 생각하게 될 것이다.

마음을 다친 아이는 언제 사람 마음이 다치는지 배운다. 상심에 빠져본 아이는 남을 사랑하는 방법을 안다. 감수성이 예민한 아이는 남에게도 예민하다.

한편 부모는 아이의 일로는 어떤 이유를 만들어서라도 마음을 다치지 말아야 한다. 부모는 아이가 빠진 도랑(그것이 고통이든 모욕이든 수치든)을 완벽하게 알고 있으며 걱정하지 않는다는 사실을 보여주는 공감의 미소를 지으면서 아이의 고난을 직시해야 한다. 아이가 힘든 길을 통과하면서 잘 성장하고 있고, 모두가 경험하는 고난을 겪는 중임을 깨닫게 해줄 시야를 제시해야 한다. 물론 말처럼 쉽지 않다.

하지만 세상이 다 끝난 듯한 느낌은 느낌일 뿐이라고 아이에게 말해주는 게 부모의 역할이다. 도랑에서 올라오면(그리고 올라올 것이라고 부모가 조금도 의심치 않으면) 아이는 이전과는 다른 것을 느끼게 된다. 그러면 다른 여러 감정과 이후의 좋은 경험이 도랑에 빠졌을 때 입은 상처를 치유해줄 것이다. 또 다른 상처를 입고, 또 다른 도랑에 빠져 다시 올라와야 한대도 우리는 항상 아이 곁에 있을 것이다.

내 마음에는 아이들 이름이 적힌 방이 다섯 개 있다. 에얄과 요아브, 리히, 로나, 쉬라의 방이다. 입구에는 유발의 이름이 적힌 방도 있다. 이 마음의 첫 번째 주인은 유발이었으니까. 내 마음은 온갖 흉터와 주름살, 고통으로 가득하다. 그 모든 것들이 예외 없이 지금의 나를 만드는 데 일조했다. 내가 겪은 실패와 상처, 상실 덕분에 나는 더 행복하고 강해졌으며 감사함과 경외심을 가지고 이 힘든 삶을 바라볼 수 있었다.

때때로 내 어머니가 아직도 살아 계시다면, 유발의 누이가 아직도 우리 곁에 있다면, 우리 부부가 잃은 쌍둥이가 가족의 일원이라면, 다섯 아이가 각자 떠안은 까다로운 문제들이 그냥 사라져버린다면 삶은 또 어떤 모습을 하고 있을지 종종 자문해본다. 그랬다면 나는 어떤 사람이 되어 있을까? 어떤 나날을 보내고 있을까? 그런 생각을 하다 보면 유발을 만나기 직전에 사귀었던 전 남자친구가 떠오른다. 그가 결혼식을 취소해주었다는 사실에 감사한다. 변호사가 적성에 맞지 않는다는 사실을 깨닫고 실의에 빠졌던 일도 떠오른다. 하지만 다시 공부를 시작해 지금 정말 좋아하는 직업을 갖게 되었다는 사실을 떠올린다. 아이들을 이 세상에 낳아서 키우고 지금 같은 모습의 어머니가 될 수 있었던 세월을 떠올린다. 돌아가신 분들을 떠올린다. 그들의 빈자리가 도드라질수록 내가 더 행복하게 살아야 한다고 생각한 사실도 기억한다.

내 아이가 겪는 고난은 간접적으로 내 것이기도 하다. 하지만 아이가 각자의 고난에 맞서는 일이 내 일이라고 혼동하지는 않는다. 내 마음은 아이들의 방을 잘 품고 있으므로, 그 방들이 부서질 일은 없다. 아이들이 고난을 겪으며 행복을 찾고, 실패를 경험하며 성공을 이루고, 흉터를 어루만지고, 끊임없이 노력을 기울이기를 바란다. 그러면 나도 아이들을 위해 단 일 분도 상심에 빠지지 않도록 각오를 다질 것이다.

나쁜 친구들에게서
아이를 보호하는 법

아이는 아주 어릴 때 가정에서 심어준 개인 논리를 품은 채 사회적 영역으로 처음 뛰어든다. 이 논리는 각자 다른 가정에서 만들어졌기에 마주치는 수백 가지 개인 논리도 다 다를 수밖에 없다. 그래서 이 사회화 과정은 흥미진진하고, 스릴 넘치고, 고통스럽고, 유쾌하고, 무엇보다 피해갈 수 없다. 사회화는 아이가 인생에서 마주치는 매우 복잡한 과제 중 하나다.

이 사회라는 숲에는 아름다움과 그늘이 있고, 맹수가 있고, 자유의 감각이 있다. 달콤한 과일이 열리는가 하면 독버섯도 자란다. 아이는 이 숲을 직접 경험하고 배워야 한다. 사회적 학습 과정은 차근차근 이루어지며 미묘한 차이로 가득 차 있다. 아이는 숲을 어떻게든 헤치고 나가야 한다. 결국 이 숲은 결코 아이를 이기지 못할 것이다. 우리는 아이를 위해 영화를 해설해주고, 아이가 숲에서 만난 상호작용을 감정언어로 해석해주어야 한다. "하기 싫은 일을 다른 아이가 자꾸 해보라고 하면 기분이 몹시 나쁠 거야. 한편으로는 싫다고 말하고 싶지 않고, 또 한편으로는 정말 하기 싫은 일이라는 걸 마음으로 잘 알고 있어. 이럴 때는 어떻게 해야 할까?"

다른 아이가 우리 아이에게 상처를 주었다는 이유로 이 아이와 더 이상 사귀지 못하게 하거나("이제 끝이야, 너는 그 애를 다시 안 봐도 돼") 아이의 성격과 잘 들어맞지 않는 조언을 하는 건("걔한테 가서 이제 같이 안 놀 거라고 말해") 아이를 물도 없이 숲에 버려두는 것이나 다름이 없다. 숲에서의 삶에 대해 우리가 건네는 '현명한' 조언과 아이 성격의 간극에서 비롯하는 어긋난 결론이 수없이 솟아난다. '엄마 아빠는 이 친구랑 놀면 안 된다고 하지만, 못살게 굴지 않을 때는 같이 노는 게 너무 재미있는걸. 엄마 아빠한테 얘랑 놀았다는 말이나 얘가 나를 괴롭힌다는 말을 하지만 않으면 엄마 아빠도 실망할 일이 없잖아.'

가끔 우리는 먼 미래를 미리부터 떠올릴 때가 있다. 어린이집에 다니는 아이를 보며 벌써 아이의 결혼생활에 대해 걱정하는 식이다. 정작 아이는 아직도 먼 길을 가야 한다. 게다가 자신에게 득이 될 우정, 유쾌하면서 불쾌하기도 한 우정, 완전히 자라면 정말 불쾌해질 우정, 이 세 가지를 구별하는 능력을 습득하는 데 도움 될 우리의 숲 생활 생존 가이드를 읽을 능력도 없다. 아이는 지속적으로 그 숲을 경험하고 배워야 한다. 우리는 해설자로 숲에 대해 설명하되 과도하게 불안을 자극하거나 과보호를 해서는 안 된다. 아이를 작은 사람이라고 무시해서도 안 된다. 우리의 해설은 아이가 마주칠 상황을 있는 그대로 설명해주어야 하며, 배워나가는 과정에 늘 곁에 있어주어야 한다.

당신 마음에 들지 않는다는 이유만으로 아이에게 특정한 아이를 멀리하라고 하지 말라. 대신 아이가 그러한 타인을 통해 자신을 알아 나갈 수 있다는 사실에 감사하라.

늘 주위 아이들 사이에서 대장을 하려던 아이, 단둘이 있을 때만 살갑게 굴고 남들이 오면 등을 돌리던 아이, 내게 늘 좋은 말을 해줬지만 나는 걸핏하면 무시했던 아이, 늘 내게 못되게 굴었지만 나는 늘 함께 어울리고 싶었던 아이… 이들과 어울리는 과정에서 축적된 경험들. 내게는 이 경험이 미래의 결혼까지 가는 길에 꼭 들러야 했던 정거장이었다.

세상이 파멸을 맞이하리라는 예감을 옆으로 밀어놓는 순간, 당신은 아이의 영화를 더 잘 해설해줄 수 있다. 복잡한 현실을 흐릿하게 무시해버리는 대신 더 명료하게 이해할 수 있다. 아이가 스스로 처한 상황이 공정하지 않다고 깨달았을 때, 용기를 북돋거나 용기 있게 의견을 말해보라고 격려하거나 다른 사람을 위해 유연성을 보이라고 격려할 수도 있다. 이런 상황들을 거치면서 아이는 당신을 비판적이지 않은 사람이라고 여기고, 그래서 복잡한 경험을 당신에게 털어놓을 것이다. 반에서 인기 없는 좀 특이한 아이와 친구가 되고 싶다거나, 반에서 퀸 다음가는 아이가 되고 싶다거나(퀸까지는 무리라서), 자기보다 약한 누구와 (자기도 한 번은 이겨보게) 싸우고 싶다는 등의 은밀한 바람을 털어놓아도 당신이 받아들이리라는 사실을 알기 때문이다. 이런저런 경험을 수도 없이 직접 경험해보는 것이 가장 좋다. 그래야 자신을 더 잘 이해하고 숲을, 그러니까 사회적 영역을 자신만

만하게 돌아다닐 수 있다.

아이들이 서로 도움 되는 관계를 맺도록 격려하는 것도 우리 몫이다. 여기 기억해둘 만한 매력적이고 소박하면서도 가치 있는 이론이 있다. 두 사람이 관계를 맺을 때는 서로가 자신이 아닌 상대의 행복에 책임이 있다. 양쪽이 똑같이 상대의 행복에 책임을 지면 마법 같은 관계의 방정식이 말끔하게 풀린다. 그러므로 존중받고, 불가능한 조건을 내걸지 않고, 형편이 좋은 때나 나쁠 때나 곁에 있는 관계를 아이가 맺고 있다면 이렇게 설명하라. 그런 관계로 행복해지는 건 그 친구와 싸우지 않거나 서로 그저 닮았기 때문이 아니라고. 그들이 누리는 상호존중과 평등의 약속이 그들을 좋은 친구 관계로 만들어주기 때문이라고.

격려를 해주면 아이는 귀를 기울일 것이다. 그러니 "걔가 너한테 못되게 굴었잖아. 야, 너 이게 시작이야. 비싼 대가를 치르게 될걸"이라고 하지 말라. 그 대신 당신이 관찰한 모습에서 마음에 드는 면을 찾아보고 그런 면을 더 강화하라. 이런 식으로 말이다. "기꺼이 양보하고 슬플 때 곁에 있어 줄 친구가 생기다니 멋지다. 그런 친구를 좋은 친구라고 부르는 거야." "친구가 같이 돌을 던지자고 했는데 그러지 않겠다고 했다니 대단해. 네가 거절해도 관계가 흔들리지 않는다는 뜻이잖아." 이런 대화가 오가는 순간을 이용해 아이에게 무엇이 정말 중요한지 설명할 수 있다. 그렇다고 특별히 따로 시간을 내 이런 이야기를 나눌 필요는 없다. 일상적인 대화를 나누면서 자연스레 건네야 한다. 사회에서 직접 겪은 경험을 들려주면서 슬쩍 말해도 좋다. 아이가 몹시 불쾌한 사회적 관계 속에서도 생각해보거나 실천할 올바른 일을 깨달은 경우가 있다면, 우리에게 그런 경우를 알려달라고 하며 에둘러 격려하면서 건넬 수도 있다(동시에 아이가 저지른 실수 여든 개는 못 본 척해야 한다).

일상적인 대화를 통해 강조할 만한 중요한 내용은 다음과 같다.

- 네가 너답지 않다고 끊임없이 비난하는 친구들. 비난 일색인 관계는 굳이 맺지 말라. 비난이 쌓이면 결국 불쾌해질 뿐이다.
- 부모만이 아니라 다른 친구나 주변 사람 모두 네 우정에 의문을 품는다면 진지하게 생각해보라. 그들이 옳을 수도 있다.
- 네가 친구가 되고 싶은 마음에 비해 상대는 너와 친구가 되는 데 별 관심이 없는 상황은 경고 신호로 보라.
- 네가 혼자 있을 때는 살갑게 굴면서 다른 사람이 있을 때 태도가 바뀐다면 그 관계는 혼란스러울 것이며 상처를 줄 수도 있다. 친구가 왜 태도를 바꾸는지 자문해보라. 친구가 이런 식으로 행동한다면 앞으로도 계속 친근하게 느낄 수 있을지 생각해보라.
- 가끔(특히 청소년기에) 혼자가 될까 봐 사귈 가치가 없는 사람을 친구로 고를 수도 있다. 부모는 네 일에 대해 간섭하거나 대신 선택해주지 않을 것이다. 하지만 그 경우엔 얻는 것보다 더 많은 것을 잃는 관계를 맺고 있다는 사실을 명심하라. 한쪽이 상대보다 늘 낮은 자리에 위치하는 관계라면 고작 외로움을 피하기 위해 계속 맺을 가치가 없다. 게다가 그 관계 때문에 자신을 새로운 곳으로 데려가줄 흥미

진진하고 재미있는 새로운 관계를 맺지 못하게 된다.

- 시간이 필요하다. 부모가 열네 살에 서로 만났다고 해서 너도 꼭 열
  네 살에 같은 경험을 할 필요는 없다.

- 너는 다양한 형태의 우정을 누릴 수 있다. 만나서 노는 친구, 우울해
  지면 전화를 거는 친구, 함께 시험공부를 하는 친구가 다 다를 수 있
  다. 각각의 우정에서 네게 맞는 부분을 찾으면 된다. 다른 사람이 뭐
  라고 해도 신경 쓰지 않을 부분, 그 친구가 너와 달라도 괜찮은 부분
  들 말이다.

괴롭힘은
참아서는 안 된다

정오, 인생에서 가장 지독한 굴욕감을 느낄 운명을 앞두고 나는 통학버스에 올라탔다. 온갖 나이대의 아이들로 가득 찬 노란 버스에 탄 열세 살 아이. 목적지는 집. 학교 수업을 마치고 돌아가는 길. 목표는 이 여정에서 살아남기. 학교 일진 샤하프의 괴롭힘을 버티기. 매일 집에서 학교까지, 학교에서 집까지 이 여정을 하루에 두 번 버텨야 한다. 어느 좌석에 앉아도 샤하프는 그곳에 나타난다. 아무것도 안 하는 것 같지만 기어이 나를 겁먹게 만든다. 뒤에 앉아 귀로 숨을 훅 내쉰다. 옆에 앉아서는 책가방을 낚아채 앞으로 뒤로 친구들에게 던진다. 샤하프와 8학년 친구들은 정말 키가 컸고 언제나 기분 좋은 듯 깔깔 웃다가 가끔 한번씩 버스 뒷자리에서 내 이름을 소곤거렸다. 마치 호러 영화를 보면서 이야기를 나누듯 말이다. 그러면 나는 눈을 내리깔고 하염없이 바닥만 바라보았다. 나는 버스 문이 열리자마자 제일 먼저 내렸다. 그리고 집에서 비눗물이 든 봉지를 따로 준비해 늘 지니고 다녔다. 그 봉지를 가지고 노느라 손을 바삐 놀리면 집중할 것이 있어서 두려움도 견딜 만했기 때문이다.

그날도 버스에서 내려 농구 코트를 지나 집으로 걸음을 재촉했다. 샤하프와 그의 즐거운 친구들이 뒤따라오는 소리가 들렸다. 오른손에 비누 봉지를 들고 있었는데, 너무 세게 쥐는 바람에 갑자기 봉지가 터져버렸고 비눗물 용액이 농구 코트와 바지 위로 왈칵 쏟아진 기억이 아직도 선하다. 순수의 시대에 종말을 고할 기념일을 축하라도 하듯이 순식간에 그들은 내 주위를 에워쌌다. 샤하프가 가까이 다가와 속삭였다. "오줌 싼 건 못 본 척해줄게. 하지만 네가 우리 농구 코트에 오줌을 쌌다는 사실은 그냥 넘어갈 수가 없어. 내일 아침에 양동이와 밀걸레를 가져와서 여길 청소해. 너무 깨끗해서 여기서 무슨 일이 벌어졌는지 내가 잊어버릴 정도로 청소해, 알아들었어?" 나는 똑바로 알아들었다.

이튿날 아침 일찌감치 일어났다. 엄마 아빠가 주무시는 틈을 타 발코니에서 양동이와 밀걸레를 챙겨 나갔다. 따뜻한 물을 양동이에 가득 채웠다. 따뜻하고 기분 좋은 목욕이 떠올랐다. 농구 코트로 향했다. 꽤 신속하게 물걸레질을 마쳤다. 내가 약속을 지켰다는 사실을 알 수 있도록 물웅덩이 몇 개를 일부러 남겨두었다. 나는 식구들이 깨기 전에 얼른 집으로 돌아와 양동이와 밀걸레는 제자리에 두고 침대로 돌아가 엄마가 깨우러 오기를 기다렸다. 오늘 아침도 다른 아침과 다름이 없는 척하며 일어날 작정으로.

우리는 아이를 위해 수많은 것들을 빈다. 건강하기를 바라고, 교우

관계에 문제 없기를 바라고, 진정한 사랑을 발견하기를 바라고…. 부모의 이 기도 목록에 꼭 들어가야 할 사항이 하나 있다. '제발 아이가 괴롭힘을 당하지 않게 해주세요.' 앞에서 숲의 비유를 했는데, 그 숲에서 아이를 위협하는 진짜 위험은 깊은 늪이나 콕콕 찌르는 쐐기풀이 아니다. 진짜 위험은 바로 호랑이가 입을 쩍 벌리고 다가오는 순간이다. 그 순간 우리는 아이를 지키고 저 앞에 다가오는 위험을 직시하게 해야 한다. 그것이 우리 의무다.

아이는 사회적 영역에서 끊임없이 괴롭힘과 마주친다. 하지만 학교 운동장에서 남을 괴롭히는 아이랑 어쩌다 마주치는 것과, 특정한 희생물을 점찍어 매일 괴롭히는 가해자의 위협적인 그림자를 지속적으로 마주하는 것은 중대한 차이가 있다. 후자의 행동은 그 정도가 꼭 심하기만 한 것은 아니다. 괴롭히는 방법을 하나씩 살펴보면 대체로 학교생활을 하다 보면 닥칠 수 있는 일반적인 상황처럼 보인다. 목덜미를 손바닥으로 탁 치기, 계단을 내려가는데 갑자기 다리 걸기, 필통에서 없어진 샤프펜슬을 어느새 이리저리 던지며 주고받기, 짜증 나는 별명을 불러 약 올리기, 교실에 들어올 때마다 '괴상한' 소리 내기, 화장실 입구를 막고 비켜주지 않기, 복도를 걸을 때마다 그저 따라다니기….

당신의 아이는 쉬지 않고 자행되는 이런 괴롭힘을 한 번도 당해본 적이 없었다. 하지만 이제부터는 다른 아이가 드리운 그늘에서 살아남으려고 노력해야 한다. 그 다른 아이는 이런 일을 재미있어하고 이렇게 남을 괴롭히는 데서 재미를 느낀다. 아이가 괴롭힘을 당한다는 사실을 당신에게 털어놓지 않을 수도 있다. 대신 아이는 자책을 하거나, 수치심을 느끼거나, 당신이 어떻게 반응할지 걱정부터 할 것이다. 학교나 어린이집을 가지 않으려고 할 수도 있다. 그래서 아침에 걸어서 통학하는 모습을 유심히 봤더니 평소와는 다른 걸음걸이가 눈에 들어올 수도 있다. 발걸음이 유난히 빨라졌거나 어딘지 더 애처로워 보일지도 모른다. 매일 당하는 악몽과 마주칠까 봐 주변이 아니라 한곳에만 시선을 두며 걸을지도 모른다.

이렇게 오로지 한 사람이나 한 무리가 자행해 매일 쌓이고 쌓이는 굴욕적 괴롭힘은 절대 혼자 대처할 수 없다. 성인이라도 마찬가지다. 이런 종류의 괴롭힘은 실존적 위협을 의미한다. 그러므로 이 상황에서는 아이를 얼른 구출해야 한다. 아직 수영을 배우지 않은 아이가 깊은 물에 빠진 모습을 보자마자 생각지도 않고 일단 뛰어들고 보듯이 말이다. 무작위적 괴롭힘에 대한 숱한 조언(선생님을 찾아가라, 따져라, 무시해라, 그 자리를 피해라 등)은 목표물을 점찍은 가해자에게 효과가 없고 오히려 사태만 더 악화시키는 경우가 잦다. 그렇게 해도 괴롭힘은 결코 없어지지 않으며, 피해자 아이는 그저 자신이 사라지기를 바라게 된다. 그러므로 당신이 개입하지 않고 물러나 있는 편이 나은 수많은 상황과는 달리, 이때는 새끼를 보호하려는 내면의 사자를 일깨우고, 헬리콥터 부모가 되고, 상황에 직접 개입해 장애물을 제거해야 한다.

거의 모든 아이가 언젠가는 이 무작위적인 괴롭힘을 경험한다고 전제하고 아이와 이야기를 나눠두면 좋겠다. 그 상황을 맞았을 때 도움 될 수단을 생각해볼 좋은 기회다. 아이가 괴롭힘과 정면으로 마주치기 전에 미리 알아두도록 우리가 들려줘야 할 사실은 다음과 같다.

- 괴롭히는 사람에게는 피해자가 필요하다. 피해자가 되지 않으면 상대도 계속 괴롭힐 수 없다. 피해자가 되지 말라니 무슨 말일까? 괴롭히는 아이가 약을 올리면 미소를 짓거나, 어제부터 보기 시작한 드라마에 대해 이야기해도 된다. 작게 노래를 부를 수도 있다. 괴롭히는 아이가 무슨 말을 하건 오늘 하루를 어떻게 보냈는지 물어볼 수도 있다. 생각해볼 만한 창의적인 해결책은 수도 없이 많다(아이와 해결책을 의논하는 것도 좋다). 아이가 그 상황에서 벗어나 그 일이 다른 아이에게 일어났다고 상상하면서 그 아이에게 해줄 조언을 떠올리도록 도우라.

- 남을 괴롭히는 아이는 대체로 불행하다는 사실을 명심해야 한다. 가해자인 아이도 누군가에게 괴롭힘을 당하고 있기 때문이다. 그 고통을 풀어버리기 위해 자기도 모르는 사이에 똑같은 식으로 행동하는 셈이다. 우리는 괴롭히는 아이의 행동이 강한 것이라고 착각할 때가 많다. 하지만 괴롭힘이야말로 가해자의 지독한 나약함을 보여주는 증거임을 우리 아이가 깨달아야 한다.

- 소셜 미디어를 통한 괴롭힘에서 볼 수 있듯이 말 한마디가 사람을 죽일 수 있다. 말은 그 말에 부여하는 만큼의 힘을 가진다는 사실을 반드시 명심하라. 우리는 괴롭힘의 말에 힘을 부여해서는 안 된다.

늑대에 대해
이야기하기

    사랑하는 딸아, 지난 9년 동안 너를 키웠네. 그동안 우리는 네 장점을 찾아내고 스스로도 어떤 장점을 지녔는지 알 수 있도록 가르쳤지. 네가 실수를 해도 용서를 하고 받아들이고 이해해주었어. 설령 제 몫을 해내지 못하고 있다는 기분이 들 때라도, 삶의 가장 큰 즐거움이 발전하고 배우고 결론에 도달하는 것이라는 사실을 언젠가는 이해할 수 있도록 말이야. 또 예의를 지키는 태도에 대해 가르쳤어. 약한 사람에게 미소를 건네고, 도발을 용서하고, 자신과 다르게 행동하는 타인에게도 호의를 갖고 해석하면서 네게 타인을 친절하게 대하는 법을 가르쳤어.

    네가 태어난 후로 9년이라는 시간이 흘렀어. 우리가 한계를 명확하게 세울 때마다 너는 늘 기대에 부응해줬어. 네가 남과 자신의 경계를 잘 이해하고, 네 자신의 경계를 잘 알고, 뭔가가 마음에 들거나 들지 않을 때 자기 생각을 명확하게 들려주어서 가능했던 거야. 너는 필요하면 언쟁을 하고, 꼭 타협을 해야 할 때는 타협을 하고, 무엇보다 불의나 비행을 보면 소리 내서 의견을 밝혔지. 그런 모습에서도 우리 기대대로 잘 커주고 있다고 느꼈어. 그래서 아직 아홉 살인 너지만 너와 남자와 여자에 대해서, 네가 뉴스에서 들은 소식에 대해서, 어른인 우리조차 혼란스럽고 명료하지 않은 주제에 대해서 너와 같이 이야기를 해보려고 해. 이야기 주제는 '성적 괴롭힘'이야.

이 주제는 자존감 쌓기라든지 경계 설정이라든지, 내면의 진실 찾기처럼 우리 삶에 아주 복잡한 과제를 끌고 들어오게 해. 무엇보다 늑대를 만나는 문제와 아주 관련이 있지. 그래, 붉은 두건에 나오는 늑대 말이야. 붉은 두건이 경고를 했던 그 늑대. 늑대는 교활하게도 할머니로 변장을 했지. 다른 사람으로 위장해서 붉은 두건을 한입에 꿀꺽 삼켜버리려고. 늑대가 출몰하는 상황에서 경계심을 절대 늦추지 말라고, 정신을 바짝 차리라고, 세상에 존재하는 선한 것과 악한 것을 잘 구별해야 한다고 네게 가르쳤어.

고작 아홉 살인 네게 왜 이런 이야기를 하는 걸까? 몇 살이건 불쾌한 주제들에 대해 말할 수 있고, 그런 이야기를 나누지 말아야 할 나이라는 건 존재하지 않기 때문이야. 사실 이건 엄마가 엄마로서 말하기 힘든 주제에 대해 너와 이야기를 나눌 수 있는 준비를 갖추었느냐는 문제에 더 가까워. 엄마 아빠의 눈에 너는 언제나 너무 어리기만 해. 그래서 언제나 너를 보호해주고 싶어. 이왕이면 이 세상을 선하고 안전하기만 한 곳으로 느끼게 해주고 싶지. 그래서 이 주제를 선뜻 꺼내기 힘든 거야. 우리가 이야기를 꺼내는 시점에 네가 아홉 살이건, 여섯 살이건, 열세 살이건 그건 중요하지 않아. 이 대화를 통해 네가 이해하기 복잡한 정보를 좀 더 편하게 접한다는 사실이 중요해. 걱정하지 마. 시간이 흐르면 우리는 이 대화를 또 다른 시각에서 바라보며 이야기를 나눌 수 있을 거야. 게다가 나중에 네가 물어볼 일이 생겼을 때 편하게 물어볼 수 있는 분위기를 만든다는 점에서 이 대화가 중요하다는 사실을 강조하고 싶을 뿐이야. 앞으로 네가 자라서 이 주제에 대해 함께 더 많은 이야기를 나누다 보면 너도 이 이야기가 얼마나 중요하고 유용한지 실감하게 될 거야.

너는 늑대를 어떻게 알아보는지 이미 알아. 네가 지금보다 더 어렸을 때, 우리는 이 세상에 겉으로는 보이지 않는 병을 앓고 있는 사람이 있다는 이야기를 했지. 심장과 영혼이 좀먹힌 병 말이야. 이런 자는 가끔 어떤 행동을 하려고 하는데, 그걸 보면 너는 얼른 도망치고 싶거나 당장 도움을 줄 어른을 소리쳐 부르고 싶어질 거야. 누가 집까지 차를 태워주겠다고 하면 절대 그 차에 타서는 안 된다고 이미 말해줬지. 우리는 네 몸이 온전히 네 것이라고 가르쳤어. 어린이집에서도 똑같은 이야기를 배웠어. 아무도 네 몸을 마음대로 만지게 해서는 안 된다고 말이야. 이런 말이 조금은 혼란스러울 거야. 왜냐하면 예전에 네가 싫다고 하는데도 우리가 할아버지께 뽀뽀를 해드리라면서 이렇게 말했잖아. "네가 할아버지 무릎에 앉지 않으려 하니까 할아버지가 슬퍼하시잖니." 어쩌면 우리가 그때 실수를 한 건지도 모르겠어. 우리는 네가 네 경계를 잘 알고, 설령 아빠처럼 가까운 사람일지라도 네가 뭔가를 하고 싶을 때나 그렇지 않을 때를 제일, 더 잘 아는 사람은 너라는 확신을 줘야 했어.

요즘 너는 가끔 함께 뉴스를 보거나 엄마 아빠가 나누는 이야기를 듣기도 하지. 그러니 남들이 못 알아보게 위장한 늑대 이야기를 드디어 함께 나눠볼 시간이 된 것 같아. 내가 지금 너와 이런 이야기를 하는 건 우리 집에서는 가족끼리 무슨 이야기든 할 수 있다는 사실을 알았으면 해서야. 특정한 주제에 대해 이야기를 않다 보면 그런 대화를 수치스럽게 받아들일 수도 있거든. 수치스럽다는 건 대체로 자신이 뭔가 잘못되었다고 여기고 더 자세히 말하면 안 된다고 생각하게 되는 감정이야. 자꾸 그러다 보면 정말 그런 일이 일어났을 때 다른 사람에게는 함구하고 자신의 마음에 꼭 담아두게 돼. 그러니까 기억해둬. 어쩌다 한 번씩 엄마 아빠가 네게 조금 민망한 주제에 대해 이야기할 거야. 말을 꺼내는 우리도 어색하단다. 하지만 우리는 그런 어색함을 무릅쓰고 네게 가능하면 모든 것을 다 가르쳐주려고 최선을 다하는 중이야. 그래서 변장을 한 늑대에 대해서 꼭 이야기를 해줘야 하는 거고.

———————— **너와는 아무 관계도 없어**

무엇보다 붉은 두건이 늑대의 습격을 받은 건 붉은 원피스를 입었기 때문에 일어난 일이 절대 아니야. 네 외모나 행동방식, 자신감, 짧은 원피스, 네가 보인 개방적인 태도, 그 어느 하나도 선생님이든, 다른 지인이든, 사이가 가깝든 멀든, (네가 어른이 되어 만날) 상사든 그 누구든 너를 마음대로 만지거나 끌어안거나 함께 자겠다고 생각해도 괜찮을 이유가 되지 않아. 그러고 싶지 않은 타인에게 "우리 손 잡을까"라거나 "여기 와서 내 다리 위에 앉아봐" "머리를 쓰다듬어줄게" "몸을 만져줄게" 하는 부적절한 제안을 받는 상황에 처하더라도 그건 네 잘못이 아니야. 그건 너와 아무 상관이 없다는 사실을 기억해. 오직 상대방의 잘못이야. 그 사람이 상황을 해석하는 방식의 문제야. 그 사실을 기억해. 그러면 네가 수치스러워해야 할 이유가 전혀 없다는 사실을 더 쉽게 이해할 수 있을 거야. 네 행동이나 말이 네가 원치 않는 일을 할 구실이 될 리가 없다는 사실도 더 잘 이해할 수 있을 거야.

————— 무슨 일이 벌어지고 있는지 깨달으려면 가끔 시간이 필요해

붉은 두건이 할머니에게 그렇게 질문을 많이 한 건 다 이유가 있어. "할머니는 왜 그렇게 눈이 커요?" "할머니 귀는 왜 그렇게 길쭉해요?" 같은 질문 말이야. 가해자가 우리와 가까운 사람일 때는, 그 사람이 잠옷 차림으로 누워 있는 할머니가 아니라 늑대라는 사실을 깨닫기까지 시간이 걸려. "지금 뭔가 잘못되었어"라고 말하려면 엄청난 용기를 내야 할 거야. 우선 그 말을 네 자신에게 해야 해. 그러면 두려움이 이렇게 대꾸하겠지. "싫다고 했다가 저 사람이 화를 내면 어쩌지?" "늑대가 나타났다고 외쳤는데 늑대가 아니면 어떻게 하지?" "남에게 이 일을 말하면 좋은 성적을 못 받을 거랬어." "전부 다 내 망상이 아닐까? 그냥 덮어두어야 할까? 엄마와 아빠가 늘 말씀하시잖아. 성공을 하고 싶으면 좀 힘든 일도 참아야 할 때가 있다고." 바로 이런 생각이 들 때, 두려움에 미친 듯이 뛰는 가슴과 혼란을 극복하고 스스로 결정을 내리는 자유를 위해서라면 그 어떤 대가도 과하지 않다는 사실을 떠올려야 해. 가끔은 이미 실수를 저질렀거나 네가 싫어하는 짓을 누군가가 하도록 내버려둔 후에야 이 사실을 깨달을 때도 있어. 그때는 꼭 기억해. 그래도 괜찮아. 언제라도 자신이 세운 경계를 인정하고, 나쁜 길이 뭔지 다시 정의할 수 있어. 언제라도 엄마나 아빠에게 조언을 구하거나 네가 처한 상황을 들려주면 돼.

용감해져야 해

뭔가 잘못되었다는 느낌이 들면 용기를 발휘해 과감하게 행동해야 해. 네가 아직 어린이집에 다닐 때 우리가 가르쳐줬듯이 네 친구든 누구든 불쾌한 말이나 행동을 하면 이렇게 말해. "됐어! 이제 그만해! 나는 그런 거 싫어." 그리고 이미 네가 배웠듯이, 그렇게 해도 소용이 없으면 언제라도 우리나 어린이집 선생님들이나 학교 선생님들에게 말해줘. "됐어요! 그만해요! 이건 좋지 않아요." 이런 의사를 너보다 더 크고 강한 사람에게 전할 때는 더욱더 용기가 많이 필요해. 이렇게 경고해서 상대가 문제가 되는 말이나 행동을 멈추었는데도 여전히 기분이 묘하거나 불편하면 반드시 친구나 엄마나 믿을 수 있는 어른에게 이야기해야 해. 자꾸 이야기를 하다 보면 늑대에게 대처할 최선의 방법을 함께 떠올릴 수 있을 테니까. 때로는 수치심을 느끼거나 스스로 한 약속을 깰 수도 있어. 하지만 네가 옳은 행동을 하고 있다는 점을 꼭 명심해.

——————— 늑대들은 약해

그 사람이 너를 잡아먹을 것처럼 느껴지고 너보다 덩치도 더 크고 힘도 더 센 것 같아도 정말 강한 사람이라면 네 사랑을 얻기 위해, 너와 뭔가를 하기 위해, 입맞춤이나 애무를 받기 위해 결코 완력이나 약속, 날카로운 이빨을 쓰지 않아. 정말 강한 사람이라면 네 의사를 물어보고, 허락을 구하고, 네가 괜찮은지 확인해볼 거야. 강한 사람은 할머니로 변장할 필요가 없어. 남에게 말하지 말라고 위협할 필요도 없어. 바로 이 점이 늑대의 나약함이야.

사랑하는 아가야, 네가 알아야 할 건 잘 알고 있다는 사실을 명심해. 인생에서 아무리 터무니없는 상황이 벌어지더라도 너는 항상 다른 선택을 할 수 있어. 선택은 네 몫이야. 늑대에게 두려움을 느끼는 게 정상이라는 사실을 머리보다 몸이 더 잘 알 때가 있어. 하지만 굴복을 선택해서는 안 돼. 늑대가 네 자신과 우리가 사는 멋진 세상, 선한 사람들, 정의, 도덕, 경계, 상호존중에 대한 믿음에 그림자를 드리우게 하지 마. 심호흡을 하고 바구니에 맛있는 것을 가득 담아 아픈 할머니를 만나러 가. 늑대를 알아보고, 물리치고, 다른 사람들에게 그 늑대에 대해 경고해. 그 일은 바로 용감한 사람의 몫이야. 그리고 내 아가, 너는 용감한 사람이란다.

타인을 성적으로
괴롭히지 않는 아들로 키우기

부모가 되면 아이 훈육에 대해 온갖 희망과 소망을 품는다. 도덕적으로 올곧으면서 자신감이 넘치고, 옳고 그름을 분별하고, 좌절감과 역경에 어떻게 대처해야 할지 알고, 해를 끼칠 수 있는 사람을 경계하면서도 근본적으로 인간을 신뢰하고 관계의 힘을 믿는 아이로 키우고 싶을 것이다. 우리는 거의 모든 주제를 설명하고 심사숙고하지만 정작 성이나 커플, 친밀한 관계, 구애에 관한 주제는 어째서인지 가정에서 가르치지 않는다. 솔직히 아이를 앞에 두고 이런 주제에 대한 이야기가 선뜻 나오지 않는다. 우리가 어릴 때 부모님들도 이런 주제에 대해 섬세하게 알려주지 않았다. 그런 대화를 상상하는 것만으로도 소름이 좍 돋는다. 이런 상황이다 보니 우리는 기껏해야 변태를 조심하라는 당부나 한 채 아이를 세상에 내보낸다. 그러면서 아이가 저절로 좋은 사람이 되고 언젠가 만날 배우자에게 잘 대하기를 바란다.

아이에게 성적 파트너를 존중하라고 가르치려는 인식이 필요하다. 아이가 자라서 친밀한 관계를 맺기 위한 경쟁에 돌입하면 종종 서로 충돌하는 이해관계나 모순된 신호와 마주친다. 나는 원하지만 상대는 원하지 않는다. 상대는 나와 이야기를 하고 싶고 나는 상대의 몸을 만지고 싶다. 상대가 뭔가를 가리켰는데 나는 오해를 했다. 상대는 다음 단계로 넘어가고 싶어 하지만 나는 아직 준비가 되지 않았다. 솟구치는 호르몬이 이성의 작용을 방해하며 만들어낸 다급한 욕구와 이런 상황들이 뒤섞인다. 아이가 가정에서 부모를 보며 부부 관계에 대한 이미지를 얻는 것도 중요하지만, 부모는 자신의 신념 체계를 잘 가르쳐 아이가 그 가치관을 내면화하고 필요하면 언제든지 우리를 찾아올 수 있도록 만들어야 한다. 우리가 용기를 내어 그런 이야기를 시작하면 아이도 문제가 생길 때 우리에게 의지할 것이다. 아이를 키우는 사람이라면 신념과 생활양식, 개방성 정도에 따라 자신의 세계관과 중요한 주제에 대한 입장을 아이와 이야기해야 한다.

이러한 주장에 동의한다면, 세 살 아들이 욕조에서 여동생과 놀고 있을 때 동생 몸을 간지럽히고 싶다면 그래도 되는지 먼저 동생에게 물어보라고 가르칠 것이다. 딸이 네 살이고 제일 빨리 할 수 있는 일이 옷을 입거나 벗는 일이라면 아이에게 셔츠를 벗겨줘도 괜찮은지, 아니면 직접 하고 싶은지 물어볼 것이다. 입을 맞추거나 안아주면 기분이 좋은지, 아니면 그만했으면 좋겠는지 물어볼 것이다. 일곱 살이 되면 아기가 어떻게 세상에 나오는지 이야기해주게 될 것이다. 그 과정에서 사랑과 쾌감에 대해 알려주고, 양쪽이 자발적으로 합의부터 해야 한다고 가르칠 것이다. 열두 살이 되어 우리와 함께 뉴스를 보게 되면 뉴스에 보도되는 성폭력 사건에 대해 이야기를 나눌 것이다. 꼭 잔혹하거나 끔찍하게 묘사할 필요는 없다. 하지만 그 상황이 너무 혼란스럽더라도 절대 헷갈려서는 안 된다고 말해줄 것이다. 그리고 다른 사람도 괜찮을 거라고 무턱대고 짐작하지 말고 먼저 물어봐야 한다고 가르칠 것이다. 아이가 사귀는 친구에 대해 물어볼 때는 단지 외모와 학교생활은 어떤지, 이름이 뭔지만 물을 것이 아니라 말을 할 때 어떤 표정을 짓는지, 상대의 말을 귀담아 듣는 법을 아는지도 물을 것이다. 그리고 커플 관계에서 관심이 얼마나 중요한지 잘 설명해줄 것이다. 말과, 말이 아닌 것으로 전하는 메시지와 표정, 감정, 욕구 모든 것에 귀를 기울이라고 말이다.

사랑하는 아들아, 너는 여전히 어려. 네 심장은 진실한 사랑을 만났을 때 느끼는 특별한 두근거림을 아직 잘 몰라. 반면 몸과 호르몬은 이미 준비가 되어 있어서 혼란스러울 거야. 그렇기 때문에 앞으로 무엇이 허락되고 안 되는지, 무엇이 너에게 도움이 되고 무엇이 말썽을 불러올지 분간이 잘 안 되는 상황에 종종 마주칠 수 있다는 사실을 잘 알고 경계해야 해.
네 몸에 자리를 잡은 성적 흥분이라는 멋지고 낯선 감각은 즐거움이 가득한 곳들을 스스로 찾아낼 거야. 하지만 동시에 수치심이라는 암흑으로 끌고 갈 수도 있어. 아주 어렸을 때 이런 이야기를 들은 기억이 날 거야. 다른 부모는 이런 중요한 메시지를 십대 자녀에게 알려주지 않을지도 몰라. 하지만 들어보면 그들도 예의범절이나 도로안전, 재무계획, 타인에게 도움 되는 법만큼이나 이 얘기가 중요하다는 사실을 깨닫게 될 거야. 자, 이제 시작해보자.

─────── 너도 '관계'를 원할걸

흔히 여자는 관계를 원하고 남자는 섹스만 원한다고들 하지. 청소년이 된 너는 안타깝게도 바깥세상에서 그런 현실에 마주칠 거야. 남자애들은 진도를 어디까지 나갔는지 떠벌리고 여자애들은 사랑에 빠지는 일에 대한 이야기를 소곤거리지. 하지만 너도 꼭 그래야 할 필요는 없어. 성적 반응은 당연히 성적으로 접촉하고 싶다는 관심의 표현이겠지만, 이제부터 관계를 시작해보자는 초청장일 수도 있어. 경험의 횟수를 과시하는 남자가 되지 마. 어떤 여자애랑 잤다고 떠벌리거나, 섹스해볼 만한 여자와 아닌 여자를 나누며 시시껄렁한 소리를 지껄이는 남자가 되지 마. 이 저울에서 자신이 어디쯤 서 있고 싶은지 잘 생각해봐. 이왕이면 인간다운 관계를 맺고 싶지 않아? 서로 주고받는 사랑, 우정과 즐거움, 서로를 향한 관심이 바탕에 깔려 있는 관계를 맺고 싶지 않니? 좋은 관계나 행복에 무관심한 상대와의 의미 없는 섹스보다는, 이런 관계 속에서의 섹스가 천 배는 더 좋으리라 장담할 수 있어. 일회성 섹스를 하느니, 자위를 하는 게 나아. 아니면 앞으로 사귀게 될 것 같은 상대와는 섹스에 대해 이야기를 나누어 둘이서 비슷한 기대를 하고 있는지부터 확실히 확인해야 해.

—————— 섹스는 두 사람 다 하고 싶고
준비가 되었을 때만 해

섹스를 하기까지는 시간과 연습이 필요해. 섹스가 처음부터 그렇게 재미있으리라는 보장도 없어. 단지 주위 애들이 자기 경험을 떠벌려서, 안 해본 게 자존심 상해서, 때가 된 것 같다는 이유만으로 해버리지 마. 때로 남자애들의 '말'은 말에 불과하거든. 나를 뺀 모두가 이미 그 일을 해치웠다고 착각할 수도 있겠지만 그렇지 않아. 섹스를 즐길 시간은 앞으로 얼마든지 있어. 그러니 서두르지 마. 데이트를 하고, 키스를 하고, 서로의 몸을 어루만지고, 손을 잡는 행위 등은 모두 다 이어져 있어. 지금은 섹스로 가기까지의 과정을 잘 연습할 때야. 언젠가 현실에서 상대를 만나고 진심으로 그 상대에게 관심을 가지게 되면, 이제껏 열심히 연습한 성과를 상대가 알아봐주는 걸 느낄 수 있을 거야. 우리는 그걸 로맨스라고 부르지. 그리고 그건 여자에게 엄청난 흥분을 불러일으킨단다.

깜짝 선물은 필요 없어

보석 상자에 든 선물이나 꽃다발이 아닐 거면 깜짝 이벤트는 하지 마. 항상 먼저 물어보렴. 최악의 경우라고 해봐야 거절을 당하는 거야. 최악보다 더 나쁜 시나리오가 있다면, 다짜고짜 키스를 하려다가 상대에게 밀쳐지는 장면으로 시작하겠지. 다른 사람 집에 들어가려면 먼저 노크를 하라고 배웠을 거야. 똑같아, 여자에게도 다짜고짜 덤벼들지 마. 여자의 몸에 맘대로 손을 대거나 느닷없이 입을 맞추는 장면을 영화에서 봤을 거고 친구들 중 누군가는 그런 게 진짜 멋있는 행동이라고 주장하겠지만, 전혀 멋있지 않아. 여자친구의 손을 잡는 일이라도 처음에는 허락을 구해야 한단다. 직접적으로 질문하기 부끄럽다면, 최소한 손가락이 여자친구의 손가락 근처까지 감질나게 다가가야 해. 여자친구도 동의한다면 어느새 모든 손가락이 합의하듯 모두 만날 거야. 가장 중요한 것은 합의란다!

관계를 이룬 양쪽은
상대를 즐겁게 해줄 책임이 있어

너는 상대를 즐겁게 해줄 책임이 있고, 상대는 네 즐거움을 책임지는 관계. 절대적으로 상호관계인 거야. 그래야만 '사랑을 나눈다'는 개념이 현실이 되는 거고. 모두가 자신의 욕구부터 챙기는 세상에선 진정한 호혜나 공감, 신뢰가 들어서지 못하겠지. 일반적으로도 모든 사람이 자기 선택과 능력을 활용해 삶에서 소중한 사람들의 삶을 풍요롭게 만들고, 그 소중한 사람들이 거꾸로 상대의 삶이 풍요로워지도록 기여한다면 세상은 더 나은 곳이 되지 않겠니? 그러니까 파트너에게 입을 맞출 때는 가끔 눈을 살짝 뜨고 정말 즐거워하고 있는지 기색을 살피렴. 뭔가 새로운 것을 시도하고 싶으면 그래도 되는지 상대에게 먼저 물어보고. 입과 몸이 거절을 말한다면 무리하지 마. 순간적인 쾌락은 타인의 감정을 짓밟으면서까지 느낄 가치가 있는 것이 아니니까. 상대가 울음을 터뜨리거나 밀어내지 않았다는 게 감정을 무시하지 않았다는 증거는 아니라는 것도 명심해.

우리 아가는
어디로 가버렸을까?

최근까지 딸은 여전히 이렇게 물었다. "엄마, 초콜릿 푸딩 하나 먹어도 돼요?" "엄마, 친구 집에 놀러가도 돼요?" "엄마, 오늘 밤에 늦게 자도 돼요?" 그러면 나는 안 된다고 말할 수 있었다. 이유를 설명해주고, 아이가 실망하면 받아주거나 바보 같은 농담을 하는 걸로 충분했다. 좋은 날도, 나쁜 날도 있었지만 기준은 대체로 내게 달려 있었다. 더 구체적으로 말하자면 내 관심과 인내심의 수준에 달려 있었다. 그리고 나쁜 날이면 고통스러울 정도로 솔직하게 자기 잘못을 곱씹으며 내일은 좀 더 자제력을 발휘하자고 다짐할 수 있었다. 아이가 더 어렸을 때는 모든 일이 참 단순했다. 아이 키가 나보다 훨씬 작을 때는 정말 만사가 간단했다.

아이가 부모의 키를 넘어설 때부터 모든 것이 변한다는 생각이 든다. 일단 아이가 "엄마, 해도 돼요?"라고 묻지 않는다. 그리고는 맘대로 냉장고를 열고, 친구를 만나고, 늦게까지 깨어 있을 것이다. 나는 정확히 언제 이 동거인들과 함께 사는 임대 계약에 서명을 했을까. 왜 냉장고에 마지막 남은 초콜릿 푸딩에 이런 내용의 쪽지를 남겨야 하는 걸까. "손대지 마, 네 동생 돌보미님 걸로 남겨둔 거니까. 이 푸딩에 손을 댄다는 건 네 건 이미 다 먹었다는 뜻이겠구나. 엄마." 이제는 단순히 내 관심과 인내심 문제가 아니다. 게다가 밤이 되어도, 힘든 하루를 끝낸 후에도 다음 날이 괜찮을 것 같다는 생각이 선뜻 들지 않는다. 그러기는커녕 가슴이 미친듯이 뛴다. 내가 낳아 이제는 반쯤은 어른이 된 아이와 막 한바탕 설전을 벌였기 때문이다. 속을 후벼 파며 쏟아내는 말에 상처를 받다 보면 어느새 내 아들이 아직 아이라는 사실을 잊어버린다. 벌써 열다섯 살이지만 아직 아이라는 사실을 말이다.

아이가 다섯 살이었을 때는 용서하기가 그렇게나 쉽더니 지금은 왜 이렇게 어려울까. 아침이 되어 다시 해가 뜨면 완전히 새로운 하루를 시작해야 한다. 아이는 목욕 후에 내가 입혀준 귀여운 잠옷 차림으로 일어나지 않을 것이다. 지난밤 제멋대로 샤워도 안 하고 팬티만 입고 잠들었던 모습 그대로 일어날 것이다. 전 우주를 환히 비출 듯했던 네 살 시절의 미소로 나를 바라보지도 않을 것이다. 미소가 뭐야. 나와 시간, 학교, 인생에 대해 으르렁거리겠지. 나는 아이가 베인 상처에 반창고를 붙여주지도 않고 아이가 가장 무서워하는 비밀을 지켜주지도 않을 것이다. 아이가 큰소리로 웃는다면 그 곁에는 내가 아니라 친구들이 있을 것이다. 집에 있어도 아이가 내 뒤를 졸졸 따라다니지 않을 것이다. 안아주려고 해도 내 품에 안기지 않을 것이다. 더 이상 "엄마, 화났어요?"라고 묻지도 않을 것이다.

청소년을 키우는 일은 복잡한 일이다. 아이의 운영 체계를 마침내 해석하고 한두 가지를 이해하면서 육아 경험을 쌓았나 했더니 십대가 되어 느닷없이 운영 체계가 바뀐다. 부모는 새 버전으로 업그레이드하지도 못하고 뒤처진 채 아이가 이제 우리와, 자신과, 세상과 다른 언어로 소통하고 있는데도 여전히 유아어로 대꾸를 하는 신세가 된다.

청소년기가 찾아오면 독립된 삶이라는 사명이 따라온다. 당신이 자신의 운영 체계를 어떻게든 업데이트하고 완전히 이해하면 당신은 아이에게 여전히 중요한 존재로 남을 것이다. 운영 체계를 이해하지 못한다면 당신은 자신의 통제력과 중요성을 되찾으려고 자꾸 전투를 벌이고 계속 패배할 것이다. 이 전투는 부모가 이길 수 없기 때문이다. 결국 이 전쟁으로 모두가 상처를 입는다. 이렇게 된 것은 결국 당신이 지도를 정확하게 읽지 않기 때문이다. 그 나이대 아이는 언제나 반항을 하고, 당신에게 등을 돌린 채 친구만 찾아대고, 자신을 자율적이고 독립적인 존재로 재정의하고 이 세상에 자신을 이해해줄, 청소년기라는 신경과 호르몬의 광기를 이해해줄 누군가가 꼭 있을 것이라고 느끼기 때문이다.

그러므로 심호흡으로 마음을 가라앉히고 명심하라. 당신은 아이에게 여전히 중요한 사람이다. 하지만 아이의 마음속에서 당신의 모습이 바뀌었다. 당신은 당연히 아이의 마음속 변화를 알 리가 없다. 아이도 더 이상 당신을 중요한 사람으로 여긴다는 티를 내지 않을 것이다. 자기 일로 바쁘기 때문이다. 아이를 키우는 부모에게 대단히 중요한 과제가 있다. 설령 아이가 보여주는 모습이 혼란스럽더라도 절대 헷갈려서는 안 된다는 것이다. 아이는 체격도, 말투도 다 어른 같지만 여전히 어리다. 그러므로 우리는 절대 포기하지 않고 늘 그 자리에 있어주면 된다.

그런데 앞서 말한 '포기하지 않기'란 학교 문제나 무례한 행동에 대해, 예컨대 거실에 신발을 아무렇게나 벗어놓는 짓 바로잡기를 포기하지 말라는 뜻이다. 아이가 여전히 우리에게 중요한 사람이라는 느낌을 계속 전해야 하며, 우리가 아이에게 중요한 사람으로 남을 수 있는 창의적인 방법을 다양하게 만들어내야 한다는 뜻이다. 생각해보라. 아이가 세 살일 때는 바닥에 드러누워 떼를 써도 우리는 그게 발달 단계라는 사실을 이해하고 아이가 부모에게 맞서기 위해 그러는 게 아니라는 사실도 안다. 아이가 진정되면 당신은 꼭 안아주거나 가엾어하거나 용서할 수 있었으며 격려도 해줄 수 있었다. 그런데 열다섯 살이 된 아이가 고집을 부릴 때는 어떤가. 물론 바닥에 드러눕지는 않지만 눈에 무자비와 증오가 가득 차 있다. 이런 행동은 봐주기가 쉽지 않다. 이때 당신은 깊이 생각하지도 않고 엄격하거나 치사하게 반응한다. 상처를 받았기 때문이다. 게다가 아이를 너무 망나니로 키운 것이 아닐까 걱정이 되어 견딜 수가 없다. 그래서 먼저 자신을 돌아보는 대신, 당장 아이의 태도를 바로잡아야 한다는 생각에 사로잡힌다.

아이가 원하는 것을 다 주어서는 안 되지만, 우리도 자신이 격하게 반응하는 이유가 아이에게 더 이상 중요한 존재가 아님을 두려워하기 때문이라는 사실을 '인정'해야 한다.

"누가 부모한테 그렇게 말하래!" 모욕과 중요성 상실. "그렇게 다 네 맘대로 할 수는 없어." 통제와 중요성 상실. "네가 그렇게 나오면 큰코다칠 거야." 복수와 중요성 상실.

지금 성이 난 청소년을 상대하고 있다면 이 점을 기억하라. 그 아이는 지금 화를 내야만 한다. 그래도 괜찮다. 아이가 화를 낸다고 당신이 양육에 실패했거나 아이가 당신을 무시하는 게 아니다. 그저 아이의 눈을 바라보며 심호흡을 하라. 그리고 당신이 얼마나 사랑하는지 상기시키라. 아이가 몹시 화가 났다는 사실을 이해하라. 심지어 아이가 대거리를 해도(그리고 예의를 말아먹었다고 해도) 어느 정도 맞장구를 쳐주고 청소년이 되면 매사에 짜증이 난다는 사실을 잘 알고 있다고 말해주라. 다른 건 필요 없다.

당신이 감정을 터뜨리지 않으면 아이도 덜 터뜨릴 것이다(그런다고 화를 덜 내지는 않겠지만 말이다. 어쨌든 청소년이 되면 화를 내는 게 일이니까). 내일은 또 다른 날이라는 사실을 떠올리고 아이도 그 사실을 상기하게 하라. 다음 날이 되면 아이에게 가서 이 집에서 소중한 존재라는 사실을 똑똑히 보여주라. 아이의 방문을 두드리고 요즘 기분은 어떤지, 학교생활은 어떤지 물어보라. 아이가 좋아하는 음식을 만들고, 저녁 자리에서도 아이를 포기하지 말고, 정치적 논쟁에 대해서 어떻게 생각하는지 물어보고, 직장에서 있었던 일을 들려주라. 아이는 우리의 상상이나 믿음보다 훨씬 더 많이 우리가 필요하다. 아이는 청소년으로 사는 일이 얼마나 힘들고 짐스러운지 우리가 알아주기를 바란다. 우리가 상냥한 눈빛으로 바라보고, 관심을 보이고, 조언을 구하고, 이야기를 공유하고, 함께 웃고, 왜 학교에 다녀야 하는지 함께 토론하고, 우리 어린 시절과 청소년기의 경험에 대해 들려주면서 비밀을 털어놓고 아무에게도 말하지 말라고 해주기를 원한다.

그러다 보면 청소년이 된 아이에게 중요한 존재로 남기 위해서는 열심히 노력해야 한다는 사실을 깨달을 것이다. 힘들겠지만 보람 있는 일임을 알게 될 것이다. 아침에 귀엽게 품에 파고들거나 사랑스럽게 일어나지는 않겠지만, 여전히 아침에 일어나면 아이는 예전만큼 당신을 필요로 할 것이고 당신도 아이가 필요할 것이기 때문이다. 그 정도의 중요성이면 또 하루를 헤쳐나가기 충분하다.

아이가
뒤죽박죽 서랍으로
변할 때

우리 집 부엌 싱크대 서랍은 뒤죽박죽이다. 아마 당신도 그럴 것이다. 그 서랍을 열 때마다 광고 전단지, 전기요금 청구서, 안전핀, 선글라스, 귀엽지만 쓸모는 없는 작은 양철통, 유통기한까지는 뭔가를 치료할 수 있었을 약들, 수명이 다 된 기기의 충전기, 배터리, 서랍 바닥에 눌어붙은 목캔디, 생일 축하 카드, 오래된 사진, 예전에 받은 청첩장, 내가 사적 부분에서 제대로 어른 기능을 하지 못한다는 증거인 수많은 물건이 눈에 들어온다.

부엌 서랍만이 아니다. 창고방에 쌓아둔 온갖 가방이며 아이들 벽장의 한쪽 면 전체가 이 서랍과 아주 비슷한 꼴을 하고 있다. 그렇다. 나는 에이나트고, 나는 이런 서랍으로 가득 찬 세상에서 살 수 있다. 당신도 그냥 서랍을 닫아버리고 조리대를 행주로 닦고 설거지를 좀 하고 나면 아무렇지도 않을 것이다.

그런데 아주 조금 신경이 쓰이는 문제가 하나 있다. 서랍을 열거나 창고에 수경과 수영장 타월이 든 가방을 갖다놓을 때마다 나를 향한 부모님의 시선이 느껴진다. 어머니의 눈이 이렇게 말한다. "이 난장판을 정리하라고 몇 번이나 말했니? 겉은 그렇게 말끔하면서 속을 조금만 들여다보면 이렇게 엉망이라니까. 겉모습에 투자하는 시간과 공의 반의 반이라도 방 청소나 공부나 집안일에 써봐라." 머릿속에서 어머니 목소리가 들린다. 실망한 눈초리로 나를 바라보는 엄마와 아빠를 종이와 온갖 잡동사니 사이에서 서랍 바닥에 녹아내린 사탕이 된 내가 가만히 바라본다.

나는 오랜 세월 병원에서 수많은 부모와 아이, 청소년, 가족을 만나면서 가족관계가 가슴을 울리는 모습을 수없이 보았다. 그중에서도 청소년이 된 딸이나 아들과의 충돌이 가장 복잡하고 절망스럽고 어렵다. 이렇게 말하는 부모가 있다면 데려와보라. "우리 집 청소년이요? 뭐 하나 빠지는 게 없죠. 솔직히 아무 불만도 없답니다. 집안일 도와주죠, 자기 방은 먼지 하나 없죠, 성적은 또 얼마나 좋은지 몰라요. 스카우트 활동에, 서핑을 하고 기타를 치고 인싸 중의 인싸예요. 딸애는 시사에도 관심이 많아요. 몸은 언제나 청결하고 자존감도 높죠. 자기 방에 문 잠그고 들어가서 틀어박히는 일도 없고 대화도 매끄럽게 잘 하고 과할 정도로 예의가 발라요. 게다가 침대 시트를 직접 일주일에 한 번씩 간답니다." 이렇게 말하는 부모에게 나는 이렇게 대답하리라. "축하합니다, 외계인을 키우시네요. 기네스 세계기록에 들어가실 수 있겠어요."

부모는 청소년기처럼 아슬아슬한 단계에 있는 아이를 보는 게 고통스럽다. 마치 속이 뒤죽박죽인 싱크대 서랍처럼 보이기 때문이다. 아이를 실컷 혼내고, 잔소리를 퍼붓고, 말다툼을 하고, 벌을 주고, 교육을 시키면 뒤죽박죽인 서랍이 뚝딱 정리가 되어 모든 문제가 다 해결되리라고 생각한다.

아이는 부모가 오랫동안 가꾸어온 질서를 파괴한다. 반면 부모는 아이가 책임감을 갖고, 배우고, 돕고, 신경 써줬으면 하는 가장 기본적인 사항들을 염두에 두도록 키우기 위해 무엇이 필요한지 모른다. 여기까지 오면서 대체 무엇이 잘못되었는지 우리는 이해할 수 없다. 어쩌다가 매일 아이에게 수학 과외 시간을 지키라고, 현관에 던져둔 가방을 치우라고, 옷가지를 서랍장에 넣으라고, 방을 치우라고, 다 쓴 수건을 제 자리에 걸어두라고, 할머니께 생신 축하 전화를 드리라고, 동생을 아주 잠깐만 봐달라고 잔소리를 해야만 하게 된 걸까? 즉각적인 즐거움을 주지는 않더라도 해야 할 일을 좀 하라고, 단 5분씩만 좀 투자하라고 등을 떠밀어야만 하게 된 이유를 도저히 알 수가 없다.

우리도 결국 우리 부모처럼 마음에 들지 않는 것만 족족 눈에 들어오는 사람이 될 것이다. 아이를 뒤죽박죽인 싱크대 서랍처럼 보게 될 것이라는 말이다. 아이를 말끔하게 돌봐주고, 야단을 치고, 불평을 터뜨리고, 아이가 뭐만 하면 자기 문제와 연관 지어 잔소리를 퍼붓는 사람. "매일 일하러 가는 나는 뭐 재미있어서 가는 줄 아니? 퇴근하고 와서 네 뒤를 졸졸 따라다니면서 청소를 하고 싶어서 할까? 네가 지금도 빈둥거리면서 더 빈둥거리는 모습을 보는 게 재미있을 것 같니? 너를 어떻게 하면 좋니? 너는 이 집을 위해서 손가락 하나 까딱하지 않는데 나는 너를 위해서 모든 걸 다 해줘야 하니? 왜 그래야 해?"

그런데 청소년은 이 상황을 완전히 다르게 경험한다. 우리 잔소리를 마치 배경 소음이라도 되듯 걸러내는 능력을 완벽하게 완성하고 나면(내 말 믿으라, 우리가 끈질기게 잔소리를 퍼붓는다는 점을 감안하면 이는 결코 시시한 성취가 아니다) 아이는 뒤죽박죽인 서랍을 좋아하게 될 것이다. 그러니 당분간 서랍은 닫아놓고 평소처럼 그 주변을 정리하다 보면, 언젠가는 그 서랍을 다시 열고 천천히, 아주 천천히 물건을 정리하고, 정돈하고, 낡은 전단지를 버리고, 아직도 바닥에 달라붙어 있는 사탕을 보며 미소를 지을 수 있을 것이다.

아이의 마음을
얻으려 애쓰라

그들은 내가 아는 커플 중 가장 멋진 사람들이다. 이건 내 기준에서 최상의 찬사다. 그들은 이를 몸소 증명했다. 두 사람은 훌륭한 직업이 있고 매우 건강하다. 한때는 온몸에 문신을 하고 클럽을 전전하기도 했지만 지금은 공원을 조깅하고, 태국 여행은 베를린 아파트로 대체했다. 두 사람은 쩨쩨하게 굴지 않는다. 돈이 부족한 적이 없었으며 도심지 좋은 동네에 주택도 가지고 있다. 자전거를 즐겨 타고, 레스토랑, 해변, 칵테일 사진이나 잘 어울리는 세 아이의 사진을 곁들여 짧은 편지를 쓴다. 자기들다운 드라마와 책에 대해 이야기하고, 자기들다운 와인을 마시고, 자기들다운 차를 몰고, 겸손함과 스스로 멋지다는 내적 확신 사이에서 절묘하게 균형을 잡는다. 그러던 어느 날 그들은 아주 잠깐 방심했다는 사실을 깨달았다. 결코 멋지다고 말할 수 없는 실수였다.

시작은 어느 날 아침 아내 쪽 휴대폰으로 온 문자 한 통이었다. 열다섯 살인 아들 친구의 부모가 아이들이 파티에서 술을 진탕 마시고, 담배를 피우고, 막 면허증을 딴 좀 더 나이 많은 아이들과 함께 차를 타고 다녔다는 사실을 알게 된 것이다. 게다가 문자 내용에 의하면 여자아이들과 상대를 가리지 않고 구강성교를 했는데, 술을 진탕 마신 후 '자발적'으로 했다는 것이었다. 지독한 만우절 거짓말이나 고약한 장난임에 틀림없다고 생각하며 읽고 또 읽은 문자에는 그 밖에도 끔찍하고 혼란스러운 이야기가 많았다. 아이 엄마는 모든 가능성을 떠올렸다. 그 문자에 등장하는 아이가 자기 아들일 리 없었기 때문이다. 아들이 지난달에 간 파티를 떠올려보려 애썼다. 파티가 한두 곳이 아니었다. 통금시간은 정해두지 않았다. 십대의 여름 방학은 원래 그런 법 아닌가. 데이트를 나가고, 파티에 가고, 이튿날 새벽 5시에 돌아와 12시까지 자는 생활 말이다. 아들이 일어나면 엄마는 늘 이렇게 물었다. "파티는 어땠니? 재미있었어?" 어린이집에 데리러 가서 했던 것처럼 질문했고 대답은 한결같이 "네"였다.

당연히 그는 문자에 즉시 답장을 보내는 대신 남편에게 전화를 걸었다. 남편은 회의 중이었지만, 아무리 바빠도 전화를 받는 사람이었다. 아내는 원래 업무시간에는 남편에게 전화를 잘 걸지 않았다. "응, 나야" 하고 전화를 받는 목소리에 그는 남편이 바쁘다는 사실을 눈치챘다. 그래서 방금 받은 문자를 전달할 테니 시간이 나면 꼭 전화해달라고 당부했다. 문자를 받은 남편은 당장 전화를 걸었다.

그날 저녁, 업무시간 후 이 멋진 부부는 집에서 만났다. 대화를 나누고 노력을 기울여야 한다는 사실을, 해결해야 할 일이 있음을, '멋진 부모'가 되는 일이 항상 멋지지는 않음을, 전화 한 통이나 인터넷 검색으로는 절대 해결할 수 있는 문제가 있음을 그들은 깨달았다. 그들 앞에는 길고 힘든 교화 과정이 필요한 문제들이 놓여 있었다. 가끔은 본능적으로 멋지다고 생각되는 것과 정반대의 길을 가야 하지만 꼭 해야만 하는 일이 있다.

그들은 아들이 어른처럼 보이고 어른처럼 말대답을 하고 어른처럼 입고 있지만 여전히 아이라는 사실을 깨달았다. 우리는 대체로 이렇게 생각하고 만다. '우리도 한때는 청소년이었고 우리는 그 시기를 잘 헤쳐나왔다.' 하지만 생각해보면 우리 부모님도 우리가 클럽을 드나들며 무슨 짓을 했는지, 누구와 어울렸는지, 언제 귀가했는지 아무것도 몰랐다. 그렇다면 이 상황을 다시 살펴보자. 이번에는 부모의 눈으로 바라보자. 그랬다, 우리는 그럭저럭 잘 컸다. 그 말은 우리는 살아 있고, 사람 구실을 하고, 일을 하고, 결혼을 했다는 뜻이다. 그렇다고 고작 열다섯 살인 우리 아이가 현재 벌어지고 있는 실험에 참여하도록 내버려둘 마음의 준비가 되어 있는가? 지금의 세상은 우리가 십대였던 때와 좀 다르지 않은가. 오늘날 우리 아이가 매일같이 보고 듣는 메시지는 폭력적이고, 성적이고, 당황스럽고, 뒤죽박죽이다. 옛날에는 부모가 바깥의 정보를 가정으로 가져오는 역할을 했다면, 요즘은 걸러내는 일을 해야 한다. 무엇보다 어떤 정보를 알려야 할지 심사숙고해야 한다.

아이가 접할 수 있는 온갖 온라인 게임 가상현실 속에 있다고 상상해보라. 온갖 장비는 물론 '게임은 하는 것이 아니라 되는 것'이라는 정신 상태로 무장하고 말이다. 근사하지 않은가? 이제 당신의 십대 자녀가 외설물에 노출되었다고 상상해보라(그런 일은 대체로 열세 살에서 열다섯 살 사이에 처음 일어난다. 꼭 집에서 경험하게 된다고는 보장할 수 없다. 어차피 아이 친구들 휴대폰에까지 안심 앱을 설치할 수는 없을 테니 말이다). 아이가 난생처음 외설물에 노출되면 단지 보는 데서 그치지 않을 것이다. 알다시피 가상현실이니까. 그래서 아이는 (원한다면) 에어컨이 윙윙 돌아가는 집에서 성적 경험을 처음부터 끝까지 쾌적하게 맛본 후 세상에 나온다. 그뿐인가. 온갖 종류의 폭력에 노출되고, 온갖 종류의 탈것을 운전하고, 살육 탐험을 떠나고, 군중이 벌떼같이 모인 시끄러운 운동장에서 연주를 하는 등 온갖 경험을 한다. 이제 어떤 일이 생길까. 청소년의 운영 체계(감정과 인지, 생리 체계)에 버그가 몇 가지 생겨난다.

1. 위험을 무릅쓰는 태도가 진정 멋지다고 느낀다.
2. 자신이 진짜 어른이며 유능하다고 느낀다.
3. 부모가 대변하는 모든 것에 관심을 잃는다.
4. 점점 더 많은 독립을 원한다.

앞에서도 지적했듯이 이 시점의 부모와 자식 관계에서는 부모가 십대인 아이에게 여전히 중요한 사람으로 남아야 한다. 당신의 의견과 말, 당신 자신이 어느 정도 설득력을 가지기 위해서는 아이와 좋은 관계를 유지해야 한다.

청소년기에 좋은 관계란 함께 맥주를 마시는 사이가 아니다. 당신이 애정을 얻으려는 쪽이고 아이가 애정을 받는, 일종의 구애관계다. 당신은 아이의 성품이나 외모에 대해서 듣기 좋은 말을 들려줘야 한다. 함께 이야기를 하면 얼마나 즐거운지 구구절절 들려줘야 한다. 십대가 당신에게 할애하는 매 순간은 당신이 좋은 관계를 쌓고, 조언을 구하고, 이런저런 일을 공유하고, 관심을 보이고, 진심으로 귀를 기울일 수 있는 귀중하고 값진 시간이다. 저녁을 준비할 때면 십대 자녀를 불러 함께하라. 차를 같이 타고 갈 때는 그날 있었던 일을 들을 기회로 삼으라. 뉴스를 함께 시청하라. 아이 방문에 노크를 하고 맛있는 샌드위치를 슬쩍 두고 나오라. 아이 주위에 다른 친구가 없을 때 얼른 안아주라. 아이가 관심을 기울이는 주제에 대해 관심을 갖고 알아보라. 아이를 존중하고 무엇보다 아이를 지탱하는 뿌리가 되라.

아이가 당신 말에 귀를 기울이게 하고, 당신 의견이 아이의 내면에 살아 있게 하고, 성장 과정에서 나타나는 돌출 행동에 맞설 제동 장치를 아이의 정신에 심어줄 수 있는 일말의 가능성이 있다면 그건 자녀와 좋은 관계를 유지하는 경우뿐이다. 아이가 냉담한 표정을 하거나 말거나 아이의 삶에 당신이 존재한다면, 다짜고짜 비난부터 하지 않고 자녀의 이야기를 들어줄 수 있다면, 아이 키우기가 비록 엄청난 도전의 연속일지언정 아이와 함께하는 삶이 행복하다면(바로 그런 경우에만) 당신은 뭔가를 금지하고, 아이를 만류하고, 아이가 당신을 밀어내고 거부할 때조차 아이를 보호할 권리를 손에 넣을 것이다.

아이가 더 어렸을 때는 감정이 가라앉을 때까지 제 방에 가 있으라고 하면 되었다. 스마트 기기를 압수할 수도 있었다. 심지어 아이가 소중히 여기는 물건을 빼앗을 수도 있었다. 그러나 당신이 권력을 행사하려는 십대는 사실 당신보다 더 많은 권력을 가지고 있다. 집을 뛰쳐나가 부모의 전화도 받지 않는 아이는 좋은 관계 유지가 처음부터 가장 중요한 일이라는 진리를 다시 한번 증명하는 셈이다.

마음에 새기라. 아이는 거짓말을 할 것이다. 언젠가는 아이가 거짓말을 하는 순간이 올 것이다. 아이가 병적으로 거짓말을 하는 사람이어서도 아니고, 당신이 나쁜 부모이기 때문도 아니다. 아이는 거짓말을 해야 하기 때문이다. 아이는 자신의 독립된 정체성을 찾아가는 여행을 하는 중이다. 하지만 당신이 무엇을 생각하고 있는지, 무엇을 허락해주는지, 특히 무엇을 절대 용납하지 않는지 당신이 가르쳐준 것들을 전부 마음속에 간직하고 있다. 그렇기 때문에 더욱 아이는 당신을 실망시키고 싶지 않아서 거짓말을 한다. 잊었을 수도 있지만, 당신도 그 나이에 거짓말을 했다.

부모의 과제 가운데서 아이와 소통하기 위해 문을 계속 열어놓는 일이 가장 어렵다. 아이가 자신의 실수를 털어놓기 위해 찾아올, 만족시켜주어야 할 기준이나 기대 없이 소통할 수 있는 문. 아이의 삶에 실제로 무슨 일이 벌어지고 있는지 파악하는 데 도움이 되는 문. 아이가 위험에 처해 우리가 내미는 구조의 손길을 필요로 할 때, 잘못을 저질렀기에 유용한 조언이 필요할 때, 큰 실수를 저질러서 다시는 같은 일이 일어나지 않도록 함께 앞으로의 계획을 생각해야 할 때 이 문이 꼭 필요하다. 이런 문을 만드는 이유는 집에서는 누구도 거짓말을 하지 않아서가 아니다. 아이의 거짓말이 우리를 정말 상처 입혀서도 아니다. 다시는 아이를 신뢰할 수 없기 때문은 더욱 아니다. 아이에게 무엇이 필요한지, 우리에겐 중요해도 아이가 할 수 없는 일이 뭔지에 대해, 그리고 설령 마음에 들지 않아도 소중한 존재인 아이를 어떤 식으로든 도와줄 의향이 있는지에 대해 아이와 진심으로 이야기 나누고 싶기 때문이다. 대화의 주제는 거짓말이나 신뢰가 아니다. 아이의 여정과 실수, 스스로 배우는 교훈, 꼭 가르쳐주고 싶은 것들이다.

아이가 지금보다 더 어렸을 때 우리가 종종 했던 말을 떠올려보라. "무슨 일이 일어나든 우리에게 달려오면 도와줄 텐데." 자꾸 비난하고 평가를 하려 들지 말라. 당신이 얼마나 상처 입었는지는 잊으라. 당신의 분노에만 집중하지 말라. 당신이 받은 상처만큼 상처를 주려 하지 말라. 심각한 문제가 발생하면 아이는 당신을 제일 먼저 찾는다. 그렇다면 그런 사람에 어울리게 행동하라.

아이가 거짓말을 할 때 당신은 최고의 기회를 얻는 셈이다. 아이가 길을 잃고, 일을 망치고, 또래가 벌이는 술판과 섹스 파티에 끼어들고 싶은 유혹을 기어이 실행에 옮겼다. 그래서 거짓말을 했다. 당신이 실망하거나 화를 낼까 봐 너무 무서워서. 벌을 받고 상처 될 말을 들을까 봐 걱정이 돼서. 바로 이때가 아이에게 집으로 돌아오는 길을 보여줄 기회일지 모른다. 왜냐하면 아이는 가끔 정말로 길을 잃기 때문이다. 그 나이에는 쉽게 길을 잃으니까. 약간의 노력으로도 아이를 깜짝 놀라게 할 수 있는 이 기회를 십분 활용하라. 등대에 불을 환하게 밝히고 집이 어디에 있는지 아이에게 보여주라. 아이의 말 한마디면 항상 아이를 찾으러 오는 이가 있음을 보여주라. 설령 아이가 거짓말을 했더라도, 어쩌면 매우 중요한 문제라서 함께 이야기를 나눠볼 가치가 있을 게 틀림없다. 설령 우리가 아이 의견에 전적으로 동의하지 않더라도 적어도 대화를 시작해볼 수는 있다. 진심으로 귀를 기울이고, 우리의 약한 면을 내보이고, 몹시 걱정했음을, 무슨 일이 생길까 조마조마했음을 알려줄 수도 있다. 부모에게 한바탕 설교를 들을 거라고 예상한 순간 평소와 달리 정반대의 말을 하면 어떨까? 자신의 취약한 면을 내보이는 것보다 사람을 더 가까이 끌어당기는 일은 없다. 설령 십대 자녀가 온갖 실수를 저지른다고 해도 아이에 대한 신뢰를 포기하지 않는 부모의 태도보다 더 신뢰를 쌓는 행동은 없다. 공감과 관심, 용서만큼 당신과 아이 사이를 끈끈하게 이어주는 것은 없다. 아이가 거짓말을 했을 때야말로 아이를 겁주어 저 밖에 도사리고 있는 혼란스러운 세상으로 쫓아버리지 않고 집으로 데리고 올 최고의 기회다.

때로 우리는 스스로 이야기를 지어내 자신의 진실을 정당화한다. 때로 너무 힘껏 싸운 나머지 아이와 관계를 만들어나가는 대신 계속 아이를 밀어내는 전투만 일삼는다. 정신을 차리고 깨어 있어야 할 때 방심을 하기도 한다. 우리는 늘 정신을 바짝 차리고, 늘 아이 곁에 있어야 한다.

한편 부모 입장에서 아이에게 특별한 대화를 나눌 때만이 아니라 일상적 대화를 나누다가도 약물과 술, 섹스에 대한 생각을 들려줄 수 있을 만큼 관심과 유연성을 보여야 한다. 하지만 때로는 아이에게 파티를 금지해야 한다. 그러면서 아이의 욕구를 자기 욕구만큼 존중하겠다는 약속도 해야 한다. 당황이나 분노, 두려움에 지배되지 않고 존중하고 사랑하는 마음으로 아이의 불만과 저항에 대처해야 한다.

종이 한 장을 앞에 놓고 십대 자녀에 대해 잠시 생각해보라. 아이를 위해 당신이 품은 꿈을 모두 기록하라. 아이가 가졌으면 하는 품성과 재능, 아이의 외모부터 행동거지, 말하고 행동하는 모습이 더 나아지려면 필요하다고 생각하는 것들까지 전부 기록하라. 이제 그 목록을 챙겨서 서랍 깊숙이 넣고 아이가 서른 살이 되면 다시 꺼내 보라. 당신이 아이와 좋은 관계를 맺는 데 집중했다면, 아이와 함께 그 목록을 꺼내서 읽어볼 때 서른이 된 아이의 사람됨이며 어떤 사람으로 성장했는지는 그 목록과 아무런 상관이 없다는 사실을 확인하게 될 것이다. 그 목록은 오직 당신이 아이에게 품은 바람과 걱정을 보여줄 뿐이라는 사실을 깨닫게 될 것이다.

거울 앞에서 선 딸

아이는 벽장 앞에 서 있었다. 5년 전만 해도 딸은 내가 사준 새 원피스를 입고 깔깔 웃으며 빙글빙글 돌았다. 원피스 자락도 축하하듯 활짝 펼쳐져 같이 돌았다. 그런데 그 아이가 울고 있었다. 딸 방에 가보니 아이는 속옷 차림으로 서 있고, 입으려 했던 옷가지는 방 여기저기에 흩어져 있었다. 가족 모임이 있어서 얼른 출발해야 했다. 나는 마치 방금 전에 내 몸에서 나온 것처럼 소중한 아이의 몸을 바라보았다. 완벽한 소녀. 지금은 아이의 고민거리인 볼록 나온 배도 가슴이 자라기 시작할 때면 사라질 것이다. 힘 있게 쑥쑥 자라는 머리카락. 환하고 깨끗한 안색. 절망에 찬 슬픈 두 눈동자. 그 눈에서 흘러내리는 눈물마저 내 눈에는 젊고 상큼해 보였다.

나는 내 몸에 대해 생각했다. 내 몸에는 나만의 역사가 있다. 다섯 아이를 먹인 젖가슴, 웃을 때 얼굴을 뒤덮는 주름, 여러 아기를 안고 다니느라 더 근육이 발달한 왼팔, 왼팔 없이도 척척 알아서 하는 법을 배운 오른팔, 피곤에 절고 바닥에 떨어진 장난감을 치우느라 살짝 굽은 등, 열두 번의 임신을 하고 그중 다섯 번을 성공한 자궁, 불면과 걱정으로 축 처진 눈 밑 살, 그냥 받아들이며 함께 살게 된 휘어진 치아, 여러 차례의 출산과 촘촘한 빗질로 점점 숱이 줄고 가늘어지는 머리카락. 바로 그 순간 나만의 역사를 간직한 몸으로 나는 아이의 어린 몸, 실의에 빠진 모습과 마주했다. 그 순간 나는 아이가 고통을 없애고 좀 더 감사한 마음을 품을 수 있도록 도울지, 아니면 호되게 따귀를 때린 후 정신 차리라고 호통을 칠지 고민했다.

우리 집에서 한창 자라는 중인 이른바 '청소년'이라는 어린 사람들과 우리 사이에 암묵적으로 늘 벌어지는 충돌 중에는 지나간 우리의 젊음과 늘 반항하는 아이의 젊음에서 비롯된 심리적 콤플렉스도 있다. 남자는 건장하게 성장하는 아들을 보고, 여자는 아름다운 젊은 여성으로 변모하는 딸을 지켜본다. 한편 아버지는 한 지붕 아래에서 사는 딸이 성적인 존재로 성장하는 과정을 지켜보고, 엄마는 커가는 아들을 보며 언젠가는 쟤가 다른 여자에게 제 심장을 바치리라 생각한다. 의식적이건 무의식적이건 부모로서 과거에는 우리 것이었지만 더 이상은 아닌 것들과 마주치게 될 것이다.

까마득한 옛날에는 아이가 사춘기 십대가 되면 등짐을 메고 둥지를 떠나 결혼을 하고 가족을 이루었다. 아니면 정글 같은 세상으로 나갔다가 성인이 되는 여행을 다 마친 후 다시 들러 "잘 지냈어?" 하고 무심한 인사를 건네는 정도였다. 오늘날 청소년은 부모 집에서, 부모 눈앞에서, 부모의 돈을 쓰며 폭풍 같은 시기를 보낸다. 어린 아이를 키우며 양육을 힘들고 피곤한 일로 생각하는 데 익숙해진 우리는 압박감과 수치심, 자식 잘되라는 마음으로 청소년기라는 풍경을 맞이하지만 정작 길잡이가 될 지도가 없다.

자기 몸에 대한 이미지와 우리가 나누는 대화는 잔인하게도 십대인 딸을 통과해 우리 엄마에게 반사된다. 우리가 아이를 키우는 문화에서는 이런 대화를 더 쉽게 나누기 힘들고 메시지는 더 복잡해지기만 한다.

하지만 이 상황을 관통하는 이야기는 극도로 단순하다. 부모는 아이가 자신의 몸을 사랑하고 몸을 있는 그대로 받아들이기 바란다. 거울에 비친 모습이 자기 눈에, 혹은 날씬함과 예쁨을 신성시하는 문화의 눈에 완벽해 보이지 않더라도 여전히 즐길 수 있는 사람으로 커주기를 바란다. 하지만 여자아이가 이런 건설적인 관점에 도달하려면 결코 뛰어넘기 쉽지 않은 복잡한 장애물부터 극복해야 한다.

최근까지 우리 어린 딸은 아무런 평가나 비난 없는 시선으로 거울에 비친 자기 모습을 보았다. 우리도 마찬가지였다. 기회가 날 때마다 아이의 사진을 찍고 이렇게 물었다. "엄마의 예쁜 공주님은 누구지?" 마음속에 소원을 품은 채 약간의 상상력을 발휘하면 공주가 되는 공주 옷을 사주었다. 거울을 향한 시선은 한곳에 집중되지 않았고 아이가 공상의 날개에 올라타도록 도와주었다. 아이가 맨발로 부엌에서 춤을 추자 요술봉과 반짝이는 스커트가 마법을 부렸다. 그런데 이제 아이의 몸이 변하고 있다. 더불어 아이의 행동과 사고방식도 변화하면서 우리는 칭찬도 덜 하고 사진도 점점 덜 찍게 된다. 아이가 강박적으로 자신의 몸에 집착하자 우리는 당혹스럽다. 자신과 사랑에 빠지고 셀프사진을 찍을 때마다 혀를 쏙 내미는 천박하고 자기중심적인 사람으로 키운 건 아닌가 싶어 걱정스럽다.

한편 아이는 매시간 매일 자기 체형을 왜곡하는 무시무시한 변화를 점점 의식하게 된다. 거울 앞에 서서 아주 잠깐 동안 "엄마의 예쁜 공주님"를 떠올리고 잠시 들뜬다. 하지만 다음 순간, 머리 모양이 마음에 안 드는 날이나 갑자기 여드름이 하나 나온 날, 어제보다 배가 조금 더 나온 날, 우리가 힘들게 벌어서 사준 옷이 느닷없이 흉하고 바보처럼 보이는 날이면 아이는 절망과 좌절만을 비춰주는 시커먼 거울을 들여다본다.

환상이 산산조각 난 미래를 피해갈 수 없다는 사실을 부모는 깨달아야 한다. 아이의 몸은 거의 매일 변화 중이고, 그에 따라 기분도 거의 매 순간 변화한다. 그러니 아이는 쌓여만 가는 좌절감을 어디로든 배출해야 한다. 자신의 몸에 적응하고, 뭐가 맞고 안 맞는지 알아가고, 뭘 하면 기분이 좋아지는지, 뭐가 정말 어려운지를 깨달아가야 한다. 성인 여성이 되어가는 이 여행이 셀 수 없이 많은 타협과 납득, 수많은 강점과 승리로 만들어져 있다는 사실을 우리 자신 또한 내면화하고 기억하기까지 얼마나 많은 시간이 걸렸는지 기억해야 한다. 그러면 열세 살 여자아이에게 그 과정이 얼마나 힘들지 이해할 수 있을 것이다. 이것이야말로 여러 단계에 걸쳐 실행에 옮겨야 할 과제이며 그 과정에서 때로는 깊은 슬픔을 겪게 될 것이라는 사실도. 그리고 미운 아기 오리 같은 아이를 키우는 우리는 아이가 자기 눈에 백조가 되어가는 여정에서 이런 복잡한 단계를 거쳐 가야 한다는 사실을 인정해야 한다.

아이가 느끼는 고통이나 실망을 없애주고 싶은 마음은 무엇보다 아이가 자신의 모습에 불만을 품을 때 우리 자신이 느끼는 좌절감이 그만큼 견디기 힘들다는 방증이다. 우리는 이런저런 위로의 말로 무장한 채 전투에 나서지만, 정작 그 말들은 아이의 고통을 없애주지 않는다. "그게 무슨 말이야, 네가 얼마나 예쁜데!" "지금 농담하니? 지난주에 쇼핑할 때 네가 직접 이 옷을 골랐잖아." "그 청치마 한 번 입어봐. 얼마나 잘 어울리는지 직접 보라고." "괜찮아. 다이어트하면 돼! 네가 어제 도넛 세 개 먹을 때 내가 뭐랬어." 아이 세 살 시절에 흔히 하던 말들도 재활용한다. "네 감정이 가라앉으면 다시 이야기해보자." "또 시작이네. 네가 또 화를 내는 바람에 가족 모임에 늦겠어." "거울 좀 그만 보고 어서 옷 입어. 자, 이제 가자." 우리 자신의 좌절감, 즉 아이가 입은 옷이 통 마음에 들지 않아도 잔소리를 꾹 참는 마음이라든지 아이가 대체 무슨 이유로 불같이 화를 내는지 모르는 무력한 기분을 일단 제쳐놓으면, 아무것도 되는 일 없는 순간을 아이와 나란히 헤쳐갈 수 있다. 우리는 모든 것을 흡수하고, 관찰하고, 아이가 겪고 있는 상황을 다 받아주는 스펀지가 되어야 한다. 동시에 아이에게 네가 통과하는 이 과정이 정말 힘들겠지만 더 큰 과정의 일부이며 금방 좋아질 것이라 전하는 표정을 내내 짓고 있어야 한다.

우리 눈에는 온갖 유행이 뒤죽박죽된 차림새지만 정작 아이는 만족하는 것 같아 굳이 핀잔을 줄 필요가 없다고 생각할 때, 혹은 부엌에서 외모와 상관없는 일상적인 대화를 몇 마디 나눌 때라도 아이에게 잠시 칭찬을 건네라. 최대한 구체적으로 칭찬을 하라. 아이가 거울 앞에 섰을 때 들을 만한 종류면 된다. "네 속눈썹은 세상에서 제일 예뻐." "짧은 치마를 입으니까 다리가 더 돋보이네." "머리를 이렇게 묶어서 올리니까 참 예쁘다." "너는 빨간색이 정말 잘 어울린다니까." 아이가 사진을 인스타그램에 올리면 (그 사진을 보면 한숨부터 나오더라도) 그 사진의 어떤 점이 마음에 드는지 물어보라. 각도? 머리 모양? 자세? 아이가 비교적 경쟁력 있다고 생각하는 부분에 맞장구를 치라. 그리고 마지막으로, 혹 아이 동생에게 "엄마의 예쁜 공주님은 누구?"라는 말을 하게 되면 가끔은 아이가 칭찬을 순순히 믿던 시절을 추억하면서 큰아이에게도 같은 말을 해보라.

나는 아이 방 바닥에 앉았다. 아이는 울어서 눈이 빨갛고, 패배감에 젖어 있고, 상처 입었다. 나는 살짝 동정하는 듯한 위로의 표정을 지은 채 좌절감이 가득한 딸의 말에 귀를 기울였다. 또 슬픔에 빠진 아이를 말없이 위로하며 간간이 고개를 끄덕였다. 아이가 마침내 숨을 깊이 들이쉬고 진정했다. 나는 아이의 손을 잡고 일으켜 세워서 거울 앞에 나란히 섰다. 아이는 이제 코만 조금 훌쩍인다. 아이의 완벽한 머리를 쓰다듬으며, 완벽과는 거리가 먼 거울 속 나를 물끄러미 바라보았다. 내가 정말 못생긴 표정을 짓자 아이가 도저히 못 참고 웃음을 터뜨린다. "그만해요, 엄마."

아이에게 말했다. "요즘 옷들은 참 엉망이야, 그치? 엄마 옷장에서 한번 골라볼래?" 아이가 회색과 흰색이 섞인 내 스웨터를 골랐다. 나는 그 스웨터에 얼룩을 묻히면 끝장이라고 주의를 준 후 아이를 데리고 다시 거울로 가 다시 자신의 모습을 바라보게 했다. 그렇게 이렇게 말했다. "너는 내 별이야. 네가 나쁜 기분을 훌훌 털어버리고 얼마나 예쁘게 변신했는지 한번 봐." 그러자 잠깐, 아주 잠깐 아이 눈에도 그 아름다움이 보이는 듯했다.

십대 딸이 보내온
상상의 편지

엄마, 아빠, 저예요.

제가 이렇게 두 분께 편지를 써서 의아해하시는 거 알아요. 요즘 우리 집에서 일어나는 일들 말이에요. 말로는 잘 나오지 않더라고요. 두 분은 정말 바쁘시죠, 알아요. 그리고 요즘 내내 제게 화가 나 계시고 실망도 하셨고요(적어도 저는 그렇게 느껴요). 솔직히 제 마음을 말로 표현 못 하겠어요(친구들 문제, 제 기분, 옷장과 거울 앞에서 보내는 시간, 형제들과의 싸움 같은 거요). 그래서 이렇게 글로 쓰기로 했어요.

두 분은 이야기를 해봤자 제가 전혀 안 듣는다고 생각하시겠지만 제게 두 분이 얼마나 소중한지 알아주셨으면 좋겠어요. 그리고 제 외모가 왜 이렇게 고민스러운지도 털어놓고 싶어요. 있잖아요, 제 눈에는 제가 괴상하게 보여요. 어떤 날은 아침에 일어나면 코가 엄청 커 보이고, 또 어떤 날은 얼굴에 역겨운 여드름이 나 있어서 사람들이 저를 보면 그 여드름만 보는 것 같아요. 머리가 뜻대로 손질이 안 되면 미칠 것만 같아요. 저는 너무 뚱뚱해요. 저를 사랑하다가도 제가 미워요. 일 분마다 마음이 이랬다저랬다 해요.

지금도 기억해요. 두 분이 제가 예쁘다고 생각하셨던 거요. 어렸을 때 아빠는 저만 보면 우리 예쁜이라고 하셨어요. 기회만 되면 사진도 찍으셨죠. 아빠가 사준 옷을 입으면 제가 정말 귀여워 보였어요. 엄마는 제가 머리를 올려 묶은 모습을 정말 좋아하셨죠. 그런데 요즘은 두 분이 제 외모에 실망하신 것 같아요. 정말 웃긴 게 뭔지 아세요? 저도 제 외모가 정말 미울 때가 있어요. 우리 반에서 제일 잘나가는 노아한테는 그렇게 잘 어울리는 것들을 제가 걸치면 바보 같고 괴상하게 보일 때요 (수영복은 신경 쓰지 마세요). 그런 때야말로 두 분이 저를 꼭 예쁘다고 생각해주시면 좋겠다는 거예요. 엄마, 엄마가 좋아하는 모양으로 머리를 올려 묶지 않았다고 해도 괜찮다고 꼭 말해주세요. 아주 가끔 제가 봐도 제가 예쁘다는 생각이 들 때, 그럴 때 거울 앞에 서 있을 때 절대 듣고 싶지 않은 말이 바로 엄마의 '건설적인' 비판이라는 사실도 알아주세요.

제가 그 많은 시간과 에너지를 들여서 고작 외모나 가꾸는 게 엄마 눈에는 천박하게 보일지도 모르겠어요. 하지만 제 외모가 모든 것에 영향을 줘요. 제 자신이 마음에 드는 날은 더 나은 학생이, 친구가, 딸이, 언니가 될 수 있어요. 내면에 증오가 자꾸 쌓이면 그게 자꾸 사방에 마수를 뻗쳐요. 그러니 제가 어쩌다 제 모습에 만족하고 있는데 엄마가 핀잔을 주시면 엄마는 심사가 꼬이고 비뚤어진 학생이자 아무것도 제대로 대처할 줄 모르는 사나운 사람을 이 세상에 내보내신 게 돼요.

제가 생각하는 제 이미지는 지금 안정적이지도 일관되지도 않아요. 그래서 정말 혼란스러워요. 어떨 때는 기분이 축 가라앉았다가 어떨 때는 날아오를 것 같아요. 어떨 때는 전혀 모르는 새로운 곳에, 진짜 시커먼 구덩이에 있는 기분이에요. 그러다가 다시는 집에서 나갈 수 없을 것만 같은 기분이 들어요. 그럴 때 엄마가 뭔가를 비난하시거나 실망한 표정을 지으시면 저는 엄마가 부러진 제 발을 밟기라도 한 것처럼 난리법석을 피우고 말아요. 그러면 또 엄마는 이렇게 되물으시죠. "너는 왜 그러니? 무슨 말을 못 한다니까. 내 말 어디가 그렇게 끔찍하니?"

제가 엄마를 더 이상 중요하게 생각하지 않는다고 느껴지셔도 제 말을 들어보세요. 두 분은 제 심장에, 위장에, 머릿속에 있어요. 그게 진실이에요. 엄마가 해주신 단 한마디 좋은 말이 저를 그 구덩이에서 끌어올려줄 수 있어요. 핀잔을 들으면 저는 하루 종일 새까만 까마귀가 제 어깨에 앉아 있는 것 같아요. 최악은 두 분께 무시를 당하는 거예요. 아무 말씀도 안 하실 때요. 아빠나 엄마가 저를 바라보는 눈길만으로 제 기분은 좋아질 수도 나빠질 수 있어요. 제게 칭찬 딱 하나만 해주세요. 명확하고 구체적이어서 제가 말 그대로 이해할 수 있는 걸로요. 제가 엄마 칭찬을 별로 안 좋아한다고 생각하시는 거 알아요. 가끔 제가 인상을 팍 구기면서 "그만해요"라고 하니까요. 하지만 그때 제 진심은 이래요. "그 말 좀 더 해주실 수 없어요?"

저는 자신을 사랑하고 싶어요. 뭘 입든 머리를 어떻게 하든 그건 중요하지 않아요. 저는 제 자신을 사랑하고 싶고 제가 껌을 어떻게 씹건 요즘 체중이 조금 늘었건 그런 건 다 상관없어요.
제발 기억해주세요. 비판을 줄여주세요. 저를 꼭 비판하셔야 하고 도저히 참을 수 없다면 이것만 알아주세요. 제가 어릴 때 얼마나 칭찬을 많이 해주셨든 지금 제 칭찬 탱크가 꽉 차 있는 건 아니에요. 두 분이 저를 자랑스러워하신 기억도, 어릴 때 제 모습도, 지금 두 분이 저를 보시는 표정의 배경으로 더 멀리 물러날 뿐이에요.

외모가 완벽한 사람에게 칭찬을 하거나 좋은 말을 건네는 것만큼 쉬운 일이 어디 있겠어요. 정작 칭찬에 목마른 사람은 외모가 완벽하지 않은 사람이에요. 저를 떠받들어달라는 말이 아니에요. 저를 얼마나 사랑하시는지(혹은 제가 저를 얼마나 사랑해야 하는지) 말해달라는 것도 아니에요. 저는 두 분을 통해서 제 내면과 외면에서 무엇이 아름다운지 알아야 해요. 설령 두 분의 말씀을 제대로 이해하지 못하는 것처럼 느끼신다 해도요. 두 분의 목소리는 결국 제 안에서 계속 쌓이고 있어요. 그런데 지금 그 목소리는 대부분 불만과 실망에 차 자꾸 이것저것 고치라고 비판만 해요.

십대 딸이 보내온 상상의 편지

무슨 일이라도 두 분께는 다 털어놓아도 된다고 하셨죠. 그럴 때마다 생각해요. 정말 그럴까? 때로는 두 분께 짐을 안겨드리는 것 같아서 그냥 입을 다물어요. 밤늦게 나누시는 말씀을 들으면 제가 겪은 일들을 왜 그렇게까지 걱정하시는지 잘 모르겠어요. 그래도 두 분이 걱정을 하시면 저는 마음이 무거워져요. 가끔은 어차피 제 감정을 무시하실 테니까 아예 입을 다물 때도 있어요("뚱뚱하다고? 무슨 말이야?" "네 가슴이 마음에 안 든다고? 말도 안 돼!" "그 애들이 너를 파티에 부르지 않았다고? 걔들 손해지!"). 아니면 말해봐야 또 잔소리 가득한 설교를 들을 테니까 입을 다물죠.

그러니까 이해해주세요, 저는 잘 이해하고 있어요. 제가 어린아이였을 때 두 분이 제 안에 심어주신 것들은 아직도 그대로 있어요. 저는 다만 당황스러울 뿐이에요. 그래서 두 분을 당황스럽게 만드는 거예요.

잠시 심호흡을 해주세요. 실수도 하고, 넘어지기도 하고, 다시 회복되기도 하고, 단단한 바닥에 충돌하기도 하고, 저 자신을 사랑하고 미워할 수도 있는 공간을 주세요. 제가 이렇게 분투하는 동안 제게서 더 나은 모습을 찾아내주세요. 동시에 제가 제 인생을 살아가기 위해 꼭 직시해야 하는 있는 그대로의 모습으로 봐주세요. 그렇게 해주실 거죠?

아이 살도
아이 것이다

"첫째, 케첩이나 마요네즈는 빼세요. 둘째, 햄버거의 위쪽 빵을 빼세요. 그래요, 위쪽 번이 없는 휑한 햄버거를 먹는 거예요. 셋째, 감자튀김과는 작별을 하세요 여러분. 지난 시간에 배웠으니 이미 알고 있겠죠?"

다이어트 프로그램을 진행하는 웨이트 와처스(Weight Watchers) 강사가 강의실에 모인 십대들에게 식당에서 햄버거 주문하는 법을 설명하는 걸 듣고 있자니 내 안의 뭔가가 툭 부러지는 것 같았다.

앞에 앉은 아이는 어디가 불편한지 꼼지락거렸다. 상냥한 태도와 예의바른 자기확신이 담긴 문장 하나로 어떻게 아이에게서 삶의 즐거움을 단번에 날려버리는 게 가능한지 똑똑히 목격할 수 있었다. 햄버거를 신성한 완전체로 보았던 아들의 자유는 단번에 산산조각이 났다. 무엇보다 아들이 16년 하고도 반년 동안 어떻게든 부여잡고 있던 환상이 파괴되었다. '나는 정말 괜찮아, 함께 둘러앉아 신을 벗고 저울에 올라가고 지난주에 꼭 참았던 유혹을 서로 들려주는 그룹에 속하는 사람이 아니야' 하는 환상 말이다.

이런 모임을 우리 집에서는 '재판 모임'이라고 한다. 이 모임에 오기 전 옷집에 갔다가 수모를 당한 아이는 우리에게 대화를 청하더니 살 빼는 걸 도와달라고 했다. 솔직히 나는 기뻤다. XL 사이즈를 입는 아들을 두었다는 사실이 고민스러웠기 때문이 아니다. 아이가 먼저 대화를 원했고 시작했기 때문이다. 몇 해 전 나는 아이를 향해 스스로 문제가 있다고 느끼게 하는 사람들 편에 서지 않겠다고 다짐했다. 아이가 네 살이었을 때 놀이터에서 '뚱보'라고 불렀던 아이들, 너는 주위와 어울리지 않는다고 말하는 목소리들, 비꼬는 말을 했던 초등학교 선생님, 유월절 전날 아이를 보며 식욕이 왕성하다고 농담했던 왕래도 드물던 친척 아주머니 등. 외적인 변화에서 비롯되는 내면의 더 심오한 변화를 아이가 이해할 틈도 없이 무작정 아이를 바꾸려든다면, 설령 M 사이즈를 입게 되었다며 의기양양할지 몰라도 아이가 스스로 그 변화를 만들어 낸 것은 아니라는 생각이 들었다. 아이는 위쪽 번이 없는, 케첩과 마요네즈를 넣지 않은, 절친과 생이별한 햄버거를 좋아하게 될지도 모른다. 그렇다, 감자튀김 얘기다.

그래서 아이가 도움을 청했을 때 나는 감동받았다. 아이와 이야기를 나누면서 나는 앞으로 얻을 것과 잃을 것을 면밀하게 살펴보았고 이제 기꺼이 변화할 준비가 되었다는 사실을 깨달았다. 나는 이런 변화를 위해 아이에게 올바른 변화의 틀을 찾아주어야 한다는 사실을 깨달았다. 아들이 더 건강하거나, 잘생겨지거나, 매력적으로 변하기를 바라서가 아니었다. 자신이 좋아하는 음식과 영원한 대화를 나눌 창, 음식과 맺은 애증의 관계를 들여다볼 창, 위안에 뒤잇는 죄책감을 들여다볼 창을 열고 싶었다. 자기 몸에 대한 이미지와 남성성, 있는 그대로 자신을 사랑하기, 성공 경험하기, 저항 경험하기, 진짜 포만감과 진짜 허기 경험하기, 아이가 먹는 이유와 앞으로 다르게 먹으려는 이유를 살펴볼 수 있는 창. 그 창은 아이 자신만의 창이 될 것이다. 자신을 더 깊이 이해할수록 아이는 더 행복해지고 더 완전해질 것이다. 아닐 수도 있고.

아기로 태어났을 때부터 완벽하게 작용하는 신체 체계는 배고픔과 포만감 체계다. 지시사항은 아주 단순하다. 배가 고프면 소리를 질러라, 그러면 음식이 올 것이다. 배가 빵빵하면 입을 다물고 고개를 옆으로 돌려라, 더 이상 음식을 주지 않을 것이다. 아이가 먹을 걸 달라며 내는 울음소리에는 심오한 의미가 있다. 필요한 게 있으면 신호를 보낸다. 그러면 우주가 반응을 보인다. 이 얼마나 안심이 되는가. 이 기본적인 상호작용 속에서 얼마나 다양하고 많은 의사소통이 이루어지는지. 내가 자동차 열쇠를 찾고 있는데 우주에게 물어보면 열쇠를 찾을 수 있다. 중요한 계약을 마무리 짓고 싶어서 우주에 메시지를 보냈더니 계약이 체결된다. 그렇게 해서 얻은 자신감은 두 배가 된다. 내 몸을 알고, 그 몸이 허기를 느낀다는 사실을 인식하고 배 고프다고 말할 수 있는 데서 오는 자신감이다. 엄마에게 배가 고프다고 말하면 엄마가 이 허기를 해소해줄 것이다. 엄마는 나를 이해하기 때문이고, 내가 엄마에게 의지할 수 있기 때문이며, 엄마가 우주이고 나 혼자서는 아직 만들 수 없는 세계를 엄마와 함께 만들 수 있기 때문이다. 바로 이런 사실을 아는 데서 오는 자신감도 있다.

그러므로 아이가 관심을 보이지도 않는데 그 작은 입에 앙증맞은 숟가락을 집어넣거나, 배가 고프다고 한 것도 아닌데 밥 먹을 시간이라는 이유만으로 우유병을 물려주거나, 과일 퓌레가 든 병의 뚜껑을 열기도 전에 아이가 입 다물고 고개를 돌렸다는 사실에 아랑곳 않고 어떻게든 아이가 과일 퓌레를 다 먹었다는 사실에만 뿌듯해한다면, 우리가 자기 손으로 아이와 우주의 비밀스러운 접촉을 침범했고, 완벽하게 작동하던 시스템을 파괴했고, 타고난 자신감을 뺏어버렸다는 사실을 깨달아야 한다.

상황은 점점 더 복잡해진다. 아이가 놀이터에서 놀다가 넘어져 다쳤다? 초콜릿 한 조각이면 해결 못 할 일이 없다. 다행히도 내 가방에 초콜릿이 있다. 아이는 달콤한 초콜릿을 물자마자 놀란 가슴이 진정되고 깨진 무릎도 더 이상 아프지 않다. 생일 파티가 지루하다? 걱정 말라. 손쉽게 먹을 수 있는 과자와 사탕이 그릇 가득 있으니까. 지루한 시간도 음식이 있으면 한결 덜 어색하다. 입이 뭔가를 씹고 있으면 실제로 뭔가를 하고 있으니 더 이상 꿔다 놓은 보릿자루 신세도 아니다. 더 이상 지루함을 날려버릴 일을 찾아 두리번거리지 않아도 된다. 뭔가를 하느라 바쁘고 즐거움을 느끼고 있으니 좌절은 잊힌다. 아이들이 차에 타서 싸운다? 과자를 꺼내라. 이왕이면 목적지에 닿을 때까지 먹을 수 있는 과자면 더 좋다. 입이 바쁘면 덜 시끄러울 테고 몸이 편안하면 싸움도 덜 할 것이기 때문이다. 어느새 할머니 댁에 차를 타고 갈 때는 가방 하나 가득 군것질거리를 꼭 준비하게 된다. 그 음식을 준비하는 동안 당신은 스스로 뿌듯할 것이다. 아이들을 위해 먹을 것을 준비하는 건 항상 보람찬 일이기 때문이다.

한때 알았던 배고픔과 포만감은 사라지고 음식이 점점 감정의 영역과 결부된다. 이 과정에서 가장 뼈아픈 대목은 그렇게 반응하도록 가르쳤다는 사실이다. 우리가 아이를 감정적 중독 상태로 이끌었다. 그 편이 우리에게 편했기 때문이다. 그 편이 스트레스를 풀어주었기 때문이다. 아이의 스트레스를 풀어주는 것이 우리 부모의 일이니까. 아이가 좌절감이나 고통에 빠져 있는 모습을 보기 힘드니까. 음식은 사람을 행복하게 하고, 어쨌든 우리는 아이에게 잘 해주고 싶다.

갈증은 걱정할 필요가 없다. 뭘 좀 마시라고 잔소리하거나 어떻게든 물을 마시게 하려고 애쓰는 일은 잘 없다. 컵을 다 비우라고 잔소리를 하지도 않는다. 보라, 아이는 물을 마시는 데는 아무 문제가 없다. 물 마시기는 문제가 될 일도 없고 다른 문제와 결부되지도 않는다. 목이 마르면 목을 축이니 간단하다. 무엇보다 이 과정은 우리가 아니라 아이의 문제일 뿐이다.

이윽고 가장 혼란스러운 목소리들이 들려오는 단계가 찾아온다. 너무 뚱뚱하거나 너무 마른 아이의 부모는 애를 제대로 돌보지 못했다는 눈총을 받는다. 왜 아이가 더 먹거나 덜 먹게 하는 것이 부모의 책임인지 귀에 속삭인다. 왜 당신 아이가 다른 아이에게 놀림을 받는 게 당신 탓인지 알려준다. 통통한 아이를 키우는 한 당신은 실패자라고 정해버린다. "분명히 애한테 오냐오냐하는 거야." 그러면서 뒤에서 수군거린다. "셔벗을 주지, 왜 초콜릿 아이스크림을 줄까?" "애가 벌써 네 살이잖아. 열네 살에는 너무 늦어." 부모로서 아이에게 절제를 가르치고, 한계를 세우고, 아이가 원치 않는 현실을 직시하게 만들어야 한다는 소리들이다. 아이가 하루 종일 TV를 보게 하는 것은 괜찮지만 점심을 두 그릇이나 먹는 것은 안 될 일일까? 우리가 개입해야 할까? 아이가 아직 절제하지 못하는 부분은 우리가 챙겨야 할까? 이 세상에서 마르지 않은 체형이 얼마나 음울한 의미를 지니는지 깨우치기 전에 살을 빼도록 도와주어야 할까?

아직 유전이나 우리 자신의 섭식 장애에 대해서는 얘기를 시작하지도 않았다. 우리가 아이에게 잔소리를 퍼붓고 한계를 세우고 자꾸 뭔가를 가르치려 든다는 사실에 대해서도 한마디도 하지 않았다. 하지만 하루가 끝날 즈음이면 아이도 알게 될 것이다. 아이도 우리가 부엌에 서서 갓 구운 바게트 빵을 게걸스럽게 먹어치우거나 힘든 하루를 끝낸 후 TV를 보면서 아이스크림 한 통을 몽땅 먹어치우는 모습을 볼 것이다. 자기가 너무 많이 먹을 때 우리의 시선을 느끼고, 너무 적게 먹을 때 우리의 불안을 감지할 것이다. 아이는 계약이 깨졌다는 사실을 알아차린다. 이제 자기 경기장에 부모가 와 있다는 사실을 알게 된다. 자기 몸이나 자기 자신을 신뢰할 수 없을지도 모른다는 사실을 깨닫는다. 자신이 부모의 눈에 착하지도, 예쁘지도, 마르지도 않고 봐줄 만하게 보이지 않는다는 사실을 알아차린다. 거기에 복종할 수밖에 없다는 사실을 알아차린다. 앞으로는 언제 배 고프고 언제 배가 부른지, 언제 달콤한 것을 먹고 싶고 언제 멈춰야 하는지 부모인 우리가 말해줄 것이다.

우리는 가정에서 식생활과 관련된 다양한 요소를 지키는 중요한 역할을 맡고 있다. 하루에 먹을 사탕의 양 정하기, 식탁 차리기, 가정에서도 쉽게 먹을 수 있는 건강한 음식을 준비하기, 모범 보이기(우리 역시 가끔 참기 힘들어서 융통성을 발휘하는 인간적인 순간이 있는가 하면, 아무리 초콜릿 한 판을 다 먹고 싶어도 한 조각으로 만족하며 자신과의 싸움에서 이길 때가 있다는 모습도 보여줘야 한다)에 신경을 써야 한다. 건강한 식습관을 길러주고, 운동을 하는 습관을 들여야 한다. 식사 시간에 그저 음식만이 아니라 함께 어울리거나, 웃거나, 한 주에 있었던 이야기를 나누며 가족끼리 화목한 시간을 즐길 수 있게 신경을 써야 한다. 그 외에도 식사 중에 자리를 뜨지 않게 하고, 얼마나 많이 혹은 적게 먹는지 살피고, 접시를 말끔히 비우지 않으면 디저트를 주지 않겠다고 윽박지르고, 그 외에도 해로운 실수를 하지 않도록 관심을 기울여야 한다. 절제에 문제가 있는 아이가 한 명이라도 있다면 다른 형제들이 마르고 건강하더라도 집에 단 것을 두면 안 된다. 어릴 때부터 아이에게 몸은 영리해서 다 알고 있다고 가르쳐야 한다. 피곤할때, 목이 마를 때, 화장실에 가고 싶을 때, 달콤한 것이나 짭조름한 것을 먹고 싶을 때를 몸은 안다고 말이다. 그러니 자신의 몸을 믿으라고 가르쳐야 한다.

아들이 내게로 몸을 돌리더니 말했다. "엄마, 평생 가본 곳 중에서 가장 슬픈 곳이었어요." 나도 전적으로 같은 생각이었기에 아들의 마음이 이해되었다. 이렇게 된 이상 나도 아이가 스스로 세운 목표를 달성할 수 있도록 최선을 다해 방법을 찾아봐야겠다는 생각이 들었다. 그게 내가 할 일이기 때문이다. 아이가 우주에 구조요청을 했고 나는 17년 동안 아이의 우주였다. 아이와 맺은 계약에 따르면 아이는 원하고, 꿈꾸고, 개선되고, 발전해야 한다. 한편 나는 아이의 말(울음소리와 고함소리, 말로 한 것과 말로 하지 않은 것들까지)에 귀를 기울이고 돕고, 격려하고, 아이조차 스스로를 믿지 못할 때에도 변함없이 믿어 주어야 한다. 얻는 것과 잃는 것이 있고, 근사하면서 끔찍한 유전이 있고, (나와 마찬가지로) 완전하면서도 불완전한 자신이 자기 주인임을 명심하며 인생을 있는 그대로 마주하게 해야 한다. 내가 지금 아이 곁에 있는 이유는 아이의 부름에 응답하는 우주가 되기 위해서다.

왜 아이의 밥그릇을 살피지 않는지, 왜 아이가 더 먹으려고 하면 그러라고 했는지, 왜 아이와 소소한 대화를 나누면서 슬쩍 살을 빼라고 하지 않기로 마음을 먹었는지 묻는다면 내 대답은 아주 간단하다. 사실 나도 날씬하고 예쁘장한 아이를 데리고 완벽한 가족사진을 찍고 싶다. 모든 것을 내가 책임지고 다이어트 경찰이 되어 애써보는 편이 차라리 더 쉬울 것이라는 생각도 없지 않다. 그럼에도 나는 그런 것들을 모두 무시하고 아이를 있는 그대로 사랑하기로 했다. 아이를 고치려고, 개선하려고, 비난하려고, 바꾸려고 들지 않기로 마음을 먹었다. 그런 과정에서 아이가 대가를 치르게 하고 싶지 않기 때문이다. 물론 쉬운 결정은 아니다. 하지만 내가 아는 사람들 가운데 가장 멋있고, 행복하고, 영리하고, 용감한 사람들은 다 XL 사이즈를 입는다.

그날 이후로 1년이 지난 오늘 아들은 34킬로그램을 감량해서 M 사이즈가 되었다. 좋은 영양사를 찾았다. 아이를 살짝 놀려가며 아이가 좋아하는 음식을 충분히 넣어 식단을 짜는 유능한 분이었다. 특히 아이에게 인내의 의미를 설명하고 보상을 강조할 정도로 현명한 분이었다. 우리는 한쪽으로 물러나 아이를 지켜보다가 잘할 때마다 칭찬을 아끼지 않았고 식사 시간에 보여준 아이의 결단력과 자제심에 건배를 들었다. 아이가 10킬로그램을 감량하고 학교에서 누구도 체중에 대한 이야기를 하지 않게 되자 비로소 우리는 더 이상 쓸 일 없는 벨트 구멍 수만큼 축하를 했다. 얼마 후 아이는 영양사의 도움 없이 혼자 힘으로 해보고 싶다고 했다. 그렇게 시도한 지 일 년, 여기저기 쇼핑을 왕창 한 후 아들이 영양사 선생님께 꽃을 사드리자고 했다. 아들과 나는 꽃다발을 들고 댁으로 찾아갔다. 가는 중에 아이에게 지난 일 년에 대한 감회를 물었다. 그러자 아이는 이제 과거의 뚱보 소년에게 작별을 고할 수 있을 것 같다고 했다. 그리고 이제 뭐든 할 수 있을 것 같다고 자신했다.

수치심
이겨내기

중대한 강연을 앞둔 아침이다. 무슨 옷을 입을지 어제 다 준비해두었다. 아이들을 평소보다 일찍 깨워 딸들 머리를 빗겨주었다. 아이들은 유발이 학교에 데려다줄 것이다. 나는 커피를 한 모금 더 마시고 강연 자료를 살펴본 후 정시에 집을 떠나 대학교 캠퍼스 주차장에 도착한다. 마지막으로 거울을 보며 옷매무새를 정리하고 번진 립스틱을 다시 깔끔하게 바른다. 흥분이 넘친다. 언제나 흥분이 끓어오른다. 기대감과 불안이 뒤섞여 정신이 바짝 든다. 시간을 확인한다. 아직 10분이 더 남았다. 나는 기분 좋게 노래 한 곡을 듣고 다시 시간을 확인한 후 차에서 내린다. 그때 사건이 터진다.

첫 발을 내딛는 순간 오른쪽 구두에서 이상한 느낌이 확 올라온다. 힐이 사라져버린 부츠 한쪽. 쿵쾅거리는 가슴을 안고 차문을 다시 열어보니 액셀러레이터 옆에 힐 하나가 생명을 잃고 누워 있다. 다섯 번의 겨울 동안 활약한 굽은 이제 닳아 못 쓰게 된 것이 분명했다. 필사적이 된 나는 무슨 사탕 광고에서 본 것처럼 멀쩡한 쪽 힐을 잡아 뜯어보려고 한다. 광고에서는 멋진 아가씨가 침착하게 허리를 굽혀 다른 쪽 힐도 잡아 뜯고선(대체 어떻게 한 거야?) 굽 없는 구두로 회의 실로 당당하게 걸어간다. "괜찮아." 나는 다짐하듯 말한다. "그냥 당 당하게 걸어가면 돼. 힐이 아직도 달려 있다고 상상하는 게 어려워봐 야 얼마나 어렵겠어. 아무도 모를 거야."

강의실까지 걸어가는데 영원히 끝나지 않는 트랙을 도는 기분이 다. 연단에 오른 나는 앞줄에 앉아 있는 사람들의 표정을 살펴본다. 그들이 이상한 점을 알아차렸는지 아닌지 확인하기 위해서다. 아직 모르는 것 같다. 쇼는 계속되어야 한다. 배우는 각오를 다잡았고 관 객은 아무것도 모른다. 오른쪽 다리는 편치 않은 상황에 적응했다. 그런데 조심스럽게 발을 내딛던 중 네 번째 문장을 말할 때 청중의 표정이 변했다. 여성 청중들이 소곤거리는 모습도 보인다. 내가 뒤에 흘리며 들어온 까만 구두 밑창 부스러기를 본 것이다. 연단은 구두 조각으로 뒤덮여 있었다. 그리고 다음 순간, 짠 것처럼 정확하게 두 번째 힐이 뚝 부러지며 나도 함께 넘어졌다.

수치심은 성인의 삶에도 매우 흔하다. 하지만 아이의 삶에는 더욱 흔해서, 처음으로 집을 나서 교육을 받기 위해 출발하는 날부터 시작 된다. 한 무리의 아이들이 쳐다보고 귓속말을 주고받는다. 팀을 정할 때 가장 마지막으로 뽑힌다. 틀린 대답을 하고 모두에게 웃음을 산 다. 운동장에서 넘어져서 모두의 눈길을 받는다. 엄마가 이상한 바지 를 입혀줘서 모두 앞에서 비웃음을 산다. 바지에 오줌을 쌌다는 사실을 모두에게 들킨다. 말랐다고, 키가 작다고, 모범생이라고, 안경을 쓴다고, 말을 더듬는다고, 천천히 걷는다고, 웃기게 먹는다고, 이가 빠졌다고, 머리를 잘랐다고 아이들이 놀린다. 놀릴 구실은 많고도 많다. 아이가 저 밖에서 수치심을 만나면 온 우주가 우뚝 멈춰 서고 온 세상의 TV가 동시에 켜져서 모든 채널이 그 수치스러운 모습을 중계하는 것 같다. 그 순간 채널은 아이가 저지른 실수를 보여주기 시작한다. 마을 광장 한가운데서 모두에게 그 실수가 방송된다.

비판과 비난은 '똑똑한 사람의 입바른 소리'로 미화되곤 한다. 하지만 이 두 가지가 교육의 수단이 되고, 가정이 끊임없이 비평가와 해결사, 심판관 역할을 하는 곳이 되면 우리는 (아무리 좋은 뜻이었다고 해도) 아이를 자신에 대한 최악의 심판관으로 키우게 된다. 비판적이고 자꾸 흠을 잡는 환경에서는 수치심이 번성한다. 아이는 우리가 이미 알고 있는 것을 알아야 한다. (소시오패스가 아니라면) 수치심을 느끼지 않는 사람은 없다. 수치심은 불완전함의 일부이자 불완전한 다른 인간과 지속적으로 주고받는 의사소통의 일부이기 때문이다. 진짜 용기는 경기장을 박차고 나가지 않고, 훌륭하게 처신하고, 타인에게 공감하고, 누군가 수치심을 느끼면 그 사실을 알아차리고, 스스로를 용서하는 것이다.

수치심을 느낄 상황에 맞설 수 있는 아이를 키우려면 비판을 멈추는 방법밖에 없다. 그리고 아이 앞에서 당신도 빈틈을 보이라. 아이에게 당신의 경험과 실패를 말해주라. 그러면 아이는 당신을 좀 더 인간적으로 느낄 것이다. 실수로 남자 화장실에 들어간 끔찍한 순간에 무슨 생각이 들었는지 말해주라. 그 화장실에 딱 한 사람밖에 없었지만 온 세상이 당신을 보고 웃는 것 같았다고 말해주라. 직장에서 사람들이 동료 험담을 하는 데 끼어 같이 험담을 했다가 얼마 후 그 동료가 구석에서 울고 있는 모습을 보고 다가가 사과했다는 이야기를 들려주라. 아이가 다른 사람들의 감정을 예민하게 느낄 때마다 강화해주라. 그것이 얼마나 중요한 자질인지 말해주라. 예민하다는 건 느낄 줄 안다는 말이기 때문이다. 행복과 성공만 아니라 좌절과 수치심도 느낄 줄 아는 사람이야말로 용감한 사람이다.

젠더이분법에 따른 고정관념 때문에 여자아이는 예뻐야 하고, 얌전해야 하고, 착해야 하고, 완벽해야 하고, 땀이 나도 티를 내지 않아야 한다는 말을 지키지 못할 때 수치심을 느낀다. 한편 남자아이는 강해야 한다는 고정관념을 피해갈 수 없다. 여자아이는 좀 거칠게 행동하거나 지저분해도 내버려두라. 남자아이가 좀 약하더라도 괜찮다. 집 밖에서 아이에게 수치심을 안겨줄 만한 전형적인 상황들을 안전한 곳, 즉 가정에서 미리 연습시키라. 그러면 아마 공공장소에서 구두굽이 부러지는 바람에 키가 몇 센티미터 더 작아져서 집으로 돌아오건, 집 밖에서 마주칠 수 있는 온갖 난처한 상황에 더 쉽게 대처할 수 있을 것이다.

경쟁을 조심하라

아이는 15년 동안 경주마처럼 키워졌다. 경쟁의 냄새를 포착하면 밤색 머리카락이 반짝반짝 빛났다. 호루라기 소리가 울리자마자 앞으로 돌진하는 게 전문이었으며, 경주 내내 적수에게 집중해 항상 승리를 거두었다. 아이가 더 어렸을 때 어머니는 아이 형제들에게 이렇게 소리치며 경주를 시켰다. "욕실에 누가 제일 먼저 도착할까?" 아이는 오빠를 밀쳐내고 앞서 나가기로 마음을 먹은 일이며, 온몸에 아드레날린이 솟구친 일이며, 자신이 이길 때마다 동생이 울음을 터뜨린 일이며, "꼴찌는 썩은 달걀이라네!" 하며 오빠와 동생을 놀릴 때 어떤 기분이었는지 전부 다 기억했다.

"그런데 보세요." 아이가 말했다. "지금은 어떻게 되었는지 보세요. 그 썩은 달걀이 바로 저예요."

열다섯 살에 아이는 난생처음 패배를 경험했다. 머리카락은 더 이상 반짝이지 않았다. 관심 있었던 남자아이가 다른 여자아이를 고른 것이다. 단순히 아무나가 아니었다. 남자애가 고른 상대는 하필 아이의 친구였고 아이를 밟고 승리를 쟁취한, 서러브레드종 경주마 같은 재능 있는 금발이었다. 반년 동안 아이는 경주에 나가지 않고 상처를 치유하는 데 몰두했다. 그렇게 자랑스러워했던 뛰어난 성적도 사라졌다. 발레 수업도 진작 집어치웠다. 유전적으로 배신을 당한 데다 버드나무 같은 체형이 아니면 최고가 될 수 없다는 사실을 깨달았기 때문이다. 아이가 힘과 성공으로 환히 빛날 때마다 주위를 맴돌던 애들도(아이의 설명에 따르면) 자신이 더 이상 스스로는 고사하고 타인을 이끌 수 없다는 사실을 알아차리고는 다 떠나갔다. "이제 저는 아무것도 없어요. 경주에서 졌으니까요." 아이는 이렇게 결론을 내렸다. "패배자라는 사실을 견딜 수가 없어요. 패배자는 다 썩은 달걀이잖아요."

우리는 경쟁 사회에 살기 때문에 아이가 이런 세상에서 살아남을 수 있도록 준비시키고, 이기도록 훈련을 시키고, 뭔가를 하도록 박차를 가해야 한다고 생각하는 경향이 있다. 그러면서 이렇게 편협한 세계관이 지닌 단점을 보지 못한다. 경쟁적인 환경만큼 (인간이 행복을 누릴 수 있는) 잠재력에 파괴적인 환경도 없다. 경쟁에서는 단 하나의 결승선을 기준으로 모든 참가자가 영원히 평가를 받는다. 아무도 참가자에게 과정을 즐겼는지, 자아상은 어떤지, 그 과정에서 타인을 도와주었거나 지금까지 몰랐던 사실을 알게 되었는지 묻지 않는다. 경쟁에는 오로지 자신만 존재한다. 적이든 낙오자든, 자신에게 맞서는 경쟁자는 관심거리가 아니다. 가치는 극도로 협소한 선반 한 줄에 세운 결과로 평가된다. 오직 1등의 자리만 있는 우승 트로피의 선반으로 말이다. 자존감과 자아상, 이 세상에서 겪는 온갖 경험이 오직 단한 줄의 결승선에 달려 있는 아이를 키우고 싶은가? 모든 사람을 잠재적인 적으로 보고, 희박하고 유독한 승리의 공기를 즐기다가도 혹시 패배라도 하면 밟고 선 땅이 무너질 것처럼 반응하는 아이로 키우고 싶은가? 경쟁자들이 어떻게 나올지 계산하느라 너무나 많은 에너지를 낭비하고 늘 불안해하는 아이로 키울 셈인가? 타인을 배려하는 상냥함과 자비심을 결코 알지 못하는 아이로 키우고 싶은가? 친구가 승리자의 기분을 느낄 수 있도록 양보하고 배려할 때 심장 속으로 스며드는 마법 같은 기쁨을 모르는 아이로? 사람들이 '승자는 고독하다'고 말하는 데는 다 이유가 있다.

이 경쟁 사회를 통제할 수는 없을 것이다. 하지만 경쟁적 분위기를 어떻게 받아들일지는 우리가 정할 수 있다. 역설적으로 인생이라는 레이스에서 진정한 우승을 거두는 사람은 타인을 희생시키지 않고 자신과의 내적 관계 속에서 발전하고 진보하기 위해 에너지를 쏟을 줄 아는 이들이다. 지금 행복한지, 잃어버리고 사는 것은 없는지, 무엇을 개선할 수 있을지, 이해할 수 있는 것과 없는 것은 무엇인지, 다음 단계는 무엇인지 자신은 물론 타인에게도 물어볼 수 있는 사람이기도 하다. 왜냐하면 이런 질문을 고민할 때 사람과 접촉하고, 내면의 대화를 나누고, 창의적인 생각과 낙천주의, 협력, 자기애를 키우는 데 더 많은 에너지를 쏟을 수 있기 때문이다.

"누가 밥을 제일 먼저 다 먹는지 볼까?" "누가 목욕 준비를 제일 먼저 할까?" 이런 소리를 자꾸 외치고 싶어지면 지금 당신이 직접 아이에게 경쟁의식만을, 내면으로 향한 관심이 아니라 외적인 관심만을, 협동정신의 결여만을 가르치는 셈이라는 사실을 꼭 떠올리라. 무엇보다 당신이 특정한 목표를 향해 몰아붙일수록 자존감을 느끼는 아이는 많아야 고작 하나뿐일 것이다. 그 자존감은 일시적이라 다음 번 경주에서 지면 연기처럼 사라진다. 어떻게든 아이가 저녁을 다 먹게 하거나 목욕을 끝내게 하고 싶다면 당신이 아이들의 경쟁상대가 되라. 아이들을 한 팀으로 묶고 당신이 지면 져서 속이 상하다고, 자신이 썩은 달걀처럼 느껴진다고 말하라. 아이에게 당신을 격려해달라고 하라. 아이 생각에 당신이 정말 잘하는 일이 뭔지 물어보라. 경쟁이 늘 공정한 것은 아니라고, 절망해서는 안 된다고, 시도하는 자체가 재미라고 말해주겠느냐고 물어보라. 아이에게 다음에는 당신과 아이 모두 한 팀이 되어 시계에 맞서 싸워보자고 제안하라. 시계가 이기더라도 모두 재미있을 것이다. 모두가 즐겁고 서로 돕는다면 늘 승리자니까.

우리는 자신도 모르게 무심코 보인 반응으로 경쟁 기제를 강화하기도 한다. 아이에게 위로랍시고 "걱정 마, 다음에는 이길 거야"라고 말해주면 애초에 아이의 고통을 야기한 결승선을 강조하는 셈이다. 우리가 할 일은 그런 게 아니라 패배의 고통에 빠진 아이와 함께 있어주고, 아이에게 마음이 많이 힘들 거라고 말해주는 것이다. 그리고 (아이가 비교적 어리다면) 비록 경쟁에서는 졌지만 무엇이 즐거웠는지, 어떤 일을 제대로 해냈는지 보여주라. (아이가 더 크면) 비록 지기는 했지만 무엇이 즐거웠으며 어떤 일을 제대로 했는지 물어보라.

가족이 모여 저녁을 먹다가 정치적인 토론을 하게 되었다면 한 가지 사실에만 얽매이지 말라. 아이에게 질문하는 법과 다른 사람의 의견을 무시하지 않고 반박하는 법, 설령 논쟁에서 이기지 못하더라도 토론을 즐기는 법을 가르치라. 함께 토론한 사람이 패배감을 느끼지 않도록 말이다. 당신이 생각하는 승자는 자신의 논거에 집중하면서도 타인의 의견에 귀를 가장 잘 기울이는 사람이라고 하라. 토론할 만한 이야기를 꺼내고, 논점들을 조사하고 연구하고, 그 과정을 즐기고, 비록 화가 나더라도 흥분하지 않고, 이길 가능성이 없더라도 절망하지 않는 사람이 승자라고 말하라.

당신 부부를 본보기로 보여주라. 부부 사이에 뭐든 경쟁하는 분위기가 있는지 열심히 고민하라. 아이는 뛰어난 관찰자이기 때문이다. 특히 터놓고 말로 하지 않는 것을 예민하게 잡아낸다. 그러므로 나중에 아이가 아파서 누가 직장을 쉴지 싸우다가 배우자에게 당신이 지난번에 양보를 했으며 항상 양보하는 쪽이 되는 건 질렸다고 말하는 대신 협력과 진정한 욕구, 양보하기, 배려하기 등에 대해 제대로 토론을 하라. 좋은 결과가 나오기까지 고생을 하더라도 이기는 것보다 훨씬 더 중요한 교훈을 아이에게 가르칠 수 있는 기회임을 명심하라.

사람이 자신의 자존감을 쌓기 위해 한 가지 토대에만 자꾸 기대면 위험하다. 승자와 패자로만 양분된 세상에서는 아이가 자신을 평가할 수 있는 자리가 오로지 두 가지뿐이다. 부모의 중요한 과제는 아이의 시야가 이 두 가지 가능성 안에 제한되지 않도록 더 넓은 시각

을 바탕으로 가치와 재능을 가르치는 것이다. 이것이 바로 저 밖에
펼쳐진 경쟁 사회에 아이를 미리 준비시키는 가장 좋은 방법이다.

평범한
내 아이

클리닉에 온 거의 완벽한 열네 살 여자아이가 내 앞에 앉아 '거의'와 '완벽'의 차이에 대해 불평하고 있다. 이 차이 때문에 아이는 미치기 직전이다. 이런 셔츠를 입고, 저런 휴대폰을 쓰고, 아디다스 스니커즈를 신었다면 그 차이는 조금 줄어들었을지 모른다. 아이는 수학 점수 이야기를 꺼내더니 자신이 거의 B 마이너스를 받을 뻔한 이야기를 들려준다. B 마이너스를 받느니 낙제하는 편이 낫다는 생각이 들었다고 했다. 이유를 묻자 아이는 설명하지 못했다.

지난번 우리가 만났을 때 아이는 자신이 노래를 시작하자 갑자기 환상적인 목소리가 나오는 꿈을 꾸었다고 했다. 꿈속에서 아이는 무대에 섰는데, 아는 사람들이 전부 그곳에 와 있었다. 노래를 시작하자 너무나 아름다운 목소리가 술술 나왔다. 그런데 이번에는 자신이 너무 끔찍하게 느껴진다는 것이 아닌가.

"네 어떤 점이 그렇게 끔찍한지 말해줄 수 있겠니?"

"있잖아요… 저는… 너무 평범해요! 너무 평범하게 생겼다고요!" 아이가 소리친다. 자신의 입에서 '평범'이라는 단어가 튀어나오는 순간 혐오감이 아이의 얼굴을 뒤덮는다. 이 소녀의 가장 큰 두려움은 바로 평범한 것이다.

우리는 모두 특별한 아이를 키우고 싶어 한다. 아이에게도 자신이 특별하다는 느낌을 심어주고 싶어 한다. 거의 모든 아이가 행복한 추억이 든 가방에 거실 탁자 위에서 춤을 춘 기억을 넣어 다닌다. 가족들의 카메라가 자신을 향해 있고 재롱에 흠뻑 빠진 청중의 반짝이는 눈빛들도 기억한다. 아이들은 어린 시절 누구나 빛나는 별이다. 아이는 별이고 우리는 그 별이 뜬 하늘이다. 그곳에서 아이는 반짝반짝 빛나며 언제라도 또 느끼고 싶은 특별함의 품에 폭 안겨 있다. 우리는 아이에게 미래에 대해 말해주며 뭐든 원하는 대로 되리라 장담한다. 그러면 아이는 사탕이 달린 거대한 나무를 상상한다. 언젠가 가지에 손이 닿을 정도로 키가 자라면 손을 뻗어 그 사탕을 따기만 하면 된다고 생각한다.

하지만 서서히 현실이 모습을 드러낸다. 어린이집 선생님은 아이가 얼마나 대단한지 늘 알아봐주지는 않는다. 친구들은 하나같이 자신이 얼마나 대단한지 뽐내느라 바쁘다. 무대에 올라가도 예전 같은 느낌이 아니다. 찾아온 청중의 눈은 자랑스러움으로 반짝이지 않는다. 가끔 청중이 아예 오지 않기도 한다. 그러다가 마침내 중요한 문제가 떠오른다. 우리가 아이에게 자신의 평범함에 어떻게 대처할지 가르쳤던가? 집중조명이 자신을 향하지 않아도 괜찮다고 느끼도록 가르쳤던가? 전체의 일부가 되고, 차례를 기다리고, 설령 아무도 인정해주지 않더라도 개성은 사라지지 않는다고 가르쳤던가?

열네 살 소녀에게 평범함은 저주다. 평범함이란 흐릿하고, 관심을 받지 못하고, 뛰어나지 않은 것이다. 평범하다는 건 돋보이지 않는다는 뜻이다. 거울에 비친 모습도 돋보이지 않고, 특별한 재능이 있거나 영리하지도 않고, 심지어 특별한 마음가짐조차 갖고 있지 않은 것. 평범하다는 것은 받아들이는 것이다. 이 소녀에게는 슬픈 일이다.

그런데 평범함이 경이로운 일이 될 수도 있다면 어떨까? 평범함을 인정하는 건 내면의 평화를 품고 있다는 뜻이다. 심오한 균형감각을 갖고 있으며 삶의 상대성을 이해한다는 뜻이기도 하다. 누구나 자신만의 특별함을 지니고 있다는 사실을 깨달았다는 뜻이기도 하다. 그래서 사람과 가까워질수록 그에게서 특별함을 더 많이 찾아낼 수 있다는 사실을 안다는 뜻이다. 평범하다는 것은 특별한 척 구는 사람이 있더라도 사실 우리 모두 평범하다는 사실을 깨달았다는 뜻이다. 특별해지기 위한 노력은 피곤하고 의미가 없는 짓이라는 사실을 깨달았다는 뜻이다. 즐겁게 살기 위해 노력하고, 자신에게 솔직하고, 발전하고 배우고 창조한다면 자신이 평범할까 봐 두려워하는 삶에 작별을 고할 수 있을 것이다.

우리는 대부분 자기 아이가 특별하다고 생각한다. 때때로 특정한 분야에 특별한 재능을 타고난 아이도 있다. 노래나 그림, 악기 연주에 뛰어난 실력을 지녔거나, 머리가 비상하거나, 공을 다루는 재능이 훌륭하거나, 경이로운 연기력을 갖춘 아이도 있다. 하지만 아이는 인생이라는 여정에서 집중조명을 받지 못하더라도, 뛰어난 재능을 빛내줄 일류학교에 들어가지 못하더라도 행복한 삶을 이끌어나가야 하는 힘든 과제를 안고 있다. 평범해도 행복하기 위해서는 아이가 자존감을 안정되고 일관되고 견고하게 유지하도록 뒷받침해주어야 한다. 삶과 맺은 계약이 개성이라는 달콤한 감각에만 의지하게 되면 조금만 평범해져도 상처를 입고 심지어 분노한다. 자신의 평범함을 깨달으면(살과 피로 이루어져 있으며 언젠가는 죽는다는 점에서 우리는 누구나 평범하다) 동기부여 기제가 회피로 향하거나 특별하다는 감각을 되찾기 위해 고집스럽고 아무 소득 없는 투쟁으로 눈을 돌린다. 남들과는 차별화된 정체성을 모색하는 십대가 되어서는 학년 말 파티 등의 대인관계에서 난관에 부딪힌다. 그러면 사랑하는 사람이 생겨도, 열병 같은 초기 단계가 끝나고 익숙한 일상이 시작되면 관계를 지속하기 어려워진다. 취직을 해서도 칭찬받지 못하거나 한껏 부푼 자존감을 더 부풀려주지 않으면 어려움을 겪을 것이다.

우리는 자신이 독특하다는 감각이 어떤 결과를 야기하는지 알아둬야 한다. 우리는 자신이 얼마나 평범한지 이미 너무 잘 안다. 그런데 유난히 아름답고, 유난히 재능 있고, 유난히 특별한 아이를 낳는다. 그러면 우리는 그 아이를 통해 다시 무대 위로 올라갈 수 있을 것만 같다. 그러다가 아이가 인생에서 좌절을 경험하면 어디에도 비할 수 없는 모욕감을 느낀다. 그럴 때 우리는 아이에게 공감하는 중이라고, 아이와 함께 무너지는 중이라고 스스로 말한다. 아이를 생각하면 마음이 너무 아프기 때문이다. 우리는 아이가 학교나 강의 과정, 뮤지

컬, 선거에 뽑힐 수 있도록 함께 노력해왔다. 아이에게 더할 나위 없이 좋은 기회라고 보았기 때문이다. 하지만 실상 우리는 자신만 생각했을 뿐이다. 그동안 아이에게 평범해지는 선택지 따위는 없다고 가르쳤다. 지금껏 우리가 그 많은 자원을 투자해 키우려고 한 건 아이의 특별함이었으니 말이다. 그런데 바로 그 지점에서 문제가 생긴다. 앞으로 오랫동안 아이가 겪을 두려움의 핵심이 바로 여기 있다. 아이는 자신이 왜 행복해질 수 없는지 모를 것이다. 어째서 그렇게 많은 기쁨의 원천을 포기해야 했는지 모를 것이다. 어째서 만족스러운 삶으로 가는 통로가 왜 자신에게만 그토록 좁고 협소한지도 알 수가 없을 것이다.

아이의 특별함만을 귀여워하는 태도가 얼마나 파괴적일 수 있는지 부모라면 꼭 알아야 한다. 아이에게 평범한 일상의 기쁨을 가르치자. 전체의 일부가 되는 것에 대해서도 가르치자. 실패에서 기쁨을 찾는 법도 가르치자. 아이의 내면에서 어떤 대화가 이루어질지는 우리 손에 달려 있다. 그 마음속에서는 이런 대화가 일어나야 한다. "실패하거나 떨어져도 괜찮아. 그 애들이 나와 놀아주지 않아도, 내가 손을 들었는데 선생님이 발표할 기회를 주시지 않아도 괜찮아. 사람들이 나를 높이 평가해주지 않아도 상관없어. 스스로 평범하다는 생각이 들어도 나는 잘 해결할 수 있어. 그래도 나를 여전히 사랑할 거야. 괜히 상처를 받거나, 화를 내거나, 회피하거나, 있지도 않은 적을 공격하느라 쓸데없이 에너지를 낭비하지 않아도 내 안에서 가장 뛰어난 면을 찾아낼 수 있을 거야. 나는 내가 어떤 사람인지 잘 알아. 내가 다른 사람 눈에 투명인간일 리 없다는 걸 알아. 내 자존감은 절대 흔들리지 않아."

아이의 평범함을 인정한다고 해서 아이의 눈과 심장에서 반짝이는 불꽃을 못 본 척하라는 말이 아니다. 아이가 거실 테이블에 올라가 춤을 추면 우리는 언제나 열화와 같은 환호를 보내줄 것이다. 아이가 지닌 가장 평범한 자질에도 빛을 비추어주며 그 자질이 눈에 보일 때마다 매일 한껏 인정해줄 것이다. 참을성 발휘하기부터, 자제하기, 노력을 기울이기, 단호함을 보이기, 타인을 잘 도와주기, 유머 감각, 경청하기 같은 태도도 모두 강하고 회복 탄력성이 뛰어난 아이로 자라는 데 재료가 되기 때문이다. 청중이 없어도 조명이 켜지지 않아도 우리가 그곳에서 아이에게 환호를 보낼 것이다. 그러면 아이도 인생으로부터 받은 평범함이 얼마나 근사한지 알게 될 것이다.

아이를
인스타그램에서
구출하기

"다들 멋진 삶을 살고 있는데 나는 아무것도 없어요, 엄마. 아시겠어요? 아무것도 없다고요." 아이가 이렇게 결론을 내리며 증거를 제시한다. 아이가 앱 하나를 연다. "어제 새벽 2시예요. 새벽 2시라고요! 이거 보세요, 내 친구 둘이서 같이 놀고 있잖아요. 오늘 아침에 또 올라왔어요. 분홍색 슬러시 잔을 들고 바다를 보고 있다고요. '장밋빛 인생'이라고 적혀 있어요. 화살표가 슬러시를 가리키고 있어요." 그러더니 딸은 우리 집 바로 옆에 있는 카페에서 제 친구 둘이 찍은 또 다른 사진을 보여준다. 두 아이는 우리 집 앞을 지나가면서 굳이 딸을 부르지 않았다. 또 다른 친구는 어제 생일 파티 할 기분이 아니라고 문자를 보냈는데, 지금 인스타그램에 사진이 올라온 것이다. 사진에는 풍선이 주렁주렁 달린 가운데 깜짝 파티를 위해 찾아온 두 친구가 있다. 내 딸은 오늘 살지 못한 삶과 놓친 기회, 파티와 웃음, 다른 사람들만 모인 자리, 자신의 고독을 옆에서 물끄러미 지켜볼 뿐이다. 그렇게 놓친 삶은 끔찍한 생각을 불러온다. 다른 사람들은 다 행복해. 다른 사람들은 다 재미있게 살아. 나만 빼고. 나는 뭐가 문제일까? 아마 충분히 착하지도, 충분히 예쁘지도, 충분히 멋지지도 않은 탓일 것이다. 인스타그램을 보면 공주는 개구리가 된다. 하지만 아무도 유리 구두를 들고 아이를 찾아주지 않는다.

십대 소녀의 대인관계는 항상 무자비하다. 남자아이들이 주로 거부와 패배, 괴롭지만 참을 만한 왁자지껄한 소란 속에서 느끼는 고독에 익숙해진다면 여자아이들은 질투와 자아상의 문제, 모욕적인 빈정거림, 사회적 잔인함으로 뒤범벅인 환경 속으로 뛰어든다. 사람과 사람과의 관계에서 몇 겹으로 쌓이고 쌓인 예민함과 취약함 속에서 자란다. 요즘은 매 순간 십대만이 온전히 이해할 수 있는 잔인한 뉘앙스를 품은 이야기들을 올려주는 소셜미디어의 등장으로 소음이 더욱 증폭되어 고막을 찢어놓는다.

무슨 일이 벌어지고 있는지 당황스러워 딸의 휴대폰을 열어보면 십대 소녀들이 즐거운 시간을 보내는 귀엽고 활기찬 모습의 사진을 잔뜩 보게 될 것이다. 그런데 십대 소녀는 이런 사진에서 다른 것을 본다. 자기 이름이 빠진 태그, 자기 글에 달린 무미건조한 댓글들, 만족스러운 날은 영원히 오지 않을 '좋아요' 숫자, 초대받지 못한 모든 모임들. 창밖으로 향한 아이의 시선은 자신이 참석하지 않은 자리로 향한다. 창으로 가혹한 돌풍이 들이친다. 이 돌풍이 아이의 자아관과 사회적 실재감, 개성, 정체성 형성 과정과 얽히면 안 그래도 예민한 나이의 아이에게 아무 쓸모도 없는 태풍으로 발달한다.

하지만 그 창문은 이미 활짝 열려 있다. 소셜 미디어로부터 멀리 떼어놓을 수 있는 십대 소녀란 존재하지 않는다. 게다가 아이가 현실에서 마주치는 중요하고도 일상적인 요소에 대처할 기회를 뺏고 싶은 부모도 없을 것이다. "애들은 비열하니까 너는 집에 있는 게 나아"라며 집에서 한 발자국도 못 나가게 하거나 친구들을 못 만나게 할 수 없듯이 말이다. 하지만 새로운 현실에 대처하는 과정이 가혹하고 복잡하며 때로는 견디기 쉽지 않다는 사실은 이해해야 한다. 부모가 적극적으로 개입해야 할 부분이 있다는 사실도 알아두어야 한다. 그래야만 긍정적인 대인관계에 전혀 어려움이 없는 아이조차 불행하게 만들 수 있는 인스타그램을 비롯해 이른바 무해한 소셜 미디어를 즐기는 십대 자녀와 우리가 평화롭게 살 수 있다.

아이가 어떤 고통을 겪고 있는지 알고 싶다면 이렇게 상상해보라. 누가 당신의 험담을 할 때마다 상세한 내용을 강조해가며 당신에게 경보를 알리는 앱이 있다. 이런 상상으로는 아이가 겪는 고통의 근처에도 못 간다. 친구들의 사교 생활에 끊임없이 노출되는 십대 소녀의 현실은 고통스럽고 남이 정확히 이해하기 어려우며 유독하다. 하지만 부모는 아이를 이런 현실로부터 무조건 단절시키려 하면 안 된다. 대신 어린 십대 소녀의 핏줄에 매일 균형감각을 주사해야 한다. 더불어 아이의 사회적 공간을 당신이 함께 이야기하고, 이해하려고 노력하고, 면역을 꾀하고, 머리를 맞대고 함께 고민해볼 수 있는 대상으로 바꾸어야 한다.

특히 중요한 것 우리 십대 아이가 괴로운 나머지 부모에게 자발적으로, 조그마한 액정에 뜨는 현실 때문에 자신의 인생이 얼마나 고달프고 자신이 얼마나 상처를 입는지 말할 수도 있다. 그 대답이랍시고 (부모가 아이를 타이르기 위해 이야기하다 보면 흔히 그러듯) '균형 잡힌 시각을 가지라'는 말로 시작하는 것만큼 해로운 일도 없을 것이다. 이런 경우에 부모는 아이를 이해하고, 이야기를 들어주고, 안아주어야 한다. 얼마나 마음이 아팠느냐고, 얼마나 힘들고 혼란스러웠느냐고 공감해줘야 한다. 어떻게 아이를 도울 수 있을지 머리를 맞대고 고민을 해보아야 한다. 무엇보다 그런 고약한 기분이 드는 데는 이유가 있다고 넌지시 알려줘야 한다. 누구라도 그 입장이 되면 똑같은 기분이 될 것이라고 느끼게 해줘야 한다. 마치 우리가 식물에 물을 주듯이, 우리의 시각을 담은 주사기로 사이사이, 차츰차츰, 반복해서, 기회가 날 때마다 그런 느낌을 주입해야 한다. 단 5분의 대화로도 아이가 자신이 처한 상황을 달리 바라보도록 새로운 시각을 이끌어낼 수 있다. 아이에게 우리의 페이스북 사용 경험을 들려줄 수도 있고, 대화를 나눈 후(다음 날 아이가 그 대화로 전과 다른 경험을 했다면) 아이의 인스타그램에 관심을 보이면서 전에 한 대화를 계속 이어가보는 방법도 있다. 사회에 만연한 메시지를 주제로 소소한 대화를 수없이 나누다 보면 아이에게 서서히 생각의 틀이 만들어질 것이다. 그 틀은 아이가 고통스럽거나, 고독하거나, 자신이 무가치하게 느껴질 때 구원이 될 수 있다. 내적 대화가 될 수 있는 외적 대화인 것이다. 시간이 흘러 이 다음에 아이가 또 힘들어하고 있으면, 아이가 이미 알면서도 너무 고통스러운 상처 때문에 일시적으로 잊어버렸을 한두 가지 교훈을 상기시켜주라.

그동안, 아이에게 새로운 고통이 찾아오는 사이사이에 다음과 같은 이야기를 계속 들려주어야 한다.

———————— 네가 잊고 있었다는 사실을 기억해

다른 사람들의 사진은 우리가 자신을 바라보는 방식에 크고 부정적인 영향을 끼칠 수 있어. 어른인 우리도 외국에 있거나, 좋은 레스토랑이나 근사한 연주회에 갔거나, 뭔가를 축하하고, 서로 만나고, 초대하고, 초대받는 친구들을 볼 때 살짝 심사가 뒤틀리곤 해. 이때 회복 탄력성을 발휘하기 위해서는 주위와 단절되어서는 안 된단다. 오히려 우리 뒤에서 윙윙 거슬리는 소음을 내는 타인의 성공이나 행복과 더불어 사는 법을 배워야 해. 어제 누군가는 오히려 네 사진을 보고 자신은 소외되고 실패했고 어울리지 않는다고 느낄지 몰라. 이런 깨달음을 잊지 않는다면, 스크린에 올라온 글에 덥석 반응하려고 할 때 방향을 제대로 잡도록 도와주는 도덕적 나침반으로 삼을 수 있을 거야.

─────────── 사진이 들려준 이야기는 금세 사라진단다

삶의 특정 순간에 일시정지 버튼을 누르고 행복한 장면을 연출할 수 있다니 이 얼마나 멋진 선물이니. 친구와 카페에 앉아 밀크셰이크를 기다리며 함께 인스타그램 부메랑 기능으로 짧은 동영상을 만들고, 이 다음엔 뭘 찍어 올릴지 궁리하기란 또 어찌나 재미있는지. 함께하는 즐거움을 연출하는 것은 그 자체로 사교적 활동이야. 하지만 사진을 찍은 후에도 우리는 함께 있고, 음식을 맛보고, 대화를 즐긴다는 사실도 명심해야 해. 어쩌면 가장 좋았던 순간은 카메라가 담지 못한 미소, 진심 어린 웃음소리나 서로의 이야기에 귀 기울이는 태도, 친구가 들려준 이야기였을지 몰라. 거짓의, 꾸며낸, 사진 속 세상 자체는 문제가 아니야. 하지만 사진과 관계없이 함께 있는 시간을 즐길 줄 아는 능력이 중요하다는 사실을 기억한다면, 너는 함께 이야기를 만드는 과정이 즐거운 사람일 뿐만 아니라 함께 있어도 재미있는 사람이 될 수 있어.

─────────── 네 이야기를 너 자신에게 들려줘

친구가 방금 신상 아디다스 가방을 샀다거나, 새 필터를 써서 사진이 끝내주게 찍혔다거나, 푸른 바다가 넘실거리는 곳에서 핑크색 음료를 마시고 있다는 사실이 곧 네게는 아무것도 없다는 뜻일까? 아냐, 그저 지금 핑크색 주스나 새 필터, 아디다스 가방이 없는 상태로 그 게시물을 보고 있다는 뜻일 뿐이야. 타인이 행복해하는 순간을 보며 자신에겐 아무것도 없다는 기분이 들 수 있어, 이해해. 하지만 그런 기분에 지지 마. 그게 허위 게시물이라는 말이 아니야. 그 친구들은 거기서 무척 즐거운 시간을 보내고 있을 수도 있어. 그렇다면 무엇이 뻔한 거짓일까? 네가 즐겁게 놀지 못하고, 소외되어 있고, 네 건 전부 구닥다리라고 말하는 머릿속 생각이 거짓이야. 네가 아름답지 않다거나 행복하지 않다고 말하는, 네가 그저 지켜보는 동안 진짜 인생은 다른 곳에서 벌어지고 있다고 말하는 머릿속 생각이 거짓이야.

──────── 새로운 현실을 만들어

스스로를 미워하게 하는 이 자잘한 거짓말은 이제 그만둬. 네가 얼마나 근사하고 사랑받고 있는지 기억해. 네가 다른 이들과 함께한 시간이 얼마나 재미있는지 기억해. 네 마음이 얼마나 큰지 기억해. 춤추기를, 그림 그리기를, 음악 감상을, 머리 땋기를, 모노폴리 놀이를, 독서를, 좋은 친구들과 보내는 시간을 네가 얼마나 사랑하는지 기억해. 스마트 기기를 손에서 놓고 좋아하는 일 중 하나를 골라봐. 하나면 돼. 기분이 좋아지는 일을 하고 마음이 행복으로 가득 차면, 다른 친구가 아디다스 가방을 샀다는 사실에도 속이 훨씬 덜 상할 거야.

어머니와 딸,
아버지와 아들

　　젠더이분법적인 관점에서 양육을 논하는 건 정치적으로 올바르지 않겠지만, 많은 부모가 딸과 아들의 차이를 경험한다. 그리고 성별이 같은 자식들끼리 좀 더 편하게 지내는 경험도 한다. 어머니가 아들을 더 좋아하고 아빠가 딸과 더 재미있게 놀아준다는 고정관념도 있다. 우리 집의 경우, 유발이 자기도 모르게 소리를 고래고래 지르며 아들에게 한바탕 잔소리를 하면 내가 나서서 말리는 편이다. 한편 십대 딸이 내 속을 썩일 때, 딸을 앞에 세워놓고 나 자신이나 내 어머니, 내 모든 약점과 맞서는 것처럼 버럭 화를 내면 남편은 옆에 서서 나를 놀리곤 한다.

　　그런가 하면 남편이 아들을 대하는 태도에 내가 중립적인 의견을 내려고 할 때마다 남편은 쏘아붙인다. "끼어들지 마." 남편은 말은 이런 뜻이다. '내가 본능적으로 반응하게 내버려둬. 나는 지금 상처를 입었어. 당신은 절대 모르겠지만, 남자로서 어떤 느낌인지 아니까.

그러니까 내가 의식이 부족하건 말건 내버려둬. 내가 아버지답게 말하게 내버려두라고. 어차피 나는 지금 쟤를 달리 어떻게 대해야 할지 모르겠으니까. 지금 나는 내 감정에만 집중해서 애한테 한바탕 퍼붓는 중이야. 그렇게라도 해야 내가 저 아이를 볼 때마다 어렴풋이 드는 불길한 예감을 어떻게든 지워버릴 수 있다고.'

양육서를 독파하고 아이를 행복하게 키우기 위해 알아야 할 지식을 머릿속에 다 집어넣었다고 자신해도, 언젠가는 맹점에 부딪히는 때가, 아이가 일으킨 사건의 외적인 면에 지극히 감정적으로 반응하는 순간이 온다. 곁에서 우리를 지켜보는 사람이 있다면 그 순간만큼은 부모가 왜 저렇게 극단적으로 반응하는지, 왜 감정을 가라앉히고 다른 식으로 말을 전하지 못하는지, 누가 부모이고 누가 자식인지 의아하게 생각할 것이다.

우리가 이렇게 극단적으로 반응하는 순간에 자신과 마주할 수 있다면 오히려 다음과 같은 중요한 사실을 의식하고 깨우칠 좋은 기회가 될 것이다. 아이가 아무리 야단맞을 만한 행동을 했더라도, 실망감과 모욕감을 드러내고 과하게 화내고 변덕을 부리는 부모의 태도는 실상 아이와도, 아이의 잘못과도 아무 관계가 없다. 우리는 자신의 거울상과 아슬아슬하게 마주 보고 있는데, 거울 안의 또 다른 나를 가만히 바라보고 있으면 어릴 때 겪은 고통스러운 일화며 감춰둔 두려움, 이루어지지 않은 소원, 과거의 목소리가 떠오르기 때문이다. 아버지가 아들을 마주하고, 어머니가 딸을 마주할 때 이런 상황은 더 고통스럽기 마련이다.

바로 이런 단계야말로 우리가 해묵은 상처를 뒤로하고 떠날 좋은 기회다. 한편으로는 우리가 과잉개입을 했다는 사실을 깨달을 기회이기도 하다. 껄렁껄렁한 옷차림으로 외출을 하겠다는 딸, 껌을 씹거나 무례하게 구는 딸, 그 나이대의 나와 달리 공부를 열심히 하지 않는 딸, 인간관계에 서툰 딸, 아무리 잔소리를 해도 다 쓴 수건을 바닥에 던져놓는 딸, 쓰레기 같은 음악을 듣는 딸, 나를 두렵고 수치스럽고 아프게 하는 딸, 바로 이 아이로 인해 나는 내 자신과 마주하게 된다. 나와 같은 실수를 반복하지 않는, 지금 내 모습보다 더 나은 여자이자 사람으로 키우고 싶다는 바람을 품고 있으면서 정작 과거 내 어머니처럼 반응을 한다. 어째선지 이 사이의 공간에 내가 느껴온 고통이 전부 영원히 그대로 살아 숨 쉬고 있다. 딸에 대한 내 반응은 바로 이 고통에서 비롯된다. 아들이 같은 행동을 할 때 나는 매우 다르게 반응한다. 웃어넘기거나 가볍게 잔소리를 한다. 아니면 논리적이고 냉정하게 대화를 나눈다. 그저 청소년기라 그런 거라며 넘어가기도 한다.

한편 유발의 경우, 평소 딸을 대하거나 직장에서 일할 때는 그렇게 잘 조절하던 부정적 감정이 아들을 대할 때는 터져 나온다. 그가 보기에 아들은 너무 일찍 포기하거나, 생산적이지 못하거나, 야망이 없거나, 남자답지 않거나, 독립적이지 않거나, 요령이 없거나, 제 목소리를 충분히 강하게 내지 않는다. 유발 자신이 경험한 좌절이나 해결하지 못한 문제를 아들이 똑같이 겪고, 기대했던 성취나 자질을 아들이 쉽게 포기할 때도 있다. 그러면 평소에 분노와 함께 모르타르를 넣고 잘 섞어 봉인해두었던 불만들이 어느 순간 폭발해버린다. 그는 자기 아들이 포기하는 꼴을 두고 볼 수 없다. 아들을 패배자나 괴짜로도, 너무 섬세한 남자로도 키우지 않을 것이다. 그렇게 자라면 아이가 너무 힘들어질 것이라 믿기 때문이다. 내가 딸을 대면할 때처럼 그도 자신이 상황을 통제하고 있다고 착각한다.

그러므로 때로 배우자의 말에 귀를 기울여야 한다. 배우자가 감정을 폭발시킬 때 그 고통은 우리와 다르기 때문이다. 또한 우리 스스로 지고 있는 것도 모자라 아이에게도 평생 지우려는 짐을 내려놓아야 한다. 어떤 반응이 건강하고 균형적인지 더 잘 이해하고 싶다면, 우리의 버튼을 건드리지 않는 아이에게 우리가 어떻게 행동하는지 되짚어보는 것도 좋다. 건강하고 균형 있게 반응하는 부모가 더 나은 부모일 것이다. 아이가 어떤 사람이든, 성적 지향이 어떻든, 예쁘건, 말랐건, 뛰어나건, 사교적이건 부모라면 이 점을 명심해야 한다. 우리는 아무 조건 없이 아이 곁을 지키고, 사랑해주고, 자랑스러워하고, 그 모습 그대로 받아들이기 위해 지금 여기에 있다. 어머니와 아버지가 각각 딸과 아들을 있는 그대로 받아들이지 않을 때 얼마나 고통스러운지, 그런 감정적 경험이 얼마나 많은 흉터를 남기는지 그 해답을 우리보다 더 잘 아는 사람이 어디에 있을까. 스스로가 누군가 품은 꿈의 연장선이 아닐 때에야 사람은 비로소 해방감을 누릴 수 있다.

열두 번의 임신과 다섯 명의 출산을 한 후에야 나는 우리 어머니가 그렇게 원하셨지만 끝내 이루지 못한 꿈을 이루었다는 사실을 깨달았다. 다섯도 충분하지 않다고 느꼈을 때, 어머니의 가슴에 난 구멍이 내 안에 있었다는 사실을 깨달았다. 나는 머리카락을 길게 늘어뜨리는 걸 좋아하지 않는다. 어머니가 그런 머리를 두고 보지 못하셨기 때문이다. 나는 늘 내가 더 잘할 수 있었다고 자책한다. 더 말끔하고, 날씬하고, 영리할 수 있었다고 말이다. 그것은 어머니의 눈으로 나를 보기 때문이다. 거의 매일 밤 잠들기 전 이렇게 자문한다. 어머니가 살아계시면 나를 자랑스러워하실까? 이 정도로 충분할까? 어머니가 너무나 간절하게 키우고 싶어 하셨던 딸이 되기 위해 또 뭘 할 수 있을까? 어머니가 나를 무조건 자랑스러운 딸로 생각하셨다면 지금 나는 훨씬 더 편해졌을 것이다.

끝없는
퀄리티 타임

여름은 이른바 추억의 계절이다. 무더운 여름이면 어김없이 부모는 '추억 생산' 모드가 된다. 놀이 공원이나 자연, 해외에서 보낸 여름 휴가의 추억은 꼼꼼한 계획을 바탕으로 일상을 벗어난 행복한 경험이다. 이 경험은 사진과 문서로 잘 정리되어 있으며 아이의 내면을 채우는 퍼즐의 중요한 한 조각이기도 하다. 가족의 추억을 만드는 여정을 내딛는 부모들은 잘 지내보자는 의욕으로 충만해 있다. 한편으로는 중요한 질문이 든 말풍선이 머리 위에 달려 있다. 7월부터 8월까지 내내 무더운 여름에 과연 우리 가족은 식사 시간에는 왁자지껄하게 웃고, 산이나 바다를 배경으로 환상적인 사진을 찍으며 한결같이 유쾌하게 지낼 수 있을까?

현실에서 이런 추억은 두 가지 시나리오로 갈린다.

실화① 식당에서 딸이 또 음료수를 흘렸다. 더 이상 갈아입을 옷이 없었다. 레스토랑은 말도 안 되게 비쌌다. 유발과 나는 요리 하나를 시켜 나눠 먹었다. 같이 온 십대 아들은 심사가 뒤틀려 음식을 타박하며 마음에 안 드는 티를 팍팍 냈다. 아이들은 앉을 자리를 두고 싸웠다. 딸이 오빠에게 자기 음식을 한 입도 주지 않자 아들이 너는 못돼먹은 고약한 인간이라고 해서 또 싸움이 붙었고 12년 묵은 원한을 풀 것처럼 싸웠다. 막내가 화장실을 세 번이나 갔다. 그중 두 번은 거짓말이었는데, 화장실에 엄마와 단둘이 가는 짧은 시간이 아주 특권적이라는 사실을 알아버렸기 때문이다. 하지만 적어도 요리를 하지 않아서 설거지를 할 일은 없었다. 꿈같은 휴가였다.

실화② 음료수를 흘렸을 때 나는 유발을 향해 한숨을 쉬며 미소를 지었다(남편은 덜 지었다). 그리고 음식을 불평하는 십대 아들의 무릎을 토닥여주었다. 다른 녀석이 여동생과 싸우자 어린 시절 추억을 하나 들려주었다. 주제는 박탈감과 증오였지만, 정말 재미있는 기억이었다. 어느새 아이들 싸움이 시들해졌다. 막내랑 화장실에 갔고, 자리를 두고 다투던 중 나는 가족 모두에게 각자 지금까지 가장 즐거웠던 일이 뭔지 물었다. 차례가 왔을 때 나는 지금 최고의 시간을 보내고 있다고 말했다. 이게 바로 내가 사는 방식이다. 과거도 미래도 없이 오직 현재뿐인 여자. 지금의 자신을 즐기는 게 아주 중요한 사람. 과거나 미래와는 다른 현재의 의미에 관해 우리는 철학적인 토론을 벌였다. 막내에게는 과거가 무엇인지 설명해주었다. 나는 곁에서 모두를 지켜보았다. 가족 모두가 저지르는 실수와 완벽하지 않은 모습을 보았다. 그러자 내면에서 미소가 피어났다. 바로 그때 청구서가 왔다. 내가 제안했다. "맛도 없는 음식에 어마어마한 값을 청구하는 영수증을 받을 때 할 만한 욕을 우리만 알아들을 수 있는 말로 만들어보자." 그래서 우리는 새로운 욕을 잔뜩 만들었다. 나는 웃음을 터뜨렸다(유발은 덜 웃었다). 웨이터가 거스름돈을 가지고 올 때까지 나는 남편 옆에 앉겠다고 했다. 그렇게 나란히 앉는 게 디저트보다 더 좋다고 했다. 그게 바로 내게는 달달한 디저트라고 말이다. 아이들이 앉으라며 자리를 비켜주었다. 잠시 후 막내가 정말로 화장실이 급하다고 했다.

어린 시절의 추억은 가장 주관적이고 무늬가 가장 복잡한, 우리 내면에 존재하는 모자이크 그림이다. 우리가 기억하는 것들, (형제들은 잘 기억하지만 나는) 까맣게 잊은 것들, 시간이 흐르며 재해석되는 것들… 이런 기억들이 나라는 사람을 구성하는 일부가 되고, 곁에 있어주고, 어른이 될 때까지 나를 상처주고 안아준다. 이 기억 속에는 냄새와 맛, 손길, 음악이 있다. 부모의 싸움, 가족 여행, 동기간의 관계, 저녁식사, 휴가와 명절도 있다. 어린 시절에 즐거움과 따스함, 안락함, 재미를 경험했다면 우리는 긍정적인 시각으로 세상을 바라보며 인생의 첫발을 내딛을 수 있다. 어린 시절 부정적인 경험이나 두려움, 압박감, 불안, 스트레스, 깊이 새겨진 슬픔에 익숙해져버리면 미래를 다른 식으로 해석하기도 쉽지가 않다.

여름 휴가는 미친 듯 흘러가는 현재의 삶을 한두 주 멈추고 오롯이 현재에 집중하기 위한 핑계일 뿐이다. 말하자면 축복받은 핑계다. 공항에서 보안 검색대를 통과해 해외에 갔건, 디즈니랜드에 갔건, 할머니 할아버지와 함께 지냈건, 일주일 내내 집에서 함께 지냈건, 해변이나 대형 마트를 갔건 상관없다. 어차피 우리가 통제할 수 있는 것은 '자신을 경험하는 자아'뿐이다. 아이의 '기억하는 자아'나 쏟아진 음료수나 시작돼버린 싸움은 통제할 수 없다. 그러나 부모는 아이가 훗날 사진에서 무엇을 보게 될지를 좌우하는 중대한 책임이 있다. 저 옛날 식당에서 밥을 먹고 있는 그 가족은 누구인가? 이 사진의 가치는 무엇인가? 에너지를 들일 가치가 없는 것은 무엇인가(나무라기, 윽박지르기, 이렇게 편히 놀기 위해 부모가 얼마나 고생했는지 떠벌이기)? 이 사람들은 누구인가(때때로 같이 있기 괴롭지만 함께 있으면 즐거운 사람들)? 뭔가 문제가 생겼을 때 부모로서 우리의 가장 위대한 '기억 테스트'가 등장해야 한다. 아이의 기억에서 자동 조종 장치로 각인될 부분이자 아이가 음료수를 쏟았을 때 어떻게 반응할지 결정하는 당신의 담당 부분이다. 가장 중요한 추억은 주로 곧바로 떠오르는 기억보다는 모르는 사이에 어느새 자기 안에 살고 있는 기억일 때가 많다.

좋은 추억은 우리가 현재에 집중해 살 수 있고 유쾌했던 일만 기억하기로 선택할 능력이 있을 때 만들어진다. 우리의 해석을 통제하고, 여행 팸플릿 사진이 선사한 꿈같은 푸른 들판과 하얀 시트가 깔린 호텔 침대에 대한 기대감이 실제 좋은 추억으로 현실화되었는지 확인하고, 그 기억을 잃어버리지 않고 늘 즐겁게 간직하려면 이렇게 하라. 승강기로 가는 동안 아이와 나누는 대화를 즐기라. 아니면 나란히 누워 잠이 들거나 평소라면 하지 않을 이야기를 나누는 아이를 지켜보라. 우리를 모르는 가게에 가서 평소에는 절대 사지 않을 옷을 입어보라. 일이 마음먹은 대로 되지 않고 꼬이면 웃으라. 실컷 웃으라. 차에서 함께 노래를 부르라. 계획하고 실망하는 부모의 자리에서 살짝 벗어나 경험하고 기억하는 아이가 되라.

기억은 여름에만 만들어지지 않는다. 아이는 일 년 내내 자신에게 찾아오는 즐거움을 받아들이는 감각 수용기가 있다. 바로 여기에서 그 유명한 '퀄리티 타임'(바쁜 부모가 자식과 보내는 귀중한 시간이라는 의미로, 짧더라도 강렬하게 아이에게 집중해 교감하는 기회를 말한다) 개념이 등장한다. 그런데 이 시간에는 대체로 불필요한 지출이 동반된다. 쇼핑몰에서 쇼핑하기, 외식하기, 놀이공원 놀러 가기, 매주 한 번 오후에 가족 간의 관계를 더 가깝게 만들어줄 활동하기 등등. 나는 부모와 아이가 매일의 걱정거리에서 벗어나 함께 보내는 시간을 중히 여겨야 한다는 주장이라면 무엇이든 전적으로 찬성한다. 하지만 마치 직장에서 전략회의를 하듯 세상에서 제일 소중한 사람들과 함께할 특별한 활동을 만들어 달력에 표시해둘 필요가 있을까?

어린이가 된다는 것은 현재를 만끽한다는 뜻이다. 계획을 짤 능력이나 의지가 없는 상황을 즐긴다는 뜻이다. 또한 '해야 해'보다 '하고 싶어'를 더 좋아한다는 뜻이기도 하다. 아이가 어릴 때는 마음대로 하라고, 현재를 마음껏 즐기라고 내버려둔다. 놀이가 성장 발달에 중요하고, 소리 내어 웃으면 건강에 좋고, 진흙에 뒹굴면 재미있다는 이유 등으로. 그런데 아이가 학교에 들어가면 상황이 변한다. 놀이는 학교에서 데려와 집에서 숫자와 글자 공부를 하는 사이의 시간으로 밀려난다. 시간을 효율적으로 사용한다면 아이는 어떻게든 짧은 시간에라도 놀이를 할 것이다. 그리고 그 시간은 대체로 스마트 기기를 가지고 노는 시간으로 대체된다. 부모도 그 짧은 시간에 할 일을 끝내야 하기 때문이다.

'퀄리티 타임'은 여유시간이 부족한 문화에서 비롯된 안타까운 부작용과도 같은 개념이다. 반드시 해야 하는 일을 처리한 후에야 원하는 것을 할 짬을 찾아내야 한다는 문화적 가치 체계가 낳은 결과물이다. 아이와 시간을 거의 보내지 못하는 부모가 죄책감을 세탁하기 위해 만든 개념이라고도 할 수 있다. 겉으로는 중요한 일을 한다는 구실을 내세우지만, 결국 속내는 아이와 시간을 보내고, 아이의 기운을 북돋우고, 당신에게 아이가 얼마나 소중한지 아이에게 보여주고, 아이와 같이 보내는 시간도 가끔은 즐겁다는 사실을 떠올리겠다는 것이다.

사실 아이와의 퀄리티 타임은 생각보다 훨씬 간단하게 만들 수 있다. 전화기를 내려놓고, 써야 할 메일과 해야 할 세탁, 만들어야 할 저녁, 해야 할 청소, 지금 꼭 해야만 할 것 같은 온갖 일들을 미루고는 이렇게 말하는 수많은 순간들이 모여서 만들어진다. "얘, 요아비. 잠시 같이 앉을 시간 있니?" "쉬라, 오늘 직장에서 무슨 일이 있었는데, 한번 들어보고 좋은 생각이 있으면 말해줄래?" "로나, 이제부터 저녁을 만들 건데 같이 할까? 같이 이야기나 하자, 우리끼리." 이런 식으로 꼭 강조를 해야 한다. "너랑 나, 같이, 우리끼리." 이런 시간을 일상의 일부로 만들면 여러 아이와 동시에 퀄리티 타임을 진행할 수도 있다. 그러면 따로 경비가 들지도 않고, 함께 시간을 보낼 계획을 짜느라 창의력을 쥐어짤 필요도 없다. 게다가 '엄마와 함께한 시간' 같은 제목을 단 사진을 올릴 필요도 없다.

네 살 아이의 귀에 코를 집어넣고 아이에게도 똑같이 해보라고 하라. 이런 놀이의 이름을 만들라. 간지러우면 실컷 웃으라. 이런 것이 퀄리티 타임이다. 십대 아이를 태우고 운전을 하게 되면 아이에게 좋아하는 곡을 (헤드폰 대신) 자동차의 스피커로 들으라고 하라. 잠시 후 웃으며 당신이 좋아하는 음악은 아니지만 이런 음악을 좋아하는 아이를 키우고 그 아이와 차를 함께 타고 있으니 운이 좋다고 하라. 아이가 있어서 좀 더 젊어진 것 같다고 말이다. 이런 시간도 퀄리티 타임이다. 열 살이 된 아이에게 당신이 오늘 직장에서 다른 동료 때문에 속상한 일이 있었는데 어떻게 해야 할지 모르겠다고 하라. 그 말을 듣고 아이가 제 생각을 들려주면 경청하고 아이의 해결책이 최고라고 말해주라. 이것이 퀄리티 타임이다. 탁자에 오렌지를 늘어놓고 오렌지마다 어린이집 아이들의 이름을 붙이라. 아이에게 오늘 읽은 책에 대해 물어보라. 읽으면서 무슨 생각을 했는지 들어보라. 소파에 그저 같이 앉아 있으라. 함께 손톱에 매니큐어를 칠하라. 물웅덩이로 철퍽 뛰어들라. 이 모든 것들이 다 퀄리티 타임이다.

우리는 아이와 추억을 만들고 싶다는 욕망에 이끌려 다양한 활동을 한다. 아이가 그날 그때의 여행이나 하루 휴가, 생일을 위해 계획한 특별 이벤트, 대단한 성적표를 받아온 날 등을 잘 기억해주기를 진심으로 기원한다. 하지만 가장 중요한 추억은 이벤트나 파티가 아니다. 진짜 추억은 말로도 전할 수 없고 신용카드나 선물더미 따위가 줄 수 없는 감각적이고 감정적인 곳에 깃든다. 우리의 사람됨을 구성하는 일부가 되고, 아이가 앞으로 될 부모를 만들고, 반려로 삼을 파트너를 고르는 데 도움이 되는 추억은 진실하고, 조용하고, 친밀한 존재들이 있는 곳에서 찾을 수 있다. 손길이나 주고받은 눈길, 체취, 요리하는 냄새가 있는 곳일 수도 있다. 시간을 정하지 않고 달력에 날짜를 표시해두지도 않은 우연한 모임의 기억 속일 수도 있다. 그러니까 퀄리티 타임과 정반대되는 것들 말이다.

구식 육아

　　"오늘날 부모는 부모 되기를 두려워한다!" "부모가 자식을 무서워한다!" "요즘은 부모의 권위가 땅에 떨어졌다!" "우리는 버르장머리 없는 아이를 키우고 있다. 쓸데없이 칭찬만 퍼붓다가 아이가 스물다섯 살이 되어도 여전히 부모 집에서 살면 그제야 화들짝 놀란다." 이런 구호들은 요즘 서구에서 가장 뛰어난 육아 전문가들이 내세우는 주장이다. 이런 주장을 접한 부모들은 자연히 갈팡질팡하게 되고 부모가 되는 법을 재교육해줄 양육법의 품으로 곧장 뛰어든다. "아이에게서 휴대폰을 빼앗으라!" "아이의 눈을 똑바로 쳐다보고 이 집에서 누가 대장인지 똑똑히 알려주라!" 이런 구호들을 비롯해 좋은 부모가 되어 아이를 만사에 뛰어나고, 행복하고, 예의 바르게 행동할 뿐만 아니라 포르노와 약물을 혐오하고 설거지를 좋아하고 학교 준비물은 제 용돈을 모아 사도록 키울 수 있다고 주장하는 온갖 양육법들.

그런데 저 수많은 느낌표를 보면 내 머릿속에는 본능적으로 수많은 물음표가 떠오른다. 정말 우리가 갈팡질팡하고 있는 건 아닐까? 정말 우리가 자기 자신과 일, 환상의 상실, 재정적 압박감, 한 번에 여러 가지 일을 해내려고 버둥대는 생활에 너무 매몰된 나머지 양육이 매우 기본적이고 단순하다는 사실을 잊고 사는 것은 아닐까?

대체로 우리 부모 세대의 육아는 그리 나쁘지 않았다. 그렇다고 그리 좋지도 않았다고 말하는 사람도 있을 것이다. 하지만 과거에는 부모가 지금보다 덜 갈팡질팡했다는 사실은 아무도 부정할 수 없다. 과거의 육아는 대체로 이런 공식을 따른다. '인생은 힘들다. 아이는 우리의 우선순위 목록에서 꼭대기가 아니다. 가끔 아이를 따끔하게 가르쳐야 할 때도 있지만 그 외에는 아이에게 무슨 일이 일어나고 있는지 정확하게 알 수가 없더라도 마음대로 놀게 내버려두면 된다. 그 외에도, 학교는 중요하다. 그렇지만 양치질도 똑같이 중요하다. 아이는 선생님에게 대들면 안 된다. 그리고 아이는 배가 찰 때까지 먹어야 한다.' 이런 공식에 채식주의나 글루텐프리, 유기농 채소, 균형 잡힌 식단 같은 건 없다. 그 시절에도 아이의 주관적인 세상, 그 세상을 가득 채운 아이의 감정과 생각, 학습 장애와 교우관계의 문제가 있었다. 하지만 아주 극단적인 경우가 아니라면 부모가 수면 부족에 시달릴 일도 없었다.

그래도 우리는 자랐다. 어쨌든 우리는 성장했다. 온몸이 흙투성이가 되고 멍이 들었다. 부모에게 살짝 겁을 먹을 때도 있었다. 길을 잃거나 혼란스러울 때 그 길의 끝에 아무도 없었다. 우리 방은 십대 잡지에서나 구할 수 있었던 포스터가 벽에 붙은 단출한 공간이었다. 우리는 가게에서 물건을 슬쩍했다. 숙제를 가끔 빼먹었다. 그리고 많이 걸었다. 우리는 꼬맹이들이었다. 이를 꼭 닦아야 했고, 선생님 말씀을 잘 들어야 했고, 밖에 나가서 실컷 놀아야 했고, 부모님이 화가 나셨거나 혼을 내실 때는 잘 들어야 했다.

물론 그때는 지금과 같지 않다. 세대 차이가 존재한다. 지금은 과잉과 신기술의 시대이자 상담사와 치료센터가 넘치는 시대이기도 하다. 더불어 우리가 삶에서 거둔 으리으리한 집과 근사한 직함, 티 한 점 없는 차, 잘나가는 경력, 해외여행에서 찍은 사진들과 나란히 우승컵을 전시하는 선반에 놓아둘 만한 예쁘고, 똑똑하고, 재능 있는 아이로 키워야 한다는 욕구와 압력도 존재하는 시대이다. 그럼에도, 시간이 흘러도 퇴색되지 않고 보존할 가치가 있는 구시대의 육아 원칙이 몇 가지 있다.

───────── **아이는 나무를 타야 한다**

나는 태어나서 몇 년간 이스라엘 북부 하이파의 조용한 동네에서 자랐다. 학교에 입학한 후에는 혼자 걸어서 통학을 했다. 내 짧은 다리로 30분 거리였다. 집으로 돌아갈 때면 친구들과 숲에 들러 뱀을 찾으러 다니거나 유난히 키가 작은 소나무에 올라가곤 했다. 나무에서 나온 송진에 무릎이며 손가락이 찐득거렸다. 골짜기에 돌을 던지고 나면 서둘러 집으로 돌아갔다. 늦은 데다가 씻어도 지워지지 않을 송진을 묻혀 왔다고 화낼 준비가 된 엄마가 창가에서 기다리고 계시다고 몸 안의 시계가 귀띔을 해주었기 때문이다. 모험 여행을 떠나서 녹색 연못에서 헤엄치는 올챙이들을 만질 때가 제일 좋았다. 토요일마다 축구를 했는데, 그때면 아빠는 나를 "용감이"라고 불러주셨다.

낡고 튼튼한 나무 바닥과 양탄자가 요즘은 운동용 매트로 대체되었고 놀이터에는 더 이상 모래상자와 낡은 타이어가 없다. 이런 시절일수록 넘어져 무릎이 까지거나 바지에 구멍을 내거나 맛이 지독한 풀을 먹어보거나 심지어 뜨거운 보도에 발을 데어보는 것만 한 놀이가 없다는 사실을 명심해야 한다. 기겁을 하며 아이를 보호막으로 감싸기 전에 어린 시절은 처음부터 끝까지 나무 타기라는 사실을 기억하라. 생채기가 나더라도 아이가 나무를 타면서 체득하는 자신감과 위기관리 능력은 그만한 가치가 있기 때문이다. 어린 시절은 돋보기로 마른 나뭇잎을 태우는 놀이와 같다. 이 놀이는 우리에게 뭔가를 가르쳐주고 인내심과 정확성을 요구한다. 어린 시절은 흘러넘치거나 폭발하는 마법의 물약을 만드는 시기다. 약이 그렇게 되는 건 재료의 배합이 기발하거나 실패작이었기 때문이다. 어느 쪽인지는 당신의 관점에 달려 있다.

작지만 도전할 수 있는 위험을 기꺼이 감수하는 아이는 독립과 자신감, 호기심의 맛을 즐긴다. 아이가 다른 가지로 올라가는 동안 곁을 지키라. 지면에서 고작 1미터 올라가서 세상의 꼭대기를 정복한 기분을 만끽하며 아래를 내려다보는 아이를 지켜보라. 미소 짓는 아이의 얼굴에서 당신은 아이를 이 세상으로 내보낼 때 불어넣어주었던 자신감과, 자신을 믿고 두려움을 극복하리라는 아이의 믿음을 볼 것이다.

———————— 부모가 모든 것을 다 알 필요는 없다

나는 어린이집에서 거짓말을 하다가 들켰다는 이야기를 엄마에게 한 번도 하지 않았다. 그때 선생님은 반 아이들 앞에서 무자비하게 호통을 치셨는데, 그 모습을 절대 잊을 수 없으리라는 말도 털어놓지 않았다. 만약 내가 그 일을 털어놓았다면 엄마는 분명 거짓말을 하다 들통 나서 쌤통이라는 표정을 지으셨을 것이다. "그렇게 되는 게 당연해. 그게 거짓말의 대가니까." 엄마는 오스나트와 내가 내 방에서 가끔 패션쇼를 벌였으며 기분이 야릇한 날이면 발가벗고 패션쇼를 했다는 사실도 절대 모르셨다. 나보다 두 살 많은 아는 집 언니에게 프렌치 키스를 어떻게 하는지 배웠다는 말도 절대 하지 않았다. 부모님들은 우리가 얌전하게 노는 줄로만 아시고 거실에서 간식을 들며 이야기를 나누셨지만 사실 우리는 그런 깜찍한 짓을 하고 있었다. 그 밖에도 엄마에게 말하지 않은 이야기가 많았다. 하지만 나는 부모님이 그런 일을 아시면 무슨 생각을 하고 어떤 반응을 보이실지 정확하게 알고 있었다.

요즘은 부모에게 아이를 몰래 지켜보라고 한다. 휴대폰을 확인하고 체계적으로 유도 질문을 하라고 한다. 물론 아이가 사실대로 털어놓는지 확인하기 위해 이미 답을 아는 질문을 모른 척 던지는 것도 잊지 말라고 한다. "오늘 어린이집에서 그 애가 나랑 놀아주지 않았어요"로 시작하는 이야기 또한 언제나 화제다. 엄마들 사이에 이야기가 오가고, 어린이집 선생님에게 연락이 가고, "다른 아이에게 이런 일이 일어날 수도 있어요"라는 글을 소셜 미디어에 올리는 것으로 끝이 난다.

그런데 아이는 우리가 이미 끝낸 과정을 지금 한창 배우고 있다는 사실을 명심해야 한다. 아이는 난생처음 친구가 자기랑 놀고 싶어 하지 않는 상황을 겪고 있다. 이럴 때 부모가 신경질적인 반응을 보이거나 대신 문제를 해결해주는 상황은 절대 도움이 되지 않는다. 도움이 되기는커녕 아이를 하찮고 나약한 존재로 만들 뿐이다. 아이는 우리의 협상과 과잉반응을 접하면 무슨 일인지 몰라도 끔찍한 일이 벌어졌다고 생각한다. 아이는 앞으로도 친구들이 함께 놀아주지 않는 상황을 몇 번이고 겪을 것이다. 어쩌면 내 아이가 다른 아이와 놀고 싶어 하지 않을 수도 있다. 아이는 당신이 개입하지 않는 사적인 공간이 필요하다.

이런 경우 아이의 기분을 물어보는 정도면 충분하다. 화가 더 났는지 마음이 더 아팠는지, 울고 싶었는지 그 친구에게 못됐다고 소리치고 싶었는지 같은 질문을 하라. 앞으로는 이런 일을 당해도 마음이 점점 덜 아파질 것이며 어떻게 대처해야 할지 터득하게 될 것이라는 사실을 아는 데서 오는 자신감을 키워주라. 아이에게 가장 좋은 해결책을 어떻게 당신이 알겠는가? 어째서 아이가 아니고 당신이 알겠는가? 아이는 영리하니 수많은 문제에 대해서도 가장 좋은 해결책을 알고 있다.

그렇다면 온라인에 도사리고 있는 늑대에 대해선 어떻게 해야 할까? 무엇보다도 부모는 이런 문제에 대해 아이와 그 어느 때보다 솔직하고 흥미진진한 대화를 나누어야 할 의무가 있다. 대화를 쉽게 풀어나가기 쉽지 않을 것이다. 솔직히 아이의 휴대폰 비밀번호를 알아내서 대화를 모두 읽을 수 있다면 하지 않아도 될 대화이기도 하다. 하지만 사랑하는 사람이 누구에게 문자를 보내고, 인터넷으로 무엇을 보고, 자신을 어떻게 표현하는지 알고 싶어서 하루에 한 번 그의 휴대폰을 들여다보아야만 하는 관계를 상상해보라. 혹 근본적인 것을 놓치지나 않았는지 골똘히 생각해보라. 인터넷에서의 적절한 행동에 대해 이야기를 나누면서 어떻게 아이에게 이해시킬지 고민도 해야 하고, 당혹스럽거나 불쾌하기도 한 대화를 해야 하니 아이와 좋은 관계를 유지해나가기란 결코 수월하지 않은 것이 사실이다. 때로는 아이와 대화를 나누는 게 힘들고 어렵다. 그래도 위험으로부터 보호한다는 미명하에 아이가 잠든 후 사생활을 몰래 염탐하는 것보다는 훨씬 더 건설적이다.

명심하라. 당신과 아이가 이미 경찰과 도둑 놀이를 하는 듯한 관계라면, 아이는 그런 상황만 아니었어도 당신과 공유했을 뭔가를 숨기는 법을 금방 터득할 것이다. 아이를 비난하지 말라. 벌을 주지도 말고 히스테리를 부리지도 말라. 아이가 막다른 벽에 부딪히거나 일을 망쳤을 때 당신이 아이의 파트너가 될 자격이 있음을 증명해 보이라. 당신이 실수로부터 아이와 함께 배울 수 있다고 증명해 보이라. (아이가 언젠가는 거쳐야 할 부모로부터의) 독립의 핵심은 아이가 당신에게 모든 것을 다 털어놓는 게 아니다. 아이가 어릴 때는 숨기는 것이 적지만, 크고 나면 숨기지 않는 것이 적으리라는 걸 잊지 말라. 하지만 관계가 튼튼하다면 아이가 곤란한 상황에 처했을 때 당신에게 제일 먼저 연락을 해오는 특권을 누릴 것이다. 아이에 대해 모든 것을 다 아는 것보다는 이런 특권이 훨씬 더 중요하다.

─────── 아이가 항상 즐거울 리 없다

나는 볼일을 보러 나가시는 부모님과 함께 나가 차에서 기다리는 일이 정말 싫었다. 내가 무제한 주차 시간 측정기가 된 느낌이었다. 차 안에는 에어컨도 시계도 없고 기다림의 끝도 보이지 않았다. 엄마나 아빠가 식료품점이나 은행, 화초상에서 어서 돌아오시기를 기다리며 삭아가는 자동차 좌석의 천 덮개 모서리를 끝도 없이 노려보는 일, 그것이 지겨워서 그 시간이 너무 싫었다. 게다가 부모님이 돌아오셔도 가방에는 사야 했던 물건뿐이고 아이를 즐겁게 만들어줄 것은 하나도 없었다.

과거에는 일상적으로 벌어졌던 따귀 때리기는 다행히도 한참 전에 사라졌다. 체벌 같은 고통스러운 수단이 아이를 행복하게 만들 리 없고 상처와 모욕감만 준다는 자명한 사실을 전제로, 그 수단을 사용하곤 했던 부모를 잠시 생각해보자. 분명히 그 부모는 아이가 인생을 살아가는 데 도움이 되는 교훈을 배우기 위해서 권위적이고 교육적인 중요한 인물 앞에서는 고통을 견뎌야 하며, 견딜 수 있다고 생각했을 것이다.

오늘날 우리는 그런 양육 방식으로부터 몇 광년이나 떨어져 있다. 우리는 아이가 행복하기를 바란다. 최대한 좌절을 피해가도록 애쓰며 키운다. 아이가 화를 내면 잔뜩 긴장하고, 아이 앞에 장애물이 있으면 얼른 치워주고, 문제를 대신 해결해주고, 물건을 사주고, 정리해주고, 재미를 주고, 아이를 망친다. 이 모든 걸 행복이라는 명분 아래 저지른다. 이런 태도는 문제적이며, 특히 아이를 엉뚱한 길로 인도하는 결과를 낳는다. "원하는 것은 뭐든 다 해줄 테니 그저 행복하게만 자라다오." 이 계약은 뭐든 원하면 우주가 다 들어주어야 한다고 확신하는 가련한 사람을 만들어낸다는 점에서 기만적이다. 서른세 살에도 유튜브 보면서 피자 먹기로는 생계를 꾸릴 수 없는 이유나 행복이 자꾸 멀어지기만 하는 이유에 대해 이해하지 못하는 사람으로 자란다고 해도 놀라지 말라.

제대로 된 계약이라면 "정말 필요한 것을 줄게. 그러면 행복해지는 법을 배울 수 있을 거야"라고 말해야 한다. 아이는 우리가 세운 경계를 받아들이려 하지 않을 것이다. 그 경계를 이해해보려 들지도 않을 것이다. 아이는 자기 환경에서 부모가 내린 결정에 대해 항상 논리적이고 존중이 녹아 있는 설명을 들을 권리가 있다. 부모는 아이가 전혀 마음에 들지 않아 한다는 사실을 전적으로 받아들이고, 심지어 자신의 결정으로 아이가 얼마나 화가 났거나 좌절했는지 이해해주어야 한다. 이런 계약을 맺는다고 해서 부모가 이제 샤워할 시간이라거나, 집에 가야 한다거나, 헬멧을 쓰라거나, 약물을 멀리하라는 말을 폭력 없이 침착하고 단호하게 전하는 능력이 흔들리지는 않을 것이다. 아이가 좋아하지는 않겠지만, 행복해질 수 있는 능력은 최고치가 된다. 원치 않는 현실을 받아들여야 할 때 행복의 근육은 가장 잘 단련되기 때문이다. 반면 응석을 모두 들어주며 자신의 것이라도 되듯 아이의 행복을 좌지우지하려 하면 행복의 근육을 쓸 일은 점점 줄어들 것이다.

이혼,
재앙이나 위기일까?

"선생님은 '이혼한 애'가 뭔지 아세요?" 내 클리닉을 찾은 여섯 살 남자아이가 두 살 어린 동생과 함께 그림을 그리면서 물었다. 아이는 고개도 들지 않은 채 배경으로 먼저 그린 푸른 하늘에 구름을 연신 검게 칠했다. 일전에 할머니와 함께 놀이공원에 놀러 간 이야기를 하던 중이었다. "부모님이 이혼한 집 애들이라는 뜻이에요." 아이가 설명해주었다.

"그걸 왜 '이혼한 애'들이라고 하니?" 내가 물었다.

"걔네는 밤에 양쪽 집 어디서 자도 다른 쪽 집에서 쫓겨난 기분이 든대요. 그래서요."

나는 두 아이의 잔에 주스를 더 따른 후 여자아이에게 뭘 그리는지 물었다.

"가족이에요." 아이가 수줍게 대답했다.

아이의 종이에는 원으로 둘러싸인 선 네 개가 있었다.

부부가 이혼을 결심할 때(결정을 내린 이유가 더 이상 서로를 좋게 이해해줄 수 없기 때문이든, 싸우고 관계치료를 받는 게 지겨워서든, 증오로 불타거나 신뢰를 저버린 슬픔이나 끓어오르는 질투심처럼 우리가 마주치는 가장 유독한 감정에서 비롯된 감정 탓이든) 대체로 두 사람은 각자 한계에 다다른 상태다.

곧 이혼할 부부는 영화에서 본 장면이나 함께 들은 간단한 강좌 덕분에 아이와 '이야기'해야 한다는 사실은 대체로 안다. 조심스러운 태도로 아이를 거실로 불러서 두 사람의 사랑이 끝났지만 우정은 남았으며 아이에 대한 애정은 절대 끝나지 않으리라는 이야기를 차분하게 들려줘야 한다는 것도 안다. 하지만 그렇게 모여 앉아 부부 중 한쪽이 저지른 부정, 서로 손끝도 대지 않고 지내온 세월, 해결되지 않은 채 계속 쌓이기만 한 불화, 혐오로 바뀐 사랑에 대해서 들려주어야겠다는 생각은 하지 않을 것이다. 아이에게 두 사람이 헤어지기로 했다고, 가정을 깨기로 했다고 전하면서도 아이에게는 이혼이 세상의 끝이 아니라는 사실을 전할 수 있기를 부모는 바란다.

실제로 현명하게 대처하기만 하면 이혼으로 세상이 끝나지 않는다. 이혼이 재앙이 될 일도 없다. 위기가 될 수는 있지만, 시간이 약이라는 관점에서 보면 관계자 모두 더 강인해지고 힘이 생길 것이다. 하지만 아이의 관점을 잊지 말라. 아이에게 이혼은 가족의 종말이다. 살던 집, 밤에 자는 침대, 자신감, 인생, 온 세상이 끝장나는 일이다. 이혼이 재앙이 될지 위기가 될지를 가르는 거대한 차이는 부모가 제 구실을 제대로 하는 능력에 달려 있다. 매 분, 매 시간, 매일, 이혼한 부부는 아이에게 부부의 사랑이 죽어버린 것과 아이는 아무런 관계도 없다는 사실을 이해시켜야 한다. 또한 부부가 벌이는 진흙탕 싸움에 끼어들 필요가 없다고, 어느 한쪽을 고르지 않아도 된다고 증명해주어야 한다. 무엇보다 부부는 지금 개인적으로 위기를 겪고 있지만 언제나 부모의 구실을 할 것이라는 점을 증명해 보여야 한다.

그리고 그건 말처럼 쉽지 않다.

이 상황에서 가장 큰 고충의 근원은 부모가 자신의 심리상태와 전혀 다른 모습으로 아이를 대해야 한다는 점이다. 상심, 분노, 비통, 질투에 사로잡힌 사람이 부모의 역할을 하면서 평소처럼 행동하기란 거의 불가능하다. 어차피 아이는 부모가 아무 말을 해주지 않아도 부모가 서로에게 어떤 감정을 품고 있는지 다 알아차린다. 우리는 로봇이 아니다. 인간일 뿐이다. 개인적으로 힘든 시간을 보내고 있으며 분노에 사로잡혀 있다. 게다가 관계를 잃은 직후다. 이렇게 힘든 시간을 보내는 우리를 지켜보는 사람이 바로 아이다. 아이는 무엇보다 우리에게 소중한 존재다. 그러므로 아이를 위해 곁에 있어주는 일이 가장 중요하다는 사실을 잊어서는 안 된다. 바로 이 지점에서 가장 중요한 부분이 시작된다. 초인적인 힘이 필요한 부분이다.

우리가 위기에서 헤쳐나오는 모습을 지켜보면서 아이는 말로 표현되지 않는 것(예컨대 상황에 대처하는 태도)에서 뭔가를 배우는가 하면 말로 표현된 것(예컨대 어른 싸움에 아이 끌어들이기)에서 상처를 입기도 한다. 부모가 스스로를 잘 보살피거나, 독선적으로 굴지 않고 남을 탓하는 대신 새로운 현실을 만들어내는 모습을 보고 저것이 용기구나 깨우친다. 부모가 밤마다 눈물로 지새우며 힘든 시간을 보내는 중에도 아이에게 행복한 모습을 보여주려고 애쓰는 데서 아이는 낙천주의를 배운다. 서로를 헐뜯는 대신 냉정을 되찾고 구체적인 문제를 하나씩 풀어가는 모습에서는 아이도 책임감을 배우고 원치 않는 현실에 대처하는 법을 배운다. 어느 한쪽을 고르라고 하는 순간 아이는 망가진다.

아이에게 편을 고르게 하는 상황이란 뭘 말하는 걸까? 가령 "네 아빠가 양육비를 제때 보내주지 않는다"고 화내기. 마음이 약해졌을 때 결정적인 실수를 저지르게 된다. 아이가 정말 화를 내야 할 대상은 내 전 배우자인데 엉뚱하게 나한테 화를 내는 것 같아서 '진짜 사정'을 폭로할 때 말이다. 어른을 비난하기 위해 아이에게 이렇게 말하는 것도 마찬가지다. "너는 니네 아빠 집에만 갔다 오면 사람을 짜증나게 하더라." "그 여자는 왜 저런 옷을 입힌 거야?" "네 아빠는 그러라고 하겠지, 어련하겠니. 언제나 나쁜 사람은 나지." "네 엄마는 너를 데리러 올 때 꼭 늦지." 배우자 혹은 전 배우자와 충돌할 때마다 불화의 대가를 치르는 쪽이 아이라는 사실을 떠올리면서도, 정작 몇 가지 사실은 잊곤 한다. 당신에게는 여전히 부모로서 해야 할 역할이 있으며, 삶은 계속 이어질 것이라고, 모든 일이 다 괜찮아질 것이며, 두 집으로 나뉘어 살아도 가족은 여전히 가족이라고 아이에게 힘주어 말했다는 사실 말이다. 아이가 지금 느끼는 고통은 참을 수 있으며 삶은 계속된다는 사실을 증명하는 것이 당신의 일이라는 사실 또한 잊고 있다.

당연히도 아이는 왜 자신에게 이런 일이 일어났는지 이유를 찾아내고, 며칠마다 옮겨 다니는 삶에 적응하고, 매일 저녁 함께 지내지 않는 엄마나 아빠를 그리워하고, 앞으로 생일은 물론 주말과 휴가도 전과 같지 않으리라는 사실을 이해하기 위해 전력을 기울인다. 그리고 남은 기운으로 아이는 살아남고 살아나가야 한다. 자기 슬픔이나 분노에 아이를 끌어들일 때마다 부모는 필사적으로 아껴야 할 기운을 아이에게서 빼앗아가는 셈이다.

누구나 실수를 한다. 실수는 우리 삶의 일부분이다. 우리는 실수라고는 하지 않는 완벽한 사람의 본보기가 되어서는 안 된다. 그러면 아이는 자신도 실수를 하지 않으리라 기대할 것이고 그로 인해 삶이 더 힘들어진다. 마치 잔에 물을 따르는 방법을 배우는 것과 같다. 처음에는 쏟을 수도 있고, 시간이 걸릴 테고 속도 상할 것이다. 하지만 그렇게 나쁘지만은 않으며 시간이 흐르면 더 잘 따르게 된다는 사실을 아이가 알아야 한다. 실수와 좌절을 경험하며 살아가고, 자신을 용서하고, 다음에 또 쏟을 수 있다는 사실을 잊지 않는 법을 배워나갈 것이다. 그런데 물은 어른이 쏟아놓고 아이더러 치우라고 떠넘기고는 동시에 아이에게 다 잘될 것이고 어른들이 보살펴줄 것이라고 안심시킨다면 너무 치사하지 않을까. 아이가 물을 쏟을 때 우리가 곁을 지켜주어야 한다. 아이가 우리 곁을 지켜서는 안 된다.

특히 아이가 어릴 때는 더욱더 그래서는 안 된다. 특히 아이가 상처를 입었을 때는 더욱 그러면 안 된다.

양육 방식에 대한 도저히 좁힐 수 없는 의견 차이는 이혼하지 않은 가정에도 있다. 나는 남편이 우리 아이 중 하나에게 심각한 실수를 저지르는 중이라도 입술을 깨물며 끼어들지 않으려고 최선을 다한다. 그도 아이의 부모이며 아이가 그 상황을 주체적으로 헤쳐나가게 해야 한다는 사실을 깨달았기 때문이다. 설령 그 상황으로 아이가 상처를 입게 된다고 해도(물론 생명이나 영혼을 위협하는 상황이 아니라는 전제하에) 말이다. 후에 아이가 내게 오면 나는 아이의 이야기를 들어주고, 아이가 감정이 다쳤다는 사실을 이해해주고, 무엇을 해줄 수 있는지 고민도 한다. 하지만 아이와 한편이 되어 남편을 나쁜 아빠로 만드는 짓은 절대 하지 않는다. 지금 막 아이에게 근거도 없이 벌을 주고, 절대 좋은 면은 보지 않고, 아이를 피해자로 만들면서까지 실패하고 실수를 반복하는 그런 아빠로는 만들지 않는다. 부모로서 나의 과제는 아이가 자기 상처를 표현하게 하고, 그 상처를 이해하는 것이다. 하지만 정말로 아이를 보호하기 위해서 나는 절대 어느 한쪽 편을 들지 않는다. 내가 그렇게 하면 아이는 작고, 약하고, 구해줘야만 하는 존재가 되는 한편 남편은 실제보다 더 고약한 괴물이 되어버리기 때문이다. 밤에 아이가 자러 가면 나는 그제야 작정하고 남편과 언쟁을 벌인다. 그 자리에서 나는 남편이 아이에게 그런 식으로 말하거나, 행동하거나, 대하는 걸 용납할 수 없다고 못을 박는다. 그러는 이유는 부부가 매사에 똑같이 행동해야 하고 남편이 나를 따라야 한다고 생각하기 때문이 아니다. 아이를 키우는 과정에서 서로 넘어서는 안 되는 선이 있다는 사실을 이해해야 한다고 생각하기 때문이다.

　가족이 찢어져도 삶은 계속된다는 사실이 위안을 준다. 당신은 아이를 위해 더 좋고, 완전하고, 안전한 현실을 만들 능력이 있다. 그 현실에서 아이는 아픔을 극복할 수 있으며 자신이 이혼한 게 아니라는 사실을 깨달을 것이다. 삶은 계속되며, 부모 중 어느 한쪽을 잃은 것도, 자신을 잃은 것도 아니며, 그저 위기를 헤쳐나가고 있을 뿐이라는 사실을 깨달을 것이다. 좋은 부모와 함께라면 상황이 힘들더라도 견딜 만하고, 고통스러워도 더 강인해질 것이다. 그 아이야말로 더 나은 사람이 될 것이며, 잘되기만을 바라는 부모의 마음을 듬뿍 받아 어떤 일이라도 극복할 수 있는, 부모에게서 시선을 돌려 자신을 똑바로 바라볼 수 있는 사람이 될 것이다. 한때 가족이었던 사람들의 가슴에 남은 상처는 고약하고 고통스러운 어느 구석에 웅크리고 앉아 평생에 영향을 미칠 수도 있다. 하지만 어떤 일이 있어도 인생은 멋진 것이라는 사실을 인정하고 굳게 확신한다면 그조차 언젠가는 끝날 위기에 지나지 않을 수 있다. 어느 쪽일지는 순전히 당신의 손에 달려 있다.

나쁜 엄마를 위한 길잡이

　　　　　하루가 끝나갈 무렵 먹장구름 같은 의구심이 당신의 스멀스멀 피어오른다. "너는 너무 부족해." 먹장구름이 속삭인다. 인내심도 부족하고 관심도 충분히 기울이지 못했어. 충분히 놀아주지도, 웃지도, 주의를 하지도, 흥미를 보이지도 않아. 나는 아이들을 하나하나 떠올리며 오늘 우리 사이에 있었던 일들을 기억하려고 한다. 하지만 머릿속에 떠오르는 일들은 시시하고 소소한 일들뿐이다. 아이들을 데려다주고, 데려오고, 밥을 주었다. 눈이 마주친 일도 기억나지 않고 대화나 미소도 기억나지 않는다. 단지 세세한 일들, 특히 위기상황만 떠오른다. 큰딸 리히가 집에서 풀어야 할 기하학 문제지를 다 같이 찾아주는데, 정작 딸은 히스테리를 부리며 자신은 이제 끝장이라고 고래고래 소리를 질렀다. 그리고 무슨 말을 더 했는데, 너무 빠르고 요즘 웅얼거리듯 말하는 버릇이 생겨서 무슨 말을 하는지 알아들을 수가 없었다. 인내심이 바닥 나거나, 나쁜 엄마 모드에 들어가면 나는 아이가 무슨 말을 하는지 알아들으려는 노력조차 기울이지 않는다. 그저 알아듣는 척하면서 지뢰밭의 병사처럼 엉뚱한 짓을 하지 않으려고 조심할 뿐이다.

오늘 또 무슨 일이 있었지? 막내와 또 사탕으로 실랑이를 벌여야 했다. "엄마, 달달한 거 없어요?" 이 말을 또 한 번 더 들었으면 나는 폭발했을 것이다. 물론 내가 정한 경계에 문제는 없다. 하지만 막내는 무슨 대답을 듣든 한 시간에 적어도 한 번은 질문을 해야 직성이 풀린다. 가끔 나는 이런 질문 공세가 아이가 언쟁을 시작하는 방식이 아닌가 싶다. 그도 그럴 것이 아이는 무슨 답을 들을지 이미 잘 알기 때문이다. 아이가 한 시간에 한 번씩 내게 와 이렇게 말하는 것만 같다. "엄마, 저는 지금 다 컸고, 통제력이 있고, 현재에 충실한 사람이 된 것 같아요. 그렇다면 지금 엄마에게 사탕을 달라고 하면 어떻게 될까요? 엄마는 제가 이미 사탕을 먹었다고 하시겠죠. 저는 평생 그 누구도 이만큼 미워한 적 없는 것처럼 엄마를 미워할 거예요. 화가 나겠죠. 엄마에게 못된 말을 하고, 울고, 소리치고, 따지고, 일주일 동안 더 이상 사탕을 먹지 않겠다고 약속할 거예요. 엄마는 미소를 지으면서 안 된다고 하시겠죠. 그러면 저는 더 크게 소리치고 정말 나쁜 엄마라고 말할 거예요. 자식이 슬퍼하는데 신경도 안 쓰는 엄마라고 할 거예요. 그러면 엄마는 심호흡을 하고 아무 말 없이 미소만 지으시겠죠. 아마 저는 또 협박 비슷한 말을 하고 그 말대로 온갖 소란을 피울 거예요. 그러면 엄마는 저를 안고 사랑한다고 귀에 속삭이실 거예요. 그럼 30분 후에 또 시작하는 거예요, 근사하죠?"

막내에게 나쁜 엄마가 될 때면 나는 TV를 틀고 아이를 화면 앞에 딱 붙여놓은 후 잠시 휴식을 갖는다. 그런 날이면 시계조차 내게 앙심을 품은 것 같아서 5시에서 6시가 되기까지 세 시간은 족히 걸리는 것 같다. 시간은 TV에서 나오는 사운드트랙과 결합해 꼼짝도 하지 않으면서 부엌 벽과 TV와 전화 모든 방향에서 나를 경멸하듯 바라본다. "너 정말 양육 상담사야?" 내 머릿속은 50가지 색조의 칙칙한 회색으로 뒤덮인다. "자신을 좀 돌아봐. 창피한 줄 알아야지!"

이제 아들들과는 어떤 일이 있었는지 기억을 더듬어본다. 큰아들이 시험에 대해서 무슨 말을 했고, 나는 지금 꼭 확인해보고 싶은데 당장은 바쁘다고 했다. 그러자 아이는 제 방으로 돌아갔다. 다른 아들은 친구들과 아이스크림을 사 먹으러 가야 하니 돈을 달라고 했다. 방금 전 사탕을 달라는 막내와 실랑이를 벌였기 때문에 아이 하나가 나간다니 기뻤다. 나는 나간 김에 빵을 사오라고 했다. 하지만 아이의 눈을 바라보지 않았다. 학교에서 어땠는지 묻지도 않았다. 아니다, 물었을 수도 있다. 하지만 나쁜 엄마는 아이가 뭐라고 대답했는지 기억하지 못한다.

넷째에 대해 생각하려 하자 먹장구름이 내 속을 뒤덮는다. 그 아이는 원만한 성격이라 떼를 쓰거나 말썽을 피우지 않는다. 늘 유쾌하고, 상냥하고, 아무 문제가 없다. "아무 문제가 없을 리 없잖아, 나는 나쁜 엄마니까." 나는 스스로를 질책한다. 무엇보다 아이는 오늘 아침에 야단을 맞았다. 교복 외투를 어디에 뒀는지 몰라 하마터면 다같이 지각을 할 뻔했다. "그럼 아무 거나 입어!" 내가 호되게 나무랐다. "외투는 어떻게 된 거야? 너는 엄마가 하루 종일 너희가 너희 물건을 어디에 두는지 다 안다고 생각하니?" 아이를 부를 때 '너희'라고 했다. 아이는 대거리를 하지 않았다. 그 애는 내 말에 동의하지 않을 때조차 말대답을 하지 않는다. 그런데 나는? 나는 오늘 나쁜 엄마다. 오늘 나는 나쁜 엄마다.

나쁜 엄마인 날에는 아무도 당신을 안아주지 않을 것이다. 아무도 이렇게 말해주지 않는다. "이봐, 힘내라고. 이 정도가 나쁜 엄마라고? 당신이야말로 스스로에게 가장 지독한 적이구먼. 당신 안의 나쁜 엄마? 아무것도 나쁘지 않아. 기운이 쏙 빠질 정도로 지쳤잖아. 사람이니까. 그래, 어쩌면 오늘이 운 나쁜 날일지 모르지. 그런데 왜 자신에게도 고약하게 구는 거야, 인과응보를 위해서? 오늘 아이에게 조금 못되게 굴었어? 형편없었다고? 그게 무슨 대수야."

당신은 이 사실을 알아야 한다. 정말로 좋은 엄마만이 자신을 나쁜 엄마라고 여긴다. 이것이야말로 우주에서 가장 영리한 피드백 시스템이다. 이런 시스템 덕분에 우리는 발전할 수 있고 육아의 어려움을 깊이 이해할 수 있다. 하지만 그로 인해 자신에게 엄격해지기도 해서 자기가 다 망쳤다거나, 육아가 맞지 않는다고 느낀다. 이것이야말로 좋은 엄마, 최고의 엄마가 되는 핵심이다.

생각해보면 우리 안에는 온갖 종류의 엄마가 들어 있다. 상냥한 엄마, 재미있는 엄마, 원만하고 참을성 많은 엄마, 직장에서 일어난 위기상황에 대처하는 동안 막힌 하수구를 고칠 수 있는 엄마. 아이들을 여기저기 데려다주고, 좋은 말을 해주고, 경계를 잘 세우는 엄마. 그리고 아이들마다 각자의 개성에 맞춰 대해주는 엄마. 청소와 빨래를 잘하는 엄마이자 내일 학교에 껍질 깐 감자를 가져가야 한다는 사실을 잘 기억하는 엄마이자 피곤하고, 짜증이 나 있고, 잘 잊어버리고, 자기중심적인 엄마이기도 하다. 흥분해서 소리를 치고, 자기연민에 빠져 있고, 때때로 꼼수를 쓰기도 해서 걸음마 뗀 아기를 TV 앞에 세워놓기도 하는 엄마다.

아이 키우는 일이 쉽다면 우리는 늘 좋은 부모가 될 수 있다. 아이가 우리 '반려동물'이라면 아이는 우리를 보면 유난히 기뻐하고, 요구하는 것은 별로 없고, 쉽게 감사하며, 배가 고프거나 몸이 불편할 때만 우리를 찾을 것이다. 남는 시간에는 아이를 토닥이고, 사랑을 주고받고, 어쩌면 공원에서 아이들에게 공을 던져주고 가져오라고 시키면 될 것이다. 그러나 인간을 키우는 건 더 복잡하고 지난한 일이다. 양육 과정에서 수도 없이 충돌이 빚어진다. 욕구와 내적 투쟁도 벌어진다. 무엇보다 점점 자신의 욕구와 필요를 발전시키고 인격을 형성해가는 작은 사람을 키워야 한다. 그 인격은 당신의 공간에서 당신과 함께 성장하지만 늘 당신이 마음먹은 대로 자라는 것도 아니며 항상 긍정적인 영향만 미치는 것도 아니다.

우리도 인간이다. 우리도 수많은 선한 의도와 실수, 역경, 고독을 겪는 사람들 손에서 컸다. 바로 그것이 사람 사이에서 사람들과 더불어서 살아가는 모습이다. 생존은 언제나 복잡한 임무이며 악에 대한 선의 승리다. 자잘한 성취에서 위대한 용기가 드러난다. 좋은 부모란 내면에 도사린 나쁜 부모를 격퇴하겠다는 선한 의도와 결의를 가지고 매일 아침 눈을 뜨는 부모다.

당신은 '유일한 생존자'다. 하루를 마무리할 즈음 머리에 가족의 이름을 새긴 머리띠를 이마에 질끈 묶은 자신의 모습을 상상해보라. 운 나쁜 하루를 보냈다는 생각에 자신을 게임에서 몰아내지 말라. 어떻게든 조금이라도 덜 나쁜 하루를 보내려고 애쓰지만 정작 자신에게 좀 덜 엄하게 대하기 위한 노력을 경시하고 있음을 간과하지 말라. 스스로 만들어낸 먹장구름을 후 불어버리고 햇빛이 비치게 하라. 실수에 연연하지 말라. 완벽하겠다는 환상에 작별을 고하라. 그런 환상이야말로 아이들을 불쌍하게 만든다. 대신 내일은 또 다른 하루가 시작된다는 점만 명심하라.

나는 좋은 엄마다. 나는 내 안에 사는 나쁜 엄마를 억누르기 위해 이렇게 쓰고 있다. 나는 내 아이들을 있는 그대로 하나하나 다 사랑하므로 좋은 엄마다. 아이 한 명 한 명을 보고 있으면 그들이 성장하고 발전하기 위해 필요한 일을 하는 중이라는 사실이 내 눈에는 보인다. 나는 아이들이 자유롭게 자신의 모습을 지키며 자라도록 그들에게 품고 있는 기대를 놓아버릴 수 있다. 나는 좋은 엄마다. 때때로 나쁜 엄마가 되기를 두려워하지 않기 때문이다. 아이를 위해 수많은 내 욕구를 포기하기 때문이다. 아이를 위해서 절대 포기하지 않을 욕구도 있기 때문이다. 나는 좋은 엄마다. 왜냐하면 아이에게서 좋은 점을 알아보기 때문이다. 아이를 느끼기 때문이다. 그리고 아이가 조금은 제멋대로 굴도록 내버려두기 때문이다. 나는 좋은 엄마다. 내가 언제 나쁜 엄마인지 정확하게 알기 때문이다.

엄마로 산 18년간 배운 열여덟 가지 교훈

다음 목록은 내 자신과 아이들을 위해 작성했다. 훗날 아이들이 용케 부모가 되어 이 복잡한 역할을 수행해야 하는 날이 왔을 때 이 글을 읽고 자신을 더 잘 이해할 수 있도록 말이다. 읽고 나면, 열여덟 살에 느끼는 혼란이 십수 년이 지나도 사라지지 않는다는 사실을 깨달을지도 모르겠다. 마흔다섯이 되어도 삶은 여전히 온갖 모순과 상충되는 일이 가득하다는 사실도.

1. 좋은 부모는 완벽을 기대하지 않는다

자신이 낳은 아기가 명화가 그려질 흰 도화지, 빈 서판(tabula rasa)이라고 생각할 수도 있다. 좋은 부모가 되면 아이도 당연히 완벽한 사람으로 자랄 것이라고 자신할지도 모른다. 하지만 아이는 공장에서 갓 나온 새 차가 아니다. 아이에게는 소소하게 긁힌 상처가 있고 때로는 틀이 손상된 채 이 세상에 나온다. 우리 눈에는 아무런 흠이 없어 보일 때조차 시간이 흐르면 우그러진 곳이 눈에 보인다. 그러면 부모는 흔히 곧장 슬픔에 빠져 어떻게든 그 우그러진 곳을 펴려고 한다.

나는 지금까지 완벽한 사람을 한 번도 못 봤다. 대신 완전한 사람은 수도 없이 만났다. 완전한 사람을 만날 때마다 나는 분명 매우 훌륭한 분의 보살핌을 받고 자랐으리라 생각한다. 때맞춰 연료를 다시 넣고, 긁힌 자국을 봐도 흠집보다 앞으로의 여정이 더 중요하다는 사실을 알고, 완벽하기를 기대하지 않기에 우그러진 곳을 펴려고 정비센터로 달려가는 대신 아이에게 비친 자신의 불완전함을 바라보고 모든 것이 이대로도 괜찮다는 사실을 깨닫는 부모 말이다.

2. 아이 친구는 어린이집에 있다

아이가 친구들과 어울리게 하려고 늘 애쓸 필요는 없다. 아이가 친구와 우르르 몰려다니며 노는 모습은 때로 부모의 불안을 잠재워주는(혹은 스트레스를 주는) 역할을 할 뿐이다. 아이의 말에 귀를 기울이고 진정으로 필요한 것이 무엇인지 잘 들어보라. 아이가 친구들을 집으로 데려오거나 하루나 이틀 걸러 친구 집에 놀러가는 것도 좋아하지 않을 수 있다. 그럴 때면 네가 친구와 힘든 하루를 보냈는데, 친구가 너를 만나러 집으로까지 온다고 생각해보라. 업무가 끝났는데도 비서나 동업자나 동료가 매일같이 집으로 찾아오는 건 싫지 않은가? 쉬게 하라. 어차피 아이는 하루 종일 친구들과 시간을 보낸다.

3. 모든 말에 영향 받을 필요는 없다

새롭고 혁신적인 교육법을 아이에게 적용해 밤새 혼자 자도록 했다며 잔뜩 흥분한 이웃의 말에도 굳이 그런 방법을 쓸 생각이 들지 않는다고 해서 그가 나쁜 부모라고 누가 단정할 수 있는가? 원한다면 언제든 양육 상담을 받을 수 있다. 그리고 그런 상담이 늘 필요한 건 아니다.

4. 한 발자국 떨어져 있으라

시끄럽고, 티격태격하고, 질투하고, 경쟁하는 형제자매는 아이에게 줄 수 있는 최고의 선물이다. 형제자매는 아이가 사회에 대해 가장 잘 배울 수 있는 훈련장이다. 기본적으로 아이들은 늘 붙어 있고 부모는 한 발자국 떨어져 있기 때문이다.

5. 아이가 돕게 하라

아이는 발전하기 위해서는 자신이 도움이 된다고 느껴야 한다. 아이는 물리적으로(양말을 갠다든가), 감정적으로(엄마가 쉴 수 있게 해준다거나) 도움을 줄 수 있다. 아이에게 도움이 될 기회를 주라. 그럴 때의 뿌듯함보다 더 낫거나 중요한 느낌이 또 없다. 아이에게서 자신이 중요한 존재라는 느낌을 박탈해 습관을 망친다면 그것이 곧 아이에게 해를 끼치는 행동이다. 유용하고, 독립적이고, 도움이 되는 일에서 의미를 찾지 못하는 아이는 박탈감이나 버릇없는 행동, 독단적인 태도에서 의미를 찾을 것이다.

6. 대답하지 말고 들으라

평소 우리는 듣는 척만 한다. 하루에도 "엄마~"로 시작하는 문장을 몇 백 번이나 들어야 하니 뭘 어쩌겠는가? 페이스북에 들어가 스크롤을 내리며 알지도 못하는 사람의 글에 '좋아요'를 클릭하면서 간간히 "정 말?" "대단하네!" "설마?" 같은 대꾸를 기계적으로 내뱉는다. 모처럼 들 어야 할 때 우리는 쉽사리 조언을 하거나 야단을 치거나 언짢은 기색을 숨기지 않는다. 하지만 때로 듣기는 그저 듣는 것이다. 누군가의 말을 들어주고 '좋아요'를 주면 충분하다.

7. 관계는 성적보다 더 중요하다

성적은 중요하다. 하지만 부모와 아이의 관계를 망칠 만큼 중요하지 않 다. 아이의 숙제를 도와주는데 아이가 이해를 잘 못해서 버럭 화를 내 고 싶거나, 숙제를 다 하지 않으면 혼을 내겠다고 윽박지르고 싶거나, 학부모 모임에서 들은 말로 아이에게 화가 나거나, 아이에게 얼마나 실 망했는지 티를 내고 싶어지면 관계가 더 중요하다는 사실을 잊지 말라. 문제행동을 고치거나 공부에 흥미를 갖게 하고 싶은 것은 당연하다. 하 지만 비싼 대가를 치르면서까지 이룰 만한 가치는 없다. 이는 가끔 정 반대의 결과를 내고 그 과정은 부모와 아이의 관계를 해친다.

8. 아이에게 딱지를 붙이지 말라

선별검사(특정 질병이 있는지 알아보는 검사)가 도구로서 필요할 때가 있 다. 하지만 검사가 끝나 함께 집으로 돌아가는 아이는 바로 검사를 받으러 집을 나서던 똑같은 아이다. 아이에게 주의력 결핍증이나 학습장애, 자폐증, 조절 문제, 감정조절의 어려움 같은 증세가 있다는 사실을 알았다고 해서 누군가 아이를 바꿔치기했다는 뜻은 아니다. 아이는 여전히 멋지고 훌륭하지만 새로운 이름이 하나 더 생긴 셈이다. 하지만 부모가 직접 베이비 시트에 태워 병원에서 집으로 데리고 왔을 때 지어준 이름을 잊지 말라. 그것이 아이의 진짜 이름이다.

9. 아이에게 5분을 할애하라

꼭 하루 휴가를 내어 아이와 함께 있거나 선물을 잔뜩 사주어야 퀄리티 타임이 아니다. 욕실에서 수다를 떠는 단 5분이나 손전등을 챙겨서 이불을 뒤집어쓰고 노는 단 7분이어도 된다. 함께 차를 타고 가거나, 아이가 좋아하는 지독하게 재미없는 TV 시리즈를 함께 봐도 된다. 아이와 무엇을 하건 푹 빠져서 이런 것도 나쁘지 않다는 사실을 깨달으면 된다. 퀄리티 타임은 시간(time)이 아니라 질(quality)로 가능한다.

10. 비교하지 말라

다른 사람의 아이를 평가하는 행동은 부모의 죄책감 혹은 우월감을 보여줄 뿐이다. 남의 집 사정이 명백해 보일수록 그 모습은 그냥 잊으라. 모든 일이 술술 풀리는 사람은 아무도 없다. 다른 집 아이가 식사 예절이 바르거나, 뭔가에 몰두할 줄 알거나, 고맙다는 인사를 하거나, 밤새 잠을 푹 잔다고 해도 그 집 부모는 네가 수월하게 넘어간 문제를 해결하지 못해 고생할 수도 있다. 그러니 비교는 그만하라. 적어도 그 시간의 반은 비교하느라 낭비되고 있으니까.

11. 사서 고생하지 말라

아이와 함께하고 싶지 않으면 그냥 하지 말라. 좋은 부모라고 매일같이 아이와 그림을 그리고 공작을 하거나 놀이터를 함께 가야 할 필요는 없다. 아이는 소근육 운동을 하거나 수많은 클래식 음악을 연주하려고 태어난 사람이 아니다. 좋은 부모는 아이와 재미있는 일을 하기 위해 시간을 내는 사람이다.

12. 아이가 화를 내도 괜찮다

아이가 불만을 터뜨린다고 놀라지 말라. 아이가 지금 화를 내거나 좌절을 겪는다는 이유만으로 자신을 나쁜 부모라고 생각하지 말라. 행복한 아이는 모든 욕구가 충족된 아이가 아니다. 행복한 부모를 지켜보았고, 제 힘으로 어려움을 극복했고, 반이나 차 있는 잔을 보는 법을 배운(그 교훈을 가르치려면 잔의 반은 텅 비어 있어야 한다) 아이다.

13. 비판이 아이를 망가뜨린다

아이의 자아상은 평생 채워나가야 할 연료 탱크와 같다. 그리고 부모는 그 탱크에 책임을 지고 있다. 나는 자존감이 낮으면서 행복한 사람은 한 번도 보지 못했다. 그러므로 아이를 비판하거나 판단할 때마다, 아이가 스스로를 비판하고 비난하는 버릇을 키우는 데 일조하고 싶은지 잘 생각해보라. 그런 버릇은 아이 평생을 갈 것이다. 부모의 비판은 그럴 만한 대가를 치를 가치가 없다. 아이가 아무리 예뻐도 스스로 못생겼다고 느낀다면, 영리한데도 자신의 머리를 믿지 못한다면, 좋은 성적을 거두기 위해 노력하고도 성적에 만족하지 못한다면 아무 소용이 없다. 아이에게 무엇이 부족한지 살피려고 할 때마다 부모는 자기 손으로 아이의 탱크를 비우는 셈이다. 아이의 탱크를 채운 내용물이 기대만큼 근사하지 않더라도 부모가 똑바로 보아준다면 아이의 탱크는 언제라도 다시 채워질 것이다.

14. 아이의 자질 중 더 약한 것을 키워주라

부모는 대체로 아이의 가장 뛰어난 자질, 즉 타고난 자질을 칭찬하는 반면 무엇보다 긍정적인 피드백이 필요한 자질은 무시하곤 한다. 부족한 면에 긍정적인 피드백을 해보라. 격려가 가장 위대하고 중요한 결과를 이끌어낸다. 책임감이 별로 없는 아이나 참을성이 부족한 아이, 융통성이 떨어지는 아이를 대할 때야말로 우리는 숨어 있는 자질을 적극적으로 찾아내고 타고난 자질보다 그렇게 찾아낸 면을 더 북돋아야 한다. 부모는 그 자질에 이름을 붙여주고 아이에게 지금 자신이 성장하는 과정에 있다는 사실을 잘 깨우쳐줘야 한다. 아이가 더 크고 강해지면 이 자질 또한 더 훌륭해질 것이라고 알려줘야 한다.

보통은 책임감이 강한 아이에게 동생을 봐달라거나 불 위에서 끓고 있는 파스타를 지켜봐달라고 부탁을 하고 싶을 것이다. 그림을 가장 잘 그리는 아이에게 할머니께 드릴 카드를 그려달라고 하고 싶은 마음이 굴뚝같을 것이다. 가끔은 아이의 역할을 서로 바꿔보라. 집 밖에서는 잘 발휘하지 못하는 자질을 가정이라는 안전한 환경에서 연마하게 하라. 책임감이 부족한 아이를 믿어주고, 책임감을 발휘한 덕분에 맛있는 파스타를 먹었다는 칭찬을 해줄 때 아이의 내면에서(때로는 외면에까지) 어떤 변화가 일어나는지 잘 지켜보라.

15. 약간의 겸허함을 발휘하라

부모라면 누구나 마주치는 가장 큰 도전의 하나가 바로 겸허함을 발휘해야 한다는 것이다. 문제에 대한 해결책이 명확하고 어떤 행동에 논리적인 해석이 하나뿐인 것처럼 보이더라도 내 방식이 정답이 아닐 수도 있다는 점을 명심해야 한다. 틀렸기 때문이 아니다. 자신과 다르고, 다른 한계를 품고 있고, 다른 감정과 경험을 지닌 사람을 키우고 있기 때문이다.

아이는 부모와 다르다. 아이는 각자의 인격과 기질, 성격이 있다. 모두 다른 아이들 가운데서도 부모가 자신과 완전히 상반되는 성격과 품성을 상대하게 만드는 아이, 즉 부모 인격의 바탕이 된 중요한 가치 체계와 충돌하는 아이를 대할 때야말로 겸허하기가 참 어렵다. 특히 이런 아이를 대할 때 우리는 단정을 줄이고 질문을 늘려야 한다.

그러지 않으면 부모는 그 아이를 하찮은 존재로 여기고, 불신하고, 자기와의 차이를 무시하게 될 것이다. 아이는 자신에게 무엇이 옳은지 늘 부모보다 더 잘 안다는 점을 기억하라.

16. 부모는 그저 부모가 아니다

아이가 태어나고서 한동안은 부모로서의 모습 말고는 다른 모습을 보여줄 일이 없다. 부모가 자신의 욕구를 대부분 포기한 채 아기의 욕구를 모두 충족시켜주어야 하는 시기니까. 하지만 아이가 자랄수록 부모는 아이에게 한 명의 인간으로서의 모습을 보여주어야 한다. 실패하고, 행복해하고, 슬퍼하고, 지치고, 아이와 관계없는 일을 즐기고, 허기를 느끼고, 좌절하고, 사랑하는 사람을 만나고, 친구들과 이야기를 나누고, 일에서 만족을 추구하는 모습을 보여줘야 한다. 아이는 자기 부모도 완벽하지 않다는 사실을 깨달아야 한다. 부모가 불완전한 모습을 드러내지 않으면 아이는 자신의 부족한 면에 전전긍긍하며 자란다. 부모가 자기들끼리의 관계나 일, 어른들의 재미를 즐기는 모습을 본 적이 없는 아이는 저 바깥세상이 항상 자신을 중심으로 돌지 않는다는 사실을 깨달았을 때 배신감을 느낀다. 아이가 부모의 또 다른 모습과 만나게 하고 이를 잘 받아들일 것이라 믿어주라.

17. 더 많이 웃으라

십 년이 넘게 아이와 청소년을 대상으로 연구를 진행한 결과 아이가 어른을 표현한 가장 슬픈 말 중 하나는 바로 '어른들은 잘 웃지 않는다'는 것이다. 제발, 웃으라.

18. 가진 것에 감사하라

다음 가족 여행에서는 집에서 느꼈던 긴장감과 생각은 잠시 내려놓고,

휴대폰에서 눈을 떼고, 고개를 들고 잠시 뒷자리를 바라보라. 거기 앉아 있는 아이 한 명 한 명을 눈에 담으라. 눈 깜짝할 새에 아이들은 각자의 가족과 각자의 차를 타고 있을 것이다. 가진 것에 감사하라. 온 가족이 함께 여행하다니 얼마나 단란한 가정인지 기억하라. 자신의 등을 토닥이라. 부모 노릇은 몹시 힘드니까. 즐거운 노래를 부르고, 저 위 누군가에게 지켜봐달라고 기도하라.

그러면 된다.

격려의
말 한마디

　　가끔 돌아가신 어머니를 떠올리면 슬픔이 복받치고 놓쳐버린 기회가 아쉽다. 어머니 또한 말하고 싶었지만 끝내 못하신 말들, 곁에 있어주고 싶었으나 그러지 못하셨던 순간들이 몹시 애석하셨으리라. 나를 얼마나 사랑하고 자랑스럽게 여기시는지 충분히 말로 전하지 못해 몹시 후회스러우셨으리라. 나는 어머니가 하루하루를 되돌아보며 알아듣기 쉽게 타이르기보다 비난부터 하셨던 일을 후회하시리라 상상하곤 한다. 문득 마지막에는 우리가 충분히 포옹하고, 충분히 사랑하고, 충분히 흥분하고, 충분히 격려의 말을 나눈 순간보다 중요한 건 없었다는 사실을 깨달으시는 모습을 떠올린다.

　　한편 나는 타고난 병에 대해 어머니에게 화를 냈던 일이 죄송하다. 얼마나 멋진 여성이셨는지, 내게 얼마나 소중한 분인지 미처 말씀드리지 못해 죄송하다. 우리가 사랑할 시간이 점점 줄어들고 있다는 사실을 어머니가 절대 견디지 못하시리라 생각하고 어머니가 사라져가는 시간을 얼마나 훌륭하게 보내셨는지, 우리가 함께한 시간이 얼마나 행복했는지도 제대로 들려드리지 못해 죄송하다. 어머니가 얼마나 대단한 분인지 말씀드리지 못했고, 어머니나 우리 관계가 아니라 내 자신에만 집중했던 게 죄송하다.

부모님이 안 계시는 세상은 결핍감과 그리움을 넘어서 우리가 어떻게도 할 수 없는 것들로 이루어져 있다. 뻔한 말이지만 인생은 너무 짧다. 그렇기에 우리는 살면서 '끝내지 못한' 일을 계속 완성해간다. 그런데 그 일에서 벗어나 잠시 쉬어가야 할 때가 있다. 우리가 '끝내지 못한' 것은 우리가 떠난 후에도 계속 남을 것이다. 그것은 아이의 영혼에 새겨져 아이의 자아상을 만든다. 심리학자나 양육 상담 치료사, 약물, 교육적 방법, 상벌, 연구, 연습, 성취, 그 외 중요하고도 다양한 효과가 있는 수단들은 잊으라. 그런 것이 없어도 격려의 말을 충분히 건네면 된다. 자식에게 격려를 아끼지 않는 것이야말로 아이의 자아를 만드는 데 꼭 필요한 부모의 과제다.

흔히 교육이란 아이의 행동을 교정하고, 아이를 위해 경계를 세우고, 권위적으로 굴고, 아이가 이해하지 못하는 것들을 설명해주는 일이라고 생각한다. 하지만 착각이다. 그건 우리가 성장하면서 겪은 어린 시절의 경험이다. 또한 전형적인 부모상이기도 하다. 권위적이고, 효율적이고, 틀에 맞추려는 모습 말이다. 격려하는 부모는 어딘지 느슨하고 과하게 열정적이라고들 생각한다. 하지만 격려의 말은 다른 어떤 말로도 전할 수 없는 교육적이고 감정적인 교훈을 전할 수 있다. 적어도 그런 교훈은 비난이나 창피를 주는 말로는 전해지지 않는다. 자포자기한 사람들이나 좋은 친구가 되는 법을 모르는 사람들, 권위를 멸시하는 사람들에 대한 의견을 아이에게 들려줄 수는 있다. 하지만 아이는 자신이 직접 접한 본보기와 철학적 대화, 부모와의 논쟁에서도 배울 점을 정말 잘 찾아낸다. 반면 자신을 향한 비난에서 아이는 자신을 비난하는 법을 배울 뿐이다. 자신이 충분히 잘하지 못한다는 사실만 배운다. 그러므로 아이를 자꾸 비난하면 결국 애초의 목적은 달성하지 못하고 교육을 했다는 착각에만 빠질 것이다. 당신은 아이에게 교육을 했다고 생각하지만 실은 아니다.

무슨 일이 일어나건 아이가 얼마나 엉망진창이건, 부모는 장점을 찾아내 격려하고 그 장점을 집중 조명해야 한다. 의견이 충돌하고 다루기 까다로운 부분과 맞닥뜨린다고 해도 과하게 해석하지 말아야 한다. 아이가 부모의 의견에 관심이 없어서 그러는 게 아니기 때문이다. 아이의 내면에는 이런 생각이 새겨져야 한다. '우리 집에서는 온 가족이 항상 나를 믿어줘. 내가 실패했을 때도 부모님은 나를 향한 믿음을 잃지 않으셨어. 상처에 칼을 더 깊이 박아 넣지도 않으셨지. 그리고 항상 최선을 봐주셨어. 부모님이 찾아내 격려해주신 작은 장점을 통해서 나는 내 장점을 발견했어. 나쁜 점을 만들어내 아무런 득도 없이 있으니 좋은 점을 만들어 그 대가로 열정과 인정과 존중을 받도록 노력하는 편이 훨씬 보람이 있다는 사실을 깨달았어.' 그렇다, 아무런 득도 없다.

아이가 집에서 자신을 시시한 존재로 느낀다고 하자. 그 아이가 말을 듣지 않을 때("아침마다 얼른 준비하라고 애원을 해야 하니?"), 숙제를 하지 않을 때("숙제 있니? 숙제는 언제 할 거니? 혼자서 숙제 못 하는 거니?") 혹은 못된 행동을 할 때("네 방으로 가." "사과해야지." "저녁 때 다시 얘기하자." "이런 짓을 했으니 벌을 받아야겠구나.") 그런 행동을 집중적으로 조명하면 아이는 그것이 자신의 본모습이라는 잘못된 결론을 내려버린다. 자신은 말을 듣지 않는 아이라고, 숙제를 하지 않는 게 가족에게 속할 수 있는 유일한 방법이라고, 못된 행동이 자기 역할이라고 말이다. 그렇게 하면 중요한 사람이 된 것 같아지는데 왜 스스로 그런 행동을 멈추겠는가? 그런 이점을 왜 포기하겠는가? 이런 아이에게 다른 역할을 제시하는 대신 무엇을 줄 수 있을지 잘 생각해보라. 아이가 떼를 실컷 쓰고 진정했을 때 이런 식으로 칭찬해주는 사람은 좀처럼 없다. "너는 감정 다스리는 방법을 잘 아는구나. 좌절감을 극복할 줄 알다니 정말 대단해." 하물며 한창 떼를 쓰는 중이라면? 아아, 집중과 관심, 중요성 같은 걸 대체 어떻게 전하면 좋을까.

사실 칭찬할 점이 좀처럼 없으면 좋은 말을 해주기가 어렵다. 그런데 놀랍게도 칭찬할 점은 언제나 있다. 진심으로 열심히 찾아서, 달리 하고 싶은 말이 있어도 혀를 꽉 깨물고, 살짝 낯부끄럽더라도 칭찬을 건네라. 우리는 긍정적인 이야기를 하는 연습이 되어 있지 않으므로 그럴 수밖에 없다. 하지만 오늘이 당신이 이 세상에서 보내는 마지막 날이라면 어떨까(신의 가호가 있기를). 부모가 아이에게 마음에 심은 생각이 아이 평생을 따라다닌다는 점을 명심하라. 부모가 아이를 바라보는 관점과, 아이에게 품은 믿음. 아이는 힘든 상황에 처하면 이 두 가지를 바탕으로 새로운 현실을 창조할 것이다.

　딱 보아도 아이가 격려받아 마땅한 결과를 보여주면 격려의 말은 비교적 쉽게 나온다. 가령 한 달 내내 어린이집에 갈 때마다 펑펑 울었는데, 오늘 하루 울지 않았다. 당연히 우리는 아이를 격려할 것이다. 저녁에 아이를 위해 축배를 들고 할머니에게 전화해 희소식을 전할 것이다. 그런데 아이를 달래려고 온갖 시도를 다 해도(네가 울면 엄마가 슬퍼진다고 하거나, 안녕이라 말할 때라고 하거나, 울음을 그치면 뭔가를 해주겠다고 하거나, 권위적으로 굴거나) 아이가 울음을 그치지 않는 날은 어떤가? 혹시 말을 줄이고, 아이의 심정을 이해해주면서 아이가 작별인사를 하면서 느끼는 고통을 어떻게든 달랬는가? 혹은 아이가 울음을 살짝 줄인 게 언제인지 주의를 기울였는가? 아니면 울음소리를 좀 줄인 부분을 눈여겨보았는가? 혹시 어린이집으로 오는 내내 운 것이 아니라 입구에서만 울지는 않던가? 그날따라 아이가 더 쉽게 감정을 가라앉혔던 때는 없었나? 바로 그때, 마침내 울음을 그칠 것 같은 예감이 드는 결정적 순간을 아이가 아직 보여주지 않아서 가장 힘들지만 격려를 할 모습이 아주 조금 눈에 들어오는 바로 그때, 당신은 신을 내며 아이에게 어떻게 감정을 달랬냐고 물어보라. 대단하다고, 매일 나아질 거라고 말하라. 울어도 괜찮지만 벌써 슬픔 감정을 훌륭하게 극복하고 있다고 칭찬해보라. 아이와 가장 힘든 시간을 보낼 때야말로 당신이 격려라는 도구를 활용해야 한다. 격려를 해야 할 때를 만나면 나를 믿으라. 부모의 권위 따위는 아이의 놀이처럼 보일 것이다.

그런데 지금 내가 말하는 격려는 "정말 대단하구나" 혹은 "너는 내 인생의 빛이야"라거나 "이 세상에서 제일 예뻐"라거나 "제일 똑똑해" 같은 두루뭉술한 칭찬을 자꾸 해주라는 말이 아니다. 격려의 말은 구체적일수록 더 깊이 아이에게 스며든다. 당신의 말이 구체적인 순간에 아이의 진심을 건드려야만 한다. 꼭 아이가 최고의 모습을 보여줄 때여야 할 필요는 없다. 뭐든 간에 잘하는 게 있는 정도면 충분하다. 어머니가 집에 찾아왔다고 상상해보라. 어머니가 아이를 보고 당신에게 속삭인다. "사랑한다, 얘야." 기분 좋지 않은가? 당신이 저녁을 준비하고, 아이와 간간이 이야기를 하는 모습을 지켜보시던 어머니가 또 이렇게 말한다고 상상해보라. "넌 정말 훌륭한 어머니야. 네 인내심에 감탄했단다. 아이가 떼를 써도 꾹 참고, 긍정적인 기분을 잃지 않고, 어떻게든 다 해내는 능력은 정말 귀한 거야." 아니면 아버지가 잠깐 들러서는 전형적인 남자다운 몸짓으로 어깨를 툭 치는 대신 이렇게 말했다고 상상해보라. "너는 진짜 아버지로구나! 너는 아이의 삶에 늘 함께해. 아이에게 중요한 사람이고. 네가 아이와 시간을 많이 보내는 모습이 참 보기 좋아. 너희 형제가 어렸을 때 나도 그랬으면 좋았을 텐데."

건네는 말에 항상 '최고'라는 표현을 첨가할 필요는 없다. 늘 엄청난 최상급으로 격려할 필요도 없다. 물론 그런 찬사를 들으면 기분도 좋고 마음도 따뜻해지지만 말이다. 그보다는 구체적으로 격려하는 말이 마음의 뿌리에 가 닿고 마음의 줄기를 튼튼하게 키운다. 그 결과 아이가 자신에게 존재하는 훌륭한 자질을 더 잘 키우게 한다. 키우는 화초가 아직 꽃을 피우지 않는다고 걱정하지 말라. 격려의 말이라는 형태로 주는 물이 생명을 북돋운다. 그러므로 물을 잘 챙겨주기만 하면 된다.

격려에 과잉은 없다. 정곡을 찌르는 격려를 하면 묘목이 뿌리 내린 땅이 격려로 흠뻑 젖을 것이다. 그래서 현실이 힘들어져도(현실은 언제나 힘들다) 묘목들은 좋은 토양을 믿고 버틸 것이다. 아이는 현실을 극복하고, 해결책을 찾고, 새로 시작하고, 끈기 있게 기다리고, 절망하지 않고, 관대하고 행동하고, 책임감을 갖고, 그 외에 자신이 가진 수많은 자질을 활용하는 방법을 이미 알고 있다는 사실을 기억해낼 것이다. 하지만 가장 가까운 사람들이 그 자질을 알아봐주지 않거나, 말해주지 않거나, 감동받지 않는다면 자신이 그런 자질을 품고 있다는 사실을 어떻게 알겠는가. 말해주어야 아이도 알아차린다. 부모가 말해준다면 말이다. 이렇게 말하는 어른을 본 적 있는가? "부모님? 부모님은 한 번도 나를 비판하지도, 비난하지도 않으셨어. 있는 그대로 내 모습을 인정해주셨고, 무조건 사랑하고 격려해주셨지. 나를 믿어주셨고 항상 잘하는 부분을 봐주셨어. 그래서 내 인생이 이 꼴이 된 거야. 끝장났다고." 우리는 언제나 결국 말하지 않았던 것을 후회하고 우리가 놓친 순간을 애석해한다. 우리는 잘되지 않는 부분에 집착하거나 매몰되어 있기 때문이다. 아무리 좋은 뜻이라고 해도 가슴을 후벼 파는 말로 마음을 전하기 때문이다.

아이에게서 장점을 찾아내 알려주려면 우선 아이도 우리처럼 완벽하지 않다는 사실을 기꺼이 인정해야 한다. 격려의 말은 절망의 말이 그러하듯 스스로 실현되는 자기예언과도 같다. 힘을 주는 말을 하라. 그러면 아이는 힘을 주는 그 말을 사용할 것이다. 비판하면 비판의 말을 사용할 것이다. 불만과 좌절의 말을 하라. 그러면 이 말들이 아이 내면의 언어가 될 것이다. 비난의 말을 하면 아이는 비난하는 법을 배울 것이다. 신념의 말을 하면 아이는 믿을 것이다. 이해의 말을 하라. 그러면 아이는 이해하는 법을 익힐 것이다. 격려의 말을 하라. 그러면 아이는 스스로 격려하는 법을 깨우칠 것이다. 친밀한 말을 하라. 그러면 아이는 어떻게 하면 타인과 더 가까워지고 스스로 친밀함을 느끼는지 배울 것이다. 용서의 말을 하라. 그러면 아이는 사과를 해도 괜찮으며 사신이 완벽하지 않아도 된다는 사실을 깨달을 것이다.

외면하는 아이에게
말을 건 8년

아들이 생후 2년 8개월 4일째 되는 날이었다. 10월 4일 아침, 아동발달센터에 예약이 잡혀 있었다. 나는 전날 밤 준비물을 가방에 다 싸두었다. 잊지 않고 물티슈를 챙기고, 아이가 목이 마를 경우를 위해 물 한 병도 넣었다. 자동차에서 가지고 놀기 좋아하는 장난감과 쿠키도 넣었다. 그렇게 가방을 싸고 있으니 어딘지 안심이 되었다. 마치 내일을 위한 희망을 가방 한가득 챙기는 듯했다. 아이의 인생을 위해 이렇게 준비할 수 있다면 얼마나 좋을까 싶었다. 평가자가 깔깔 웃으며 너무 걱정이 많은 엄마라고 말해주면 좋겠다고 생각했다. 댁네 아들은 너무나 훌륭한 아이이고 부모가 아무 문제도 아닌 일로 유난을 떨었다고 말이다. 집으로 돌아가는 길에 아이와 쿠키를 나눠 먹고 유발에게 전화를 할 수 있기를 바랐다. 그가 마침 회의 중이더라도 전화를 받고, 우리가 안도의 한숨을 내쉴 수 있다면 얼마나 좋을까. 특별한 경우를 위해 부엌 싱크대 서랍에 넣어둔 담배

한 갑도 가방에 넣었다. 그런데 아무리 찾아도 라이터가 보이지 않았다. 그때 무기력감이 서서히 나를 잠식해 들어왔다.

집으로 돌아오는 길은 기묘했다. 사랑스러운 아들에게 안전벨트를 채워주었다. 그리고 막 정비소에서 찾아온 낡은 미쓰비시 자동차의 시동을 걸었다. 아이가 듣고 듣고 또 들을 정도로 좋아하는 노래를 틀어주었다. 심장이 쿵쿵 뛰었다. 시간이 흐르면 아주 상세한 것까지 기억나게 될 일들이 그때는 흐릿하게 떠올랐다. 스펙트럼에 관한 이야기, 상황에 대처하기 위해 필요할 수많은 지원 체계 등등. 그날 아침 나는 아이에게 말을 걸지 않았다. 평소 차에서 노래를 불러준 일, 웃기려고 애썼던 일, 동물 울음소리를 흉내 냈던 일, 대답을 하건 말건 열심히 온갖 질문을 했던 일들이 다 생각났다. 하지만 이제 백미러를 통해서도 아이를 볼 수가 없었다. 아이를 보는 것만으로도 너무 고통스러웠다. 우리가 센터에 있는 동안 유발에게서 문자가 두 통이나 왔다. 나는 답장을 보내지 않았다. 아이도 정비소에 데려가 뚝딱 고칠 수 있다면 얼마나 좋을까. 고장 난 곳을 고쳐주는 마음의 정비소도 없는 세상에서 고장 난 아이를 키워야 하다니 얼마나 서글픈가. 그런 생각이 연이어 들었다.

어느새 유발의 사무실 앞에 주차를 하고 있었다. 그리고 남편에게 문자를 보냈다. "밑에 와 있어." 나는 에어컨이 켜져 있고 노래가 연속으로 재생되는지 확인한 후 라이터도 없이 담배 한 개비를 손에 쥔 채 차 밖에서 남편을 기다렸다. 남편은 얼른 나왔다. 어두운 표정을 보니 더욱 가슴이 아팠다. 남편은 아무것도 묻지 않고 나를 안아주었다. 눈물이 왈칵 쏟아졌다. 나 자신과 남편, 아침에만 해도 있었지만 지금은 사라지고 없는 완벽한 아이를 위해 울었다. 내게 새롭고 낯선 곳에서 울었다.

그로부터 두 달이 흐르도록 우리는 아무에게도 털어놓지 않았다. 세상을 마주할 자신이 없었다. 누구의 딸이며 누구의 아들에 대해 동정과 연민을 담아 하는 이야기를 나는 많이 들었다. ADHD나 조절 장애, 감정 장애, 자폐, 알레르기, 정신적 문제, 발달 장애, 언어 장애 등이 있는 아이에 대한 이야기들. 이제 우리도 그런 시선을 받게 될 것이다. 나는 마음껏 자랑할 수 있는 완벽한 아이를 낳는 데 실패했다.

갈팡질팡해서도, 마음이 부서진 채 자동차 밖에 서 있었던 여자가 다시 되어서는 안 된다는 것도 잘 알았다. 아침에 함께 집을 나섰던 바로 그 아이와 다시 집으로 돌아왔다는 사실도 알았다. 그 아이는 여전히 내 아들이고, 우리 아들이며 우리는 이 세상에서 그 무엇보다 아들을 잘 알고 사랑했다. 그런데도 지금 나는 다른 사람이 아이에게 붙여준 이름부터 받아들여야만 했다. 그랬다. 아이를 볼 때마다 그 이름부터 보였다.

낮도 밤도 없이 하루 종일 껌처럼 딱 붙어서 지내는 날들이 어느새 몇 달이 되었다.

그리고 그곳에는 지독한 공포와 좌절, 패배감만이 남았다. 당신 자신의 이야기인데 갑자기 다른 사람이 제목을 바꾸고 결말을 정해버리면 어떻겠는가. 게다가 바뀐 이야기는 행복한 내용도 아니다. 그런 이야기에서는 누가 당신인지 깨닫는 데도 시간이 걸린다. 우리는 이제 막 시작했을 뿐이었다. 아이는 이 세상에서 고작 2년 8개월을 살았다. 그런데 어떻게 생판 남이 느닷없이 우리의 결말을 대신 써버린다는 말인가.

어느 저녁 아이가 잠든 후 나는 발코니에 앉아 숨을 깊이 들이쉬고 이 아이가 내 아이라는 사실을 다시 한번 떠올렸다. 여느 의학 안내서에 어떤 표현이나 정의가 기록되기 전부터 이 아이는 내 아기였다. 내가 아이를 바라보는 방식이 아이의 태도를 좌우한다는 사실을 깨달았다. 내가 아이를 바라보는 방식이 아이를 자신의 길 위에 세우고 아이가 세상에 나갔을 때 그 길에서 계속 걸어가게 만들 터였다. 내가 아이의 정비소라는 사실을 깨달았다. 아이를 완전하게 고치지 못할 수도 있다. 하지만 아이를 있는 그대로 받아들이고 증세를 개선할 수 있다. 아이의 정유소가 되어줄 수도 있다. 아이를 부끄러워하지 않고 자랑스러워할 수도 있다. 한 번도 싸워보지 않은 것처럼 아이를 위해 싸울 수도 있다. 너무 힘들면 발코니로 나와 아이의 인생에서 내가 가장 중요하다는 사실을 기억할 것이다. 내가 아이의 하늘이고 아이가 딛고 선 땅이라고 기억할 것이다. 나는 내 인생의, 우리 인생의 전투를 벌일 각오가 되었다. 온 세상에 사랑하는 내 아이에 대해 말할 준비가 되었다.

'자폐'라는 단어가 언제부터 널리 쓰이게 되었는지는 모른다. 그 단어를 들으면 처음 들었을 때처럼 마음이 아프다. 어떻게 그렇게 수많은 증상을, 그렇게 수많은 뉘앙스를 한 단어로 정의할 수 있을까. 그 모든 것을 한 가지 이름으로 부르며 한구석에 다 몰아넣다니 이렇게 불공정한 일이 어디에 있는가.

　우리는 아이에게, 그가 겪는 특별한 어려움에 대해 대화하면서 자연스럽게 자폐아라는 사실도 알렸다. 대화를 나누며 자폐증은 네 잘못이 아니라고, 다른 사람에게는 평범한 일이 네게는 좀 더 힘들게 느껴지는 이유가 있다고 이해시키려 애썼다. 이후 새로운 어려움에 부딪힐 때마다 또다시 대화하고, 또다시 사랑해주고, 또다시 격려해주었다. 자폐아에게는 이렇게 격려를 전해야 하기 때문이다. 그들에게는 자폐와 상관없이 상황에 집중해 그 상황을 이해하도록 격려하는 편이 더 쉽다. 변화의 두려움이며 누군가 거실의 소파를 바꾸어 갑자기 거실이 달라졌기 때문에 방을 나서기 위해서 필요한 용기, 도전을 도저히 이겨낼 수 없을 때 불쑥 솟는 분노에 대해 이야기를 하는 편이 더 간단하다. 남이 붙여준 '자폐아'라는 이름과 그로 인한 두려움 없이 이야기를 나눌 때 '자폐' 이미지는 점점 흐릿해진다.

　우리 아기가 어느새 열여섯 번째 생일을 맞은 날 나는 아이와 함께 그 발코니에 섰다. 나는 아이가 거둔 성과가 너무나 자랑스럽다고, 자신의 문제와 싸우면서 절대 포기하지 않은 그 정신이 자랑스럽다고 했다. 이렇게 말했다. 아이가 고작 세 살이었을 때, 누군가 이 아이가 열여섯 살이 되면 나와 함께 이야기를 나누고, 때로는 내 눈을 봐주고, 너무 영특하고, 통합교육이 되는 일반 학교에 다니고, 자신의 상황을 부끄러워하지 않을 것이라고 말해주었다면. 우리 부부가 준 사랑이 아이의 자신감과 행복감에 양분을 주고 매일 더 잘해보겠다는 의지를 무럭무럭 키워줄 것이라고 말해주었다면. 아이가 홀로 자동차에 앉아 있었던 그날 그렇게 세상이 막막하지 않았을 것이라고 말이다.

또 이런 말도 해주었다. 아이가 세 살이었을 때 자폐아라는 사실을 전하며 무척 슬펐다고. 그리고 요즘도 가끔 아이가 힘들어하거나, 말과 표현으로 이루어진 이 세상의 규칙을 이해하지 못해 자신에게 화를 내거나, 앞으로 과연 사랑을 찾고 반에서 여학생의 관심을 살 수 있을지 걱정을 하면 그때의 슬픔이 되살아난다고. 그래도 그때만큼 슬프지는 않다. 지난 세월 동안 아이는 내게 자신을 믿으라고 가르쳐주었기 때문이다. 무엇이 아이에게 용기를 주고, 무엇이 아이의 마음을 평온하게 헤주는지 가르쳐주었기 때문이다. 심지어 아이가 새로운 것들을 어떻게 배우는지도 가르쳐주었다. 지난 세월 나는 그저 아이에게 귀를 기울였다. 아이야말로 훌륭한 선생님이기 때문이다.

나는 아이에게 얼마나 많은 밤을 발코니에서 별을 보며 저주를 퍼부었는지 말하지 않았다. 얼마나 많은 저녁 이제 뭔가를 할 힘이 더 이상 없다고 느꼈는지 말하지 않았다. 나는 아이를 더 이상 믿지 못할 것 같았다. 아이가 불쌍했고 내가 너무 불쌍했다. 그러면서 비관적인 진단만 내리는 전문가에게 귀를 기울였다. 아이에게 무엇이 필요한지 학습 도우미에게 가르칠 힘도, 아이의 짜증을 받아줄 힘도 없는 것 같았다. 아이가 할 수 있는 일과 아이에게 요구해야 할 일 혹은 할 수 없는 일과 아이를 위해서 해야만 하는 일을 두고 유발과 언쟁할 힘도 더 없는 것 같았다. 못된 아이들에게서 아이를 지키는 일도, 아이에게 친구가 없어 함께 울 힘도 없을 것 같았다. 그 나이대 아이들이 클럽에서 춤을 추며 키스를 하는 동안 아이와 함께 집에 있을 힘도, 아이와 함께 낯선 곳을 가서 그곳이 아이에게 얼마나 힘든지 확인할 힘도 없을 것 같았다. 이런 옛일을 차마 들려주지 못했다. 하지만 하늘은 마음 가장 깊은 곳에 넣어둔 내 비밀 기도를 아실 것이다. '제발 아이가 친구를 딱 한 명이라도 사귀게 해주세요. 제발 아이가 혼자 샤워하는 법을 익히게 해 주세요. 아이가 자해하는 대신 자신의 감정을 표현하게 해주세요. 아이가 괴상한 소리를 덜 내고, 농담을 이해하고, 자전거를 탈 줄 알고, 소풍을 다녀오고, 1킬로미터 밖에서 들리는 고함 소리를 듣고 누가 자신에게 소리를 친다고 생각하지 않게 해주세요. 제발 우리 돈이 충분해서 이 불가능한 임무를 해내고 아이에게 필요한 것을 다 마련할 수 있게 해주세요. 제발, 제발, 제발.'

아이의 생일 파티를 시작하러 들어가기 전에 나는 아이에게 혼자 발코니에 잠시 더 머물러도 괜찮을지 물었다. 아이가 웃으며 대답했다. "엄마, 엄마가 뭘 하셔도 저는 다 괜찮아요." 그러더니 유리문을 닫고 안으로 들어갔다. 심호흡을 하고 아이의 생일을 위해 기분 좋은 생각을 했다. 결국에는 모든 것이 잘될 것이라는 생각이 들었다. 어쩌면 우리가 운이 좋았을지도 모른다. 아이를 본 전문가들은 확고한 태도로 내 아들이 절대 독립적으로 성장하지 못하리라고, 평범한 환경에서 배울 수 없으리라고, 말을 하거나 의사소통을 하는 것조차 어려울지 모른다고 진단한 적이 있었기 때문이다. 그들은 세상에 등을 돌린 아이를 키울 각오를 하라고 말했다. 하지만 나는 운이 아니라는 걸 안다. 우리가 죽을힘을 다해 노력한 덕분이었다.

여덟 살이 되자 아이는 시선 마주치는 법을 배웠다. 8년 동안 나는 늘 시선을 피하는 아이에게 말을 걸었다. 아이의 표정은 제대로 볼 수 없었다. 어느 날 부엌에 서서 아이에게 식탁에 놓으라고 코티지치즈를 건네주었다(매일 그렇게 시켰다). 바로 그때 어쩌다 아이가 나를 똑바로 바라보았다. 나는 흥분을 이기지 못하고 양손으로 아이의 얼굴을 감싸 쥐고 떨리는 목소리로 말했다. "그래, 이거야! 네가 해냈어! 네가 지금 엄마의 눈을 보고 있어! 이제 내 아이도 엄마의 눈을 바라볼 수 있어. 여보, 여기서 무슨 일이 일어났는지 와서 봐. 당신이 해냈어! 당신이 해냈다고! 우리가 해냈어! 우리가!" 그리고 나는 부엌에서 우스꽝스러운 춤을 추기 시작했고 아이는 깔깔 웃으며 우리와 함께 즐거워했다.

우리는 반년 동안 받았던 행동 전문가의 치료를 더 이상 받지 않기로 결정했다. 그 전문가는 엄격한 치료법과 차트, 보상, 징벌을 신봉했다. 다른 사람에게는 그런 치료법이 효과가 있겠지만 마음 깊은 곳에서는 처음부터 우리 가족과 맞지 않는다는 생각이 들었다. 동면에 빠진 행복감과 신난 감정을 아이 속에서 되살리고, 무엇이 옳은지 가르치고, 효과가 있는 부분을 더 강화할 수 있으리라는 사실을 알았다. 그로부터 2년 동안 우리는 아이가 우리의 눈을 바라볼 때마다 아이를 축하했다. 시선과 성취를 축하했다. 반면 아이가 고개를 돌리면 아무 말도 하지 않았다. 점차 좋은 기운이 스며들었고 행복한 기운이 만연해졌다. 우리는 점점 더 서로를 바라보았고, 매번 새롭게 아이에게 감동을 받았다.

매일 하루를 마무리하는 시간이면 나는 내 잘못이 아니라고 스스로 되뇌어야 했다. 아이는 내게 일어난 끔찍한 사건이 아니다. 할 수 있었던 것이나 저지른 실수들, 스스로에 대한 연민을 곱씹지 않기로 했다. 매일 하루가 끝날 즈음이면 나는 두려움과 죄책감을 내게서 끊어내야 했다. 악마의 목소리와 음울한 진단을 지워야 했다. 대신 좋았던 일을 찾아내고, 다음 날은 새 날이라 믿고, 즐거워하고, 아무리 힘든 상황에서도 더 나아질 기회를 찾아내려고 노력했다. 물론 치료사는 중요하다. 그만큼 좋은 치료 체계와 전문가도 중요하다. 하지만 믿음만 한 치료제는 없다. 잘되는 일이라고는 없을 때조차 무엇이 잘되고 있는지 꾸준히 살피며 그 부분에 집중하는 치료법만 한 것도 없다. 매일 잘 돌아가는 부분을 찾아내고 아직 싹을 틔우기 전이어도 곧 싹이 솟아날 기미를 알아보아야 한다. 그리고 그런 과제는 무엇이든 우리가 이룬 것을 기억하고 감사할 때에만 해낼 수 있다.

나는 조금 다른 아이를 키운다. 가끔은 살짝 괴상하고, 놀랍도록 근사하고, 재미있고, 영리하고, 사람을 사랑하는 소년이다. 아직도 자신의 매뉴얼에 새로운 상황을 분류해 넣기 위해 그것을 50번은 연습해보아야 하는 소년이다. 또 그런 노력이 성공을 거두고 있다는 사실을 아는 소년이기도 하다. 절망과 좌절, 엄청난 두려움으로 가득했던 어두운 날들은 이제 뒤에 있다. 앞으로는 열심히 노력해야만 할 긴 시간이 놓여 있다. 가끔은 잘 보이지 않지만, 내 머리 위에는 분명히 별들로 가득한 아름다운 하늘이 펼쳐져 있다.

왜 그러니, 내 사랑?

내 접근법과 관점, 그 관점을 일상의 현실에 녹여내는 방식, 이 모든 것이 그저 하나의 거대한 실수라면 어떻게 해야 하나? 혹시 내가 권위적으로 굴 의지도 능력도 없어서 대신 너무 의식적으로 인간적인 태도를 강조하는 건 아닐까? 아이 마음의 언어를 이해하려는 이 열망이 실제로는 방해가 되는 것 아닐까? 모든 것이 완전히 다르게 보여야 하는 건 아닐까? 명료하게, 마침표는 더 많게, 의문과 오해는 최대한 적게 말이다. 어쩌면 휴머니즘에 대한 이 실험 전체가 부모와 규칙, 아이가 있는 가족 단위에서는 제대로 작동하지 않는 것 아닐까?

나는 한 아이에게는 한 가지 교육법으로 교육을 시키고 다음에는 다른 방식으로 두 번째 시도를 해보는 게 좋다고 생각한다. 우리 둘째 아들 요아브를 예를 들어보자. 아이가 일곱 살에 학교에서 맞닥뜨린 첫 번째 어려움을 해결하기 위해 나는 아이에게 진단검사를 받게 했다. 그리고 매일 아이 옆에 앉아 숙제를 봐주었다. 좋아하건 아니건 끝내 아이는 글을 읽을 수 있게 되었다. 영어도 배웠고 정리정돈 하는 법도 배웠다. 당연히 그 과정에서 우리는 늘 싸웠다. 요아브는 좌절감에 울부짖었고 자신이 제대로 이해받지 못한다고 느꼈다. 자신과 엄마를 미워하게 되었다. 그리고 신만이 아실 누군가에게 물려받은 이 학습 장애에 대항해 나와 함께 싸웠다. 마침내 3학년이 되자 아이는 다른 아이들을 따라잡았다. 아이가 책을 읽지 않으려고 하자 나는 읽게 만들었다. 어릴 때 싫다는 안전벨트를 내가 채워줬을 때처럼 말이다. 나는 읽기가 중요하다고 생각했고, 언젠가는 아이도 내게 감사할 것이기 때문이다. 그래서 나는 아이의 장애에 맞서 싸웠다. 그리고 그 과정에서 어쩔 수 없이 아이와도 싸웠다. 천만다행으로 아이는 조금씩 나를 따르기 시작했다. 점점 더 지식을 쌓아가고, 성장했다. 그리고 그 아이에게 무엇이 최선인지 부모인 내가 잘 안다는 자신감과 아이는 그저 훌륭한 병사가 되어 따라오면 된다는 신념에 따라, 아이도 점차 교육과정을 받아들이게 되었다. 그것이 아이를 위한 길이고, 결국에는 성공할 것이기 때문이다.

그냥 충실한 병사 같은 아이를 키우는 것도 괜찮겠다고 생각하던 시절이 있었다. 특히 매시간 매일 나 아닌 다른 식구의 욕구, 곧장 충돌하는 저마다의 욕망, 복잡한 개성을 가진 다섯 아이와 복작거리며 살자니 더욱 그랬다.

그래서 사랑하는 요아브를 어떻게든 끌고 가려고 해봤지만, 우리는 다시 2학년으로 돌아갔다. 담임선생님은 우리에게 경각심을 가지라고 했고 텅 빈 노트가 모든 것을 말해주었다. 그래도 나는 내 자신과 남편에게 이렇게 말했다. "아이에게 시간을 좀 주자." 아이 옆에 앉아 숙제를 도와줘보니 며칠을 공부하면 배운 내용을 암기하는가 하면 책임감을 보여주어 감탄을 한 적도 있고, 이해력도 있었기 때문이다. "우리가 태도를 고칠 수 있도록 조금씩 가르쳐가면서 도울 수 있을 거야." 남편에게 말했다. "아이에게 시간을 주자. 그러면서 무슨 과목을 잘하는지, 어디에 재능이나 성공의 기미가 보이는지 찾아내는 거야. 그리고 거기서부터 시작해보자." 그동안 선생님은 마음에 내키지 않으셨겠지만 적어도 그 덕분에 아이는 자신에게 문제가 있다고 생각하기 않게 되었다.

3학년이 되어 검사를 받아본 결과 아직 여러 가지 '문제'가 남아 있다는 사실이 드러났다. 하지만 그럴 때조차 우리는 아이와 맞서지 않았다. 아이에게 억지로 뭔가를 시키거나 싸우지 않았다. 공부를 시켜보니 아이는 수학에 재능이 있었다. 그래서 그 재능을 키워주기 시작했다. 아이는 수학 개인 교습을 받았다. 나머지 과목에서 낙제를 하더라도 모른 척하고 잘하는 부분에 더 신경을 써주었다. 아이가 좀더 커서는 함께 대화를 하기 시작했다. 부모로서 거는 기대감이며 아이의 좌절감에 대해 이야기했다. 우리가 생각하는 아이의 성공이 무엇인지도 함께 이야기했다. 아이는 아이대로 어떤 부분에 노력을 기울이기로, 우리는 아이가 힘들어하는 부분을 돕기로 합의를 보았다. 우리는 단 일 초도 아이가 자신의 능력을 의심하게 하지 않았다. 대신 작은 목표를 세우고 그 목표를 위해 노력하도록 격려를 보냈다.

물론 이 이야기는 아이가 기어이 정상에 올랐다는 결말로 끝나지 않는다. 아이에게 적합한 방식으로 학습 장애를 극복하고 그 경험을 TED 강연에서 펼치게 되었다는 결말도 아니다. 요아브는 이제 고등학생이 되었다. 하지만 열두 살인 여동생이 엄마 배 속에서도 할 수 있었을 기초적인 학습 과제를 해내느라 매일 고군분투 중이다. 그래도 아이는 수학을 잘한다. 정말 잘한다. 선생님들이 다음과 같이 생각하시기는 해도(심지어 말로 하실 때도 있지만) 매우 흡족해한다. '정말 아쉽네, 좀 더 열심히 하면 자신에게 어떤 잠재력이 있는지 더 잘 알아차릴 텐데. 그래도 수업에 잘 참여해주니 정말 대단하지. 교육 문제에 관한 이 아이 의견은 무척 흥미롭거든.' 아이의 공책은 여전히 텅 비어 있다. 아이와 우리는 여전히 좌절을 한다. 성적표를 가져올 때면 우리는 담임선생님이 어떤 단어를 사용해 평가했으며 수학 성적은 어떤지만 살펴본다.

학교 성적이 얼마나 중요한지 강조하는 심란한 이야기가 귓가에서 윙윙 울리지 않는 날이면 나는 신께 감사드린다. 신께서 우리를 포기하지 않고 성공이나 다른 성취의 이름으로 이렇게 멋진 아이를 억압하지 않을 부모로 우리를 선택하신 것에 감사드린다. 우리는 행복한 아이를 얻었기 때문이다. 부모를 전적으로 믿어주고, 자신과 자신의 삶이 깜깜하게 느껴지고 감정을 다스리기 몹시 힘들 때 부모에게 기꺼이 다 털어놓는 아이를 얻었기 때문이다. 우리는 내면에 평화가 깃든 아이를 얻었다. 학습 장애를 겪고 있고 시간이 흐르면 증상이 장애가 되어버릴 아이만이 느끼는 복잡한 감정과 비현실적 기대감, 비난 없는 평화를 말이다. 우리는 고등학교에서 낙제할 아이를 낳았다. 하지만 나는 아이가 인생에서 성공하리라 의심하지 않는다.

의심은 평소보다 더 힘들 때, 인생이 나를 압도하는 순간이나 내가 지쳤을 때 찾아온다. 오직 장점과 겉으로 드러난 모습만 보려 드는 체제를 따르기가 지긋지긋해진 순간, 그럴 때 나는 혹시 모든 게 실수 아니었나 자문한다.

지금 십대인 우리 딸이 포기하겠다고 하든 말든 그때 계속 발레 수업에 보냈으면, 쟤가 지금처럼 빈둥거리며 자신이 얼마나 지루한지, 친구와 잘 지내기가 얼마나 힘든지, 자신이 얼마나 못생겼는지 불평을 늘어놓는 일은 없지 않았을까? 내가 좀 덜 귀를 기울였거나, 그만두려는 마음을 덜 이해해줬다면 어땠을까? 발레가 아이에게 좋다는 사실을 알았다면, 우리가 집에서 계속 부딪힐 것이라는 사실을 알았다면, 발레 수업이 중요하다는 사실을 알았다면 어땠을까? 무슨 일이 있건 잡아 끌고서라도 아이를 보냈다면 어땠을까? 그랬다면 힘들어하는 아이로 인해 내가 이렇게 골치 아픈 문제를 겪지 않아도 되었을까? 어쩌면 그렇게 다르게 펼쳐진 시나리오에서 딸이 스스로 발레 수업을 듣기로 했다면, 녀석은 거기서 벌어지는 온갖 지독한 일들을 처리하느라 바쁘고 에너지가 남지 않아서 지금처럼 엄마와의 관계에서 생기는 골칫거리는 없지 않았을까?

아들이 태어나서 처음으로 건방지게 굴었을 때, 그때 내가 따끔하게 혼을 내서 아이가 겁을 먹고, 우리 집에서는 부모를 공경해야 하며 설령 화가 나더라도 건방지게 굴어서는 안 된다는 사실을 뼈저리게 깨달았다면 어땠을까? 그랬다면 네 살에 형에게 "바보"라고도 하지 않고, 여섯 살에 엄마한테 "미워"라고도 하지 않고, 열두 살에 "내 방에서 나가요!" 하지 않고, 열다섯 살에도 엄마 뒤에서 엄마 흉내를 내며 놀리는 못된 짓은 안 하지 않았을까? 그때 확실하게 혼을 내줬다면 평소에는 예의 바르게 굴다가도 화가 나면 돌변하는 이런 아이가 아닌 다른 아이를 키웠을까? 나는 왜 이런 고민을 할까? 어느 엄마가(아니, 양육 상담사가!) 17년 동안 가장 인간적인 방법으로 아이를 키워야 한다고 설파해놓고서 정작 자기 자식이 버릇없이 구는 꼴을 남에게 보이고 싶겠는가? 어느 양육 상담사가 동기부여 안 되고 사회성도 부족한 아이를 키우는 모습을 보이고 싶겠는가? 부모가 기어이 권위적으로 나오자 부모의 뜻을 고분고분하게 따르기는커녕 말대답을 하고, 언쟁을 하고, 제 개성만 중시하고, 일을 망치고, 화를 내며 지루해하고, 협조하려 들지 않고, 오로지 자신만 생각하고, 힘든 시간을 보내고, 인생이라는 벽에 내동댕이쳐지고, 1보 전진하면 2보 후퇴하고, 2보 전진하면 1보 후퇴하는 아이를 키우는 모습을 남에게 보이고 싶겠는가?

이렇게 전혀 나답지 않은 부정적인 생각이 머릿속으로 흘러들어오는 와중에도 나는 내 아이들이 그 모습 그대로 이 세상에서 가장 멋진 사람이라는 사실을 잊지 않으려고 노력한다. 비록 실패하고, 당황하고, 짜증 내고, 빈둥거리고, 회피하고, 포기하는 아이라고 해도 말이다. 내 아이들은 재미있고 독립적이다. 싸우지 않을 때면 사이가 좋다. 우애 깊은 분위기일 때는 서로 사이좋게 돕는다. 자신이 속한 큰 틀에 각자의 방식으로 기여를 하고 도움을 준다. 내 아이들은 좋은 사람이고, 타인의 감정을 섬세하게 살필 줄 알고, 약자를 이해해 준다. 스스로를 잘 보살피고 자신의 생각을 이 세상과 나눈다. 자신의 감정을 표현할 줄 알고 타인의 감정을 이해할 줄 안다. 스스로 행복해지는 법도, 타인을 행복하게 만드는 법도, 어떻게 사랑하는지도 안다.

내 아이들을 이런 식으로 좋게 바라보는 것도 사실은 그 날 그 시간 내 마음 상태에 달려 있다. 하지만 아이를 이렇게 바라보는 관점은 대개 그 삶에 등장하는 우리 어른들이 완벽하지 않듯이 아이들도 결코 완벽하지 않다는 사실을 이해하는 데서 나온다. 사람을 키우려면 시간이 걸린다는 사실을 이해하는 데서 나온다. 가족이 가장 경이로운(자기 아이와 관계를 맺어나가는) 과정을 통과할 때 늘 곁을 지키는 양육 상담사라 해도, 그런 사람조차도 어떤 때는 문제에 봉착한다. 나라고 매일같이 깨끗하고 정돈된 집에서 예의 바른 아이들과 함께 살면서 아침마다 어디선가 흘러나오는 클래식 음악을 들으며 잠에서 깨는 건 아니다.

날마다 아침에 눈을 뜨면 그때부터 세상에서 제일 힘든 일이 시작된다. 부모 되기라는 일. 매번 올바르거나 품위가 있지도 않고 심지어 감사를 받지도 못한다. 그러다 갑자기 아이 중 하나가 다른 방에서 나를 부르며 찾으면 내가 잘하고 있는지 불안해진다. 하지만 대답한다. "왜 그러니, 내 사랑?" 그러고 있으면 마침내 이런 생각이 불쑥 든다. 이거면 돼.

추천사

    아이가 오랫동안 또래들에게 괴롭힘당했음을 알게 된 후 나는 서둘러 집을 팔고 먼 곳으로 이사했다. 이후 세 번째 가을을 맞고 있지만, 아이는 아직도 그때 느꼈던 수치감과 고군분투하는 중이다. 이후 나는 내가 형편없는 부모라는 생각에서 벗어나지 못해 긴 시간 고통스러웠다.

    시간이 흘러 상황을 객관적으로 바라볼 수 있게 되자, 나는 내가 경험한 것을 글로 써서 세상과 나눠야 한다는 책임감을 느끼기 시작했다. 하지만 늘 그렇듯 바쁘다는 핑계로 미루며 부채감만 쌓여갔는데, 이제 그 부채감을 내려놓아도 될 것 같다. 이 책이 있으니까. 진솔하고 따뜻한 언어로 자신의 경험을 나누어준 저자에게 깊이 감사드린다.

양육과 관련된 정보들이 넘쳐나는 요즘, 안타깝게도 정보가 많아질수록 많은 부모들이 더 강한 죄책감에 시달리며 '이만하면 되었다'는 감각을 잃고 불안에 사로잡히는 것 같다. 그런 부모들에게 이 책은 훌륭한 해독제가 될 것이다. '자녀는 부모의 명함이 아니다'라는 저자의 글을 읽고 특히 무릎을 탁 쳤다. 이 책에는 낙담한 부모가 포기하지 않고 다시 힘을 내어 '이만하면 좋은' 부모 되기를 계속할 수 있도록 돕는 실질적인 꿀팁들이 부족하거나 넘침 없이 담백하게 담겨 있다. 자녀가 믿고 의지하며 존경하는 부모가 되기 위한 훌륭한 길라잡이가 될 것이다.

김태경 (우석대학교 상담심리학과 교수)

옮긴이 **이경아**

한국외국어대학교 러시아어과와 같은 대학 통역번역대학원 한노과를 졸업했다. 현재 전문 번역가로 활동하고 있다. 옮긴 책으로 『기다림의 기술』, 『베네치아의 겨울빛』, 『모두를 위한 페미니즘』, 『페미니스트, 엄마가 되다』, 『죽은 등산가의 호텔』, 『위대한 중서부의 부엌들』, 『비밀의 화원』, 『하이디』, 『셜록 홈스 전집』 등이 있다.

자립적인 아이로 키우는 부모의 말

요즘 유대인의 단단 육아

펴낸날 초판 1쇄 2021년 12월 10일

지은이 에이나트 나단

옮긴이 이경아

펴낸이 이주애, 홍영완

편집2팀 최혜리, 홍은비

편집 박효주, 양혜영, 유승재, 문주영, 장종철, 김애리

디자인 윤신혜, 박아형, 김주연, 기조숙

마케팅 김예인, 김태윤, 김송이, 박진희, 김미소, 김슬기, 장유정

해외기획 정미현

경영지원 박소현

펴낸곳 (주)윌북 출판등록 제2006-000017호

주소 10881 경기도 파주시 회동길 337-20

전자우편 willbooks@naver.com **전화** 031-955-3777 **팩스** 031-955-3778

블로그 blog.naver.com/willbooks **포스트** post.naver.com/willbooks

페이스북 @willbooks **트위터** @onwillbooks **인스타그램** @willbooks_pub

ISBN 979-11-5581-427-7 03590